Elemente der Mathematik

EdM

RHEINLAND-PFALZ

8. Schuljahr
Lösungen

Herausgegeben von
Heinz Griesel
Helmut Postel
Friedrich Suhr
Werner Ladenthin
Matthias Lösche

Schroedel
westermann

ELEMENTE DER MATHEMATIK 8
Rheinland-Pfalz
Lösungen zum Schülerband Best.-Nr. 88518
Herausgegeben und bearbeitet von
Prof. Dr. Heinz Griesel, Prof. Helmut Postel, Friedrich Suhr, Werner Ladenthin, Matthias Lösche

Bearbeitet von
Lutz Breidert, Gabriele Dybowski, Dr. Beate Goetz, Reinhard Kind, Werner Ladenthin, Matthias Lösche, Kerstin Schäfer, Thomas Sperlich, Friedrich Suhr, Prof. Dr. Hans-Georg Weigand, Ulrike Willms

Für Rheinland-Pfalz bearbeitet von
Hermann-Josef Keul, Michael Meyer

westermann GRUPPE

Druck A[6] / Jahr 2020
Alle Drucke der Serie A sind parallel verwendbar.

Redaktion: Lena Schenk, Claus Peter Witt
Umschlagentwurf: LIO Design GmbH, Braunschweig
Zeichnungen: Langner & Partner, Hemmingen; Birgit und Olaf Schlierf, Lachendorf
Taschenrechner: Texas Instruments Education Technology GmbH, Freising
Druck und Bindung: Westermann Druck GmbH, Braunschweig

ISBN 978-3-507-**88520**-2

Inhaltsverzeichnis

Bildquellenverzeichnis:
|Thinkstock, Sandyford/Dublin: Purestock Titel.

Bleib fit im Umgang mit Flächen- und Rauminhalten

9 **1.** *Linker Quader:*
$O = 2 \cdot (9\,\text{cm} \cdot 6\,\text{cm} + 9\,\text{cm} \cdot 5\,\text{cm} + 6\,\text{cm} \cdot 5\,\text{cm}) = 258\,\text{cm}^2$
$V = 9\,\text{cm} \cdot 6\,\text{cm} \cdot 5\,\text{cm} = 270\,\text{cm}^3$
Rechter Quader (Würfel):
$O = 6 \cdot (6\,\text{cm})^2 = 216\,\text{cm}^2$
$V = (6\,\text{cm})^3 = 216\,\text{cm}^3$
Für den linken Quader benötigt man mehr Pappe als für den Würfel.
In den linken Quader passt mehr hinein als in den Würfel.

2. a) In ein Quadrat mit der Kantenlänge 1 cm passen $10 \cdot 10 = 100$ Quadrate mit der Kantenlänge 1 mm. Es gilt: $1\,\text{cm}^2 = 100\,\text{mm}^2$.
b) In einen Würfel mit der Kantenlänge 1 cm passen $10 \cdot 10 \cdot 10 = 1\,000$ Quadrate mit der Kantenlänge 1 mm. Es gilt: $1\,\text{cm}^3 = 1\,000\,\text{mm}^3$.

10 **3.**

a) 10 500 a	**f)** $0{,}05\,\text{cm}^2$	**k)** $13\,000\,\text{cm}^3$
b) 630 a	**g)** 1 230 a	**l)** $500\,\text{cm}^3$
c) $0{,}05\,\text{dm}^2$	**h)** 0,0105 a	**m)** 7 007 ml
d) $30\,000{,}03\,\text{cm}^3$	**i)** $30\,500\,\text{cm}^2$	**n)** 9,753 ml
e) 0,04 a	**j)** $0{,}078\,\text{m}^3$	**o)** 54 l

4. a)

Länge a	Breite b	Flächeninhalt A	Umfang u
3 dm = 30 cm	3 cm	$90\,\text{cm}^2$	66 cm
4 cm	6 cm	$24\,\text{cm}^2 = 0{,}24\,\text{dm}^2$	2 dm
3 mm = 0,3 cm	5 cm	$150\,\text{mm}^2$	10,6 cm
5,5 dm = 55 cm	0,4 cm	$22\,\text{cm}^2$	110,8 cm

b)

Höhe a	Breite b	Tiefe c	Volumen V	Oberflächeninhalt O
4 cm	2 cm	3 cm	$24\,\text{cm}^3$	$52\,\text{cm}^2$
5 cm	2 cm	20 mm = 2 cm	$20\,\text{cm}^3$	$48\,\text{cm}^2$
2 cm	25 cm	24 cm	$1{,}2\,\text{l} = 1\,200\,\text{cm}^3$	$1\,396\,\text{cm}^3$
1 dm	2 m = 20 dm	30 dm = 3 m	$600\,\text{l} = 600\,\text{dm}^3$	$1\,300\,\text{dm}^3 = 1{,}3\,\text{m}^3$

5. a) $A = (90\,\text{cm} + 2 \cdot 4{,}5\,\text{cm}) \cdot (60\,\text{cm} + 2 \cdot 4{,}5\,\text{cm})$
$= 99\,\text{cm} \cdot 69\,\text{cm} = 6\,831\,\text{cm}^3 = 68{,}31\,\text{d}$
m^3
b) $V = (90\,\text{cm} + 2 \cdot 4{,}5\,\text{cm}) \cdot 4{,}5\,\text{cm} \cdot 1{,}2\,\text{cm}$
$+ 60\,\text{cm} \cdot 4{,}5\,\text{cm} \cdot 1{,}2\,\text{cm}$
$= 858{,}6\,\text{cm}^3 \approx 8{,}6\,\text{dm}^3$

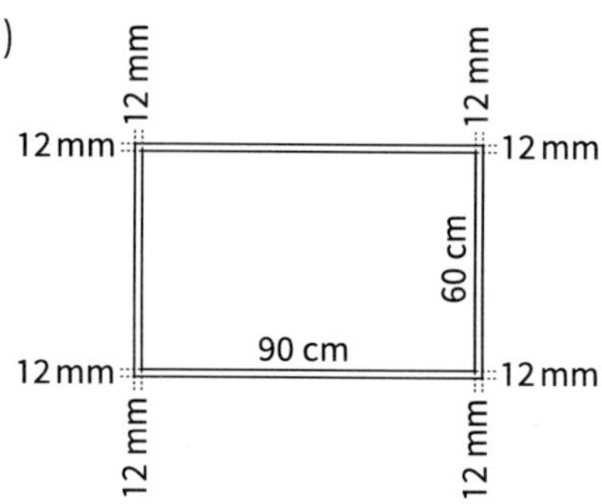

10

6. $V = 96\,000\,cm^3 = 96\,dm^3 = 96\,l$ $\quad$ $96\,l : 1{,}5\,l = 64$
   Man kann das Aquarium mit vierundsechzig 1,5-l-Flaschen randvoll füllen.

7. Als Quader hätte der Kanister ein Volumen von:
   $V = 26{,}5\,cm \cdot 24{,}7\,cm \cdot 17{,}5\,cm = 11\,454{,}625\,cm^3 \approx 11{,}455\,dm^3\ 11{,}455\,l$
   Das Benzin wiegt dann 8 018,5 g, zusammen mit dem Kanister also 8 648,5 g.
   Da von dem Kanister nur die Außenmaße gegeben sind, ist das Volumen des Benzins etwas kleiner. Außerdem wurde die Schräge bei dem Einfüllstutzen nicht berücksichtig.
   Von der Vorderfläche beträgt die Ecke links oben beim Einfüllstutzen etwa $\frac{1}{15}$.
   Das Volumen des Kanisters wäre dann $V \approx 10{,}7\,l$. Wenn man dann die Innenmaße des Kanisters abschätzt und subtrahiert, kann man davon ausgehen, dass der Kanister 10 l Benzin fasst. Das Benzin wiegt dann 7 kg, der Kanister also etwa 7,6 kg.

8. a) $O = 1\,126\,cm^2$
   b) Volumen eines Pakets: $V = 1\,311\,cm^3 = 1{,}311\,l$
      $15\,l : 1{,}311\,l \approx 11$
      Sarah kann höchsten 11 Pakete aufbewahren.
   c) Sarah wird keine 11 Pakete aufbewahren können, da das Kühlschrankfach nicht genau die erforderlichen Maße aufweisen wird, um die Pakete genau einzulagern.

1. Berechnungen an Vielecken und Prismen

11 **Einstiegsseite:**

→ $A = 27\,m \cdot 18\,m = 486\,m^2$; Kosten: $486 \cdot 95\,€ = 46\,170\,€$

→ $V = 15\,m \cdot 12\,m \cdot 3\,m = 540\,m^3$

Lernfeld: Wie groß ist …?

12 **1. Auftrag: Größen schätzen**

Die Schülerinnen und Schüler sollen durch Vergleichen mit bekannten Größen weitere Größen abschätzen und sich dabei Gedanken zur erreichten Genauigkeit machen.

→ Meine Hand deckt ein DIN-A4-Blatt dreimal ab. Das Blatt hat einen Flächeninhalt von $\frac{1}{16}\,m^2$. Die Hand hat somit etwa einen Flächeninhalt von $\frac{1}{48}\,m^2$. Fehler: Die Hand lässt ein wenig Blatt frei, etwa $\frac{1}{4}$ des Blattes.

→ Ungefähr $3\,000\,cm^2$ bis $4\,000\,cm^2$, also $30\,dm^2$ bis $40\,dm^2$.

→ Ungefähr $1\,cm^2$.

→ Der Surfer ist etwa 2 m groß. Das Segel ist etwa 2,5-mal so hoch wie der Surfer und vielleicht so breit wie der Surfer lang. Das macht $10\,m^2$. Da es zu den Enden spitz zuläuft, ziehen wir die Hälfte ab und erhalten $5\,m^2$ Segelfläche. Bei dieser Schätzung sind wir sehr ungenau.

→ Keine Lösung.

2. Auftrag: Tangram

Tangram zeigt beispielhaft die Ideen, die bei der Berechnung verschiedener Flächen in diesem Kapitel immer wiederkehren: Zerlegungsgleichheit, Zerlegung in bekannte beziehungsweise berechenbare Figuren. Durch die Bastelvorlage wird bereits das Verfahren zur Flächeninhaltsbestimmung erkennbar.

→ Keine Lösung

→

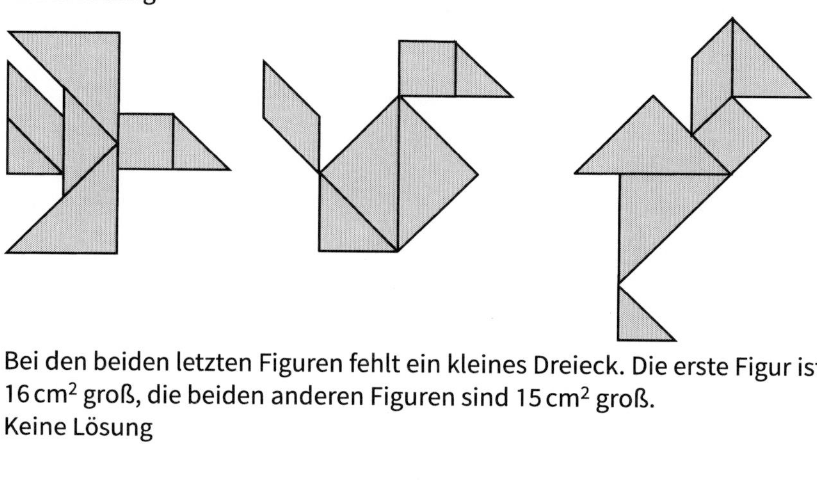

→ Bei den beiden letzten Figuren fehlt ein kleines Dreieck. Die erste Figur ist also $16\,cm^2$ groß, die beiden anderen Figuren sind $15\,cm^2$ groß.

→ Keine Lösung

12 **3. Auftrag: Drachenbau**

Die Schülerinnen und Schüler sollen die Eigenschaften besonderer Vierecke wiederholen. Außerdem wird zum Beispiel durch Zerlegen der Figur und Neuzusammensetzen dieser Teile der Flächeninhalt bestimmt. Man stellt beim Experimentieren fest, dass die Positionierung der Querleiste (Rechtwinkligkeit vorausgesetzt) keinen Einfluss auf den Flächeninhalt, bzw. die Folienmenge hat. Das bleibt selbst dann so, wenn die Querleiste zersägt wird. Eine Invariante wird entdeckt. Die Konsequenz ist, dass nur die Gesamtlängen der beiden Diagonalen in die Flächeninhaltsformeln eingehen.

Problematisiert werden kann, dass die asymmetrische Figur schlechte Flugeigenschaften hat und das bei einem Delta-Drachen zwar die Formel für den Flächeninhalt die gleiche bleibt, die Leisten aber vorne sitzen müssen und nicht mehr auf den Diagonalen. Somit ändern sich die Maße für die benötigten Leisten.

→ Unterschied zum Rechteck: nicht alle Innenwinkel sind rechtwinklig.
Unterschied zum Trapez: keine zwei Seiten sind parallel.
Unterschied zum allgemeinen Viereck: nur zwei unterschiedliche Kantenlängen, die Diagonalen sind orthogonal zueinander.

13 → Fläche des oberen, kleinen Dreiecks: 312,5 cm^2
Fläche des unteren, großen Dreiecks: 687,5 cm^2
Gesamtfläche der benötigten Folie: 2 000 cm^2

→ Verschieben der Querleiste ändert die Folienfläche nicht.

→ Die Behauptung ist falsch, es wird immer die gleiche Fläche aufgespannt. Das Werk darf nicht mehr Drachen genannt werden, weil es im Allgemeinen nicht nur zwei unterschiedliche Kantenlängen haben wird, die sich nicht gegenüberliegen.

→ Der Drachen kann nicht mehr durch seine Diagonalen aufgespannt werden, sondern nur durch eine Diagonale und zwei Kanten. Es werden 1 500 cm^2 Folie benötigt und 158,06 cm Holzleiste (für die kurze, innen liegende Diagonale und die langen Seiten der beiden Teildreiecke).

4. Auftrag: Verpackungen

Keine Lösungen

1.1 Flächeninhalt eines Dreiecks

14 **Einstieg:**

(1) $A = \frac{1}{2} \cdot 8\,cm \cdot 6\,cm = 24\,cm^2$

(2) $A \approx \frac{1}{2} \cdot 10\,cm \cdot 10{,}6\,cm = 53\,cm^2$

(3) $A = \frac{1}{2} \cdot 6\,cm \cdot 2{,}1\,cm = 6{,}3\,cm^2$

15

2. Für das Dreieck ADC gilt:

$$A_{ADC} = \frac{(3{,}0\,\text{cm} + 1{,}5\,\text{cm}) \cdot 2{,}5\,\text{cm}}{2}$$
$$= \frac{4{,}5\,\text{cm} \cdot 2{,}5\,\text{cm}}{2}$$
$$= 5{,}625\,\text{cm}^2$$

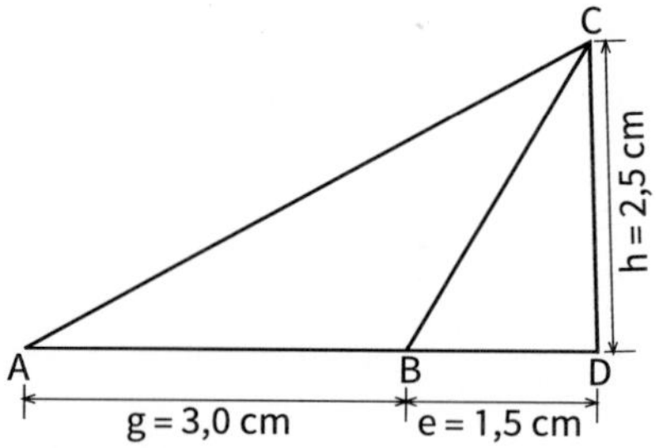

Für das Dreieck BDC gilt:

$$A_{BDC} = \frac{1{,}5\,\text{cm} \cdot 2{,}5\,\text{cm}}{2} = 1{,}825\,\text{cm}^2$$

Für das Dreieck ABC gilt:

$$A_{ABC} = A_{ADC} - A_{BDC} = 5{,}625\,\text{cm}^2 - 1{,}825\,\text{cm}^2 = 3{,}75\,\text{cm}^2$$

Für das Dreieck ABC gilt:

$$A = \frac{g \cdot h}{2} = \frac{3{,}0\,\text{cm} \cdot 2{,}5\,\text{cm}}{2} = 3{,}75\,\text{cm}^2$$

Die Überlegungen lassen sich verallgemeinern.

3. Die Dreiecke haben alle gleich lange Grundseiten und Höhen und besitzen denselben Flächeninhalt $A = 2{,}3\,\text{cm}^2$.
Verallgemeinerung: Dreiecke mit gleich langen Grundseiten und gleicher Höhe besitzen denselben Flächeninhalt.

4. a) $18\,\text{cm}^2$ b) $12\,\text{cm}^2$ c) $4{,}5\,\text{cm}^2$ d) $4{,}725\,\text{cm}^2$

5.

Seite	Länge der Seite	zugehörige Höhe	Flächeninhalt
$\overline{PQ}$	4,1 cm	2,3 cm	4,715 cm²
$\overline{QR}$	2,5 cm	3,7 cm	4,625 cm²
$\overline{RP}$	3,8 cm	2,5 cm	4,75 cm²

Die Unterschiede beim Flächeninhalt entstehen durch Messungenauigkeiten (Rundungen). Der genaue Flächeninhalt beträgt $4{,}75\,\text{cm}^2$.

16

6. a) + b)

	a	h_a	b	h_b	c	h_c	A	u
(1)	2,5 cm	2,0 cm	2,2 cm	2,2 cm	2,5 cm	2,0 cm	2,50 cm²	7,2 cm
(2)	3,6 cm	1,8 cm	2,1 cm	3,2 cm	3,2 cm	2,1 cm	3,25 cm²	8,9 cm
(3)	2,5 cm	1,2 cm	3,6 cm	0,8 cm	1,5 cm	2,0 cm	1,50 cm²	7,6 cm
(4)	2,1 cm	2,7 cm	3,2 cm	1,7 cm	2,7 cm	2,0 cm	2,75 cm²	8,0 cm

7. a) $A = 10\,\text{cm}^2$ b) $A = 15\,\text{cm}^2$ c) $A = 12\,\text{cm}^2$

16 **8.** *Beispiele:*

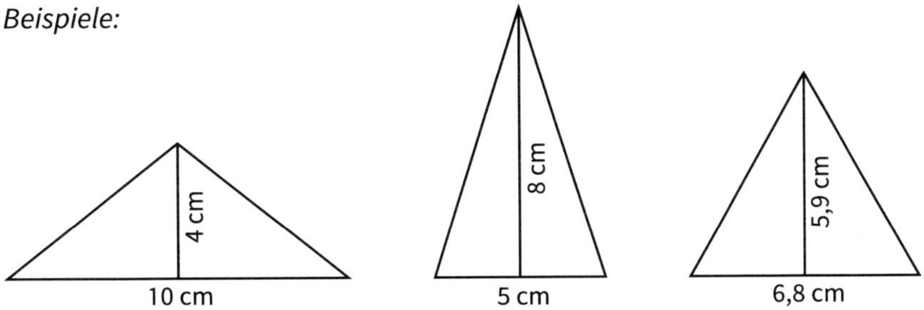

Das rechte Dreieck hat annähernd den größten Umfang.

9. a) $6{,}56\,cm^2$ b) $16{,}08\,cm^2$

10. Er denkt nur an die rechtwinkligen Dreiecke mit natürlichen Maßzahlen, also 1 cm und 12 cm, 2 cm und 6 cm, 3 cm und 4 cm.
Aber auch das rechtwinklige Dreieck mit 8 cm und 1,5 cm hat den Flächeninhalt $6\,cm^2$.

11. $b = 2 \cdot 19{,}5\,cm^2 : 3{,}9\,cm = 39\,cm^2 : 3{,}9\,cm = 10\,cm$

12. $\frac{18\,cm^2 \cdot 2}{4\,cm} = 9\,cm$
Marie hat vergessen, das Ergebnis mit 2 zu multiplizieren.
Patrick hätte mit 2 multiplizieren, statt durch 2 dividieren müssen.
Lea hat richtig gerechnet.

13.

	a)	b)	c)	d)	e)	f)
Seitenlänge g	3,2 cm	3,2 m	4,6 m	127 m	2,2 m	3,5 m
Höhe h	1,9 cm	1,2 m	4,1 m	50 m	14 cm	3,6 cm
Flächeninhalt A	$3{,}04\,cm^2$	$1{,}92\,m^2$	$9{,}43\,m^2$	$3175\,m^2$	$0{,}154\,m^2$	$630\,cm^2$

14. Die Höhe zu der 1,6 km langen Grundseite beträgt ungefähr 0,8 km.
$A \approx 64\,ha$ Die Aufforstung kostet also 153 600 €.

15. $h \approx 6{,}6\,m$; $A \approx 4 \cdot 14{,}85\,m^2 \approx 59{,}4\,m^2$; $59{,}4\,m^2 \cdot 250 = 14\,850$ €
Das Decken des Daches kostet also ungefähr 15 000 €.

17 **16.** Flächeninhalt: $A = \frac{14{,}8\,m \cdot 6{,}8\,m}{2} = 50{,}32\,m^2$
Kosten ohne Mehrwertsteuer: $50{,}32 \cdot 39$ € = 1 962,48 €
Kosten mit 19 % Mehrwertsteuer: 1962,48 € $\cdot\, 1{,}19 \approx$ 2 335,35 €

17. Der Flächeninhalt hängt nur von der Länge der Grundseite und der Höhe ab.
Die Längen der anderen Seiten haben keinen Einfluss auf den Flächeninhalt.

17

18. Der Punkt C muss auf einer Parallelen zur Geraden AB wandern, damit der Flächeninhalt des Dreiecks ABC unverändert bleibt.

19. a) *Beispiele:*

Grundseitenlänge (in cm)	8	4	2	12	24
Zugehörige Höhe (in cm)	3	6	12	2	1
Flächeninhalt (in cm^2)	12	12	12	12	12

b) Yasmina hat Recht, denn zur doppelten Grundseitenlänge gehört eine halb so lange Höhe, usw. Das Produkt (die Gesamtgröße) ist der Flächeninhalt eines Rechtecks, der doppelt so groß ist wie der Flächeninhalt des Dreiecks.

20. (1) gehört zu c), denn die Länge der Grundseite wird halbiert und mit der Höhe multipliziert.
(2) gehört zu a), denn die Länge der Grundseite wird mit der Höhe multipliziert und der Flächeninhalt des Rechtecks wird dann halbiert.
(3) gehört zu b), denn die Länge der Grundseite wird mit der halben Höhe multipliziert.

1.2 Flächeninhalt eines Parallelogramms

18

Einstieg:
Man kann das Parallelogramm in zwei gleich große Dreiecke mit der Grundseite $a = 9\,cm$ und der Höhe $h \approx 4{,}5\,cm$ zerlegen.
$A \approx 2 \cdot \frac{1}{2} \cdot 9\,cm \cdot 4{,}5\,cm = 40{,}5\,cm^2$.

19

2. a) Die Parallelogramme haben alle denselben Flächeninhalt:
$A = 1{,}5\,cm \cdot 1{,}8\,cm = 2{,}7\,cm^2$
b) Da die Parallelogramme alle gleich lange Grundseiten und gleiche Höhen haben, ist das Produkt auch gleich groß. Sie besitzen also alle denselben Flächeninhalt.

3. Man kann das Parallelogramm mithilfe einer Diagonalen in zwei gleich große Dreiecke zerlegen. In den ersten beiden Parallelogrammen ist das für die beiden Diagonalen durchgeführt worden.
Im dritten Beispiel wird mithilfe der Höhe in einem Eckpunkt ein rechtwinkliges Dreieck abgetrennt und auf der anderen Seite angelegt, sodass ein Rechteck entsteht.
Im vierten Beispiel wird das Parallelogramm mithilfe zweier zueinander paralleler Höhen in zwei gegenüberliegenden Eckpunkten in ein Rechteck und zwei gleich große rechtwinklige Dreiecke zerlegt.

19

4. Man verwandelt das Parallelogramm in ein Rechteck, dessen Seitenlängen die Grundseite und die entsprechende Höhe des Parallelogramms sind.
a) $3\,cm^2$ b) $6{,}25\,cm^2$ c) $3\,cm^2$ d) $3{,}75\,cm^2$ e) $3\,cm^2$

5. a) $12{,}6\,cm^2$ b) $8{,}36\,cm^2$ c) $16{,}8\,cm^2$ d) $10{,}8\,cm^2$

20

6.

Seite	Länge der Seite	zugehörige Höhe	Flächeninhalt
$\overline{AB}$	3,0 cm	1,7 cm	$5{,}1\,cm^2$
$\overline{BC}$	2,1 cm	2,5 cm	$5{,}25\,cm^2$
$\overline{CD}$	3,0 cm	1,7 cm	$5{,}1\,cm^2$
$\overline{DA}$	2,1 cm	2,5 cm	$5{,}25\,cm^2$

Die Unterschiede beim Flächeninhalt entstehen durch Messungenauigkeiten (Rundungen). Der genaue Flächeninhalt beträgt $5{,}25\,cm^2$.

7. Richtig ist: $A = 3\,m \cdot 15\,cm = 3\,m \cdot 0{,}15\,m = 300\,cm \cdot 15\,cm = 4\,500\,cm^2 = 0{,}45\,m^2$
Sophie hätte 3 m in 300 cm bzw. 15 cm in 0,15 m umrechnen müssen.
Felix hat den halben Umfang berechnet.
Laura hat mit der Seitenlänge statt mit der Höhe gerechnet.

8. a) (1) $A = 4{,}5\,cm^2$ (3) $A = 1{,}75\,cm^2$ (5) $A = 5{,}25\,cm^2$
(2) $A = 2{,}0\,cm^2$ (4) $A = 2{,}5\,cm^2$
b) (1) $u \approx 9{,}9\,cm$ (3) $u \approx 6{,}4\,cm$ (5) $u \approx 10{,}5\,cm$
(2) $u \approx 6{,}0\,cm$ (4) $u \approx 6{,}4\,cm$

9. a) $A = 28\,cm^2$ b) $A = 12\,cm^2$ c) $A = 16\,cm^2$ d) $A = 15{,}84\,cm^2$

Das kann ich noch!

A) 1) 210 kg; 350 kg; 770 kg
Man geht davon aus, dass jeden Tag gleich viel Kartoffeln verbraucht werden. An einem Tag werden 70 kg verbraucht.
2) $250\,kg : 70\,kg \approx 3{,}6$
Die Kartoffeln reichen für etwa $3\frac{1}{2}$ Tage.
3) $125\,kg : 70\,kg \approx 1{,}8$
125 kg Kartoffeln reichen nicht einmal für 2 Tage.
$750\,kg : 70\,kg \approx 10{,}7$
750 kg Kartoffeln reichen für gut $10\frac{1}{2}$ Tage.

B) 1) 30 Milchpackungen zu 1 l
2) 6 Milchpackungen zu 5 l

21

10. $A = 2 \cdot 10{,}5\,m \cdot 0{,}8\,m = 2 \cdot 8{,}4\,m^2 = 16{,}8\,m^2$
Kosten: $16{,}8 \cdot 32{,}50\,€ = 546\,€$

21

11.

	a)	b)	c)	d)	e)
Seitenlänge g	16,2 cm	4,3 cm	150 cm	25,5 m	$6\frac{1}{9}$ m
zugehörige Höhe h	3,5 cm	5,2 cm	650 cm	18,0 m	4,5 km
Flächeninhalt A	56,7 cm²	22,36 cm²	9,75 m²	4,59 a	2,75 ha

12. a) Der erste Streifen hat die Länge:
$l = 20\,cm + 10 \cdot 5\,cm + 9 \cdot 20\,cm = 250\,cm$.
Der Flächeninhalt beträgt: $A = 250\,cm \cdot 15\,cm = 3\,750\,cm^2$.
Der Flächeninhalt der grünen Streifen beträgt:
$A_{grün} = 10 \cdot 5\,cm \cdot 15\,cm = 750\,cm^2$.
Das sind 20 % der Gesamtfläche.
Der zweite Streifen hat auch die Länge 250 cm und sein Flächeninhalt beträgt auch 4 800 cm².
Der Flächeninhalt der grünen Streifen beträgt:
$A_{grün} = 10 \cdot 5\,cm \cdot 15\,cm = 750\,cm^2$.
Das sind auch 20 % der Gesamtfläche.

b) Ein halbes braunes Feld ist 26 cm lang, ein grüner Streifen 14 cm breit, insgesamt also 40 cm.
Das Ornament besitzt also $40\,m : 40\,cm = 100$ grüne Streifen.
Die grünen Streifen haben den Flächeninhalt:
$A_{grün} = 100 \cdot 14\,cm \cdot 36\,cm = 50\,400\,cm^2 = 5{,}04\,m^2$.
Der Flächeninhalt des Ornaments beträgt:
$A = 40\,m \cdot 36\,cm = 144\,000\,cm^2 = 14{,}40\,m^2$.
Der Flächeninhalt der braunen Fläche beträgt:
$A_{braun} = A - A_{grün} = 9{,}36\,m^2$.
65 % des Ornaments sind braun, 35 % sind grün.

13. $A = 2{,}40\,m \cdot 3{,}20\,m + 3{,}16\,m \cdot 3{,}20\,m + 2{,}40\,m \cdot 3{,}20\,m$
$= 3{,}20\,m \cdot (2{,}40\,m + 3{,}16\,m + 2{,}40\,m)$
$= 3{,}20\,m \cdot 7{,}96\,m$
$= 25{,}472\,m^2 \cdot 25{,}5\,m^2$
Kosten: $25{,}5 \cdot (14{,}50\,€ + 9{,}00\,€) = 25{,}5 \cdot 23{,}50\,€ = 599{,}25\,€ \approx 600\,€$

14. a) Der Flächeninhalt (1) verdoppelt sich; (2) verdreifacht sich.
b) Der Flächeninhalt (1) vervierfacht sich; (2) versechsfacht sich.

15. $A = a \cdot h_a = 19{,}25\,cm^2$; $h_b = \frac{A}{b} \approx 7{,}7\,cm$.

16. Das Rechteck mit den Seitenlängen 5 cm und 3,5 cm hat den größten Flächeninhalt, nämlich 17,5 cm². Die anderen Parallelogramme sind alle weniger als 3,5 cm hoch.

17. $h_a = 20\,cm^2 : 4\,cm = 5\,cm$; $h_b = 20\,cm^2 : 6\,cm = 3\frac{1}{3}\,cm \approx 3{,}33\,cm$
$u = 2 \cdot 4\,cm + 2 \cdot 6\,cm = 20\,cm$

1.3 Flächeninhalt eines Trapezes

22 **Einstieg:**
Keine Lösungen

23 2. a) $A = 16{,}5\,cm^2$ b) $A = 15\,cm^2$ c) $A = 14\,cm^2$ d) $A = 65{,}6\,cm^2$

3. a) (1) $A = 3{,}375\,cm^2$ (3) $A = 5{,}0\,cm^2$
(2) $A = 4{,}5\,cm^2$ (4) $A = 5{,}5\,cm^2$
b) (1) $u \approx 7{,}9\,cm$ (3) $u \approx 10{,}5\,cm$
(2) $u \approx 8{,}6\,cm$ (4) $u \approx 10{,}0\,cm$

4. a) $A = 20\,cm^2$ b) $A = 21\,cm^2$

5. $A = 0{,}56\,m^2$
Kosten: $0{,}56 \cdot 35\,€ = 19{,}60\,€$

6. Der Flächeninhalt dieser Trapeze ist immer gleich groß, nämlich $18\,cm^2$.
Die Umfänge sind nicht alle gleich groß.

1.4 Flächeninhalt beliebiger Vielecke

25 1. a) $A_{BCD} = \frac{1\,500\,m \cdot 700\,m}{2} = 525\,000\,m^2 = 52{,}5\,ha$
$A_{BDE} = \frac{1\,100\,m \cdot 700\,m}{2} = 385\,000\,m^2 = 38{,}5\,ha$
$A_{ABEF} = 1\,100\,m \cdot 400\,m = 440\,000\,m^2 = 44\,ha$
b) $120\,750\,€ + 438\,900\,€ + 277\,200\,€ = 836\,850\,€$

2. a) $A = 3{,}69\,m^2 + 28{,}80\,m^2 = 32{,}49\,m^2$
Man benötigt ungefähr 4,55 kg Farbe, also einen Eimer.
b) $A = 41{,}31\,m^2 + 157{,}43\,m^2 = 198{,}74\,m^2$
Man benötigt ungefähr 27,82 kg Farbe, also drei Eimer.
Diese kosten 149,94 €.

26 3. $A = 110\,cm \cdot 110\,cm - 4 \cdot \frac{1}{2} \cdot 32{,}2\,cm \cdot 32{,}2\,cm \approx 10\,026{,}32\,cm \approx 1\,m^2$
Insgesamt sind ungefähr $4\,m^2$ zu streichen. Eine kleine Dose reicht also aus.

4. a) $2\,784\,cm^2$ b) $4\,875\,cm^2 + 300\,cm^2 = 5\,175\,cm^2$

5. Der Flächeninhalt des Drachenvierecks ist doppelt so groß wie der Flächeninhalt des Dreiecks mit der Grundseite f und der Höhe $\frac{e}{2}$.
a) $A = 2 \cdot \frac{2{,}5\,cm \cdot 8\,cm}{2} = 2{,}5\,cm \cdot 8\,cm = 20\,cm^2$
b) $A = 2 \cdot \frac{f \cdot \frac{e}{2}}{2} = f \cdot \frac{e}{2}$

26

6. $A = A_{ADEF} - A_{ADB} - A_{BEC} - A_{CFA}$
$= 4{,}5\,cm \cdot 2{,}5\,cm - \frac{1}{2} \cdot 4{,}5\,cm \cdot 0{,}5\,cm - \frac{1}{2} \cdot 2\,cm \cdot 2{,}5\,cm - \frac{1}{2} \cdot 2\,cm \cdot 2{,}5\,cm$
$= 11{,}25\,cm^2 - 1{,}125\,cm^2 - 2{,}5\,cm^2 - 2{,}5\,cm^2$
$= 5{,}125\,cm^2$

7. a) $2{,}25\,cm^2$ b) $4{,}5\,cm^2$ c) $7{,}875\,cm^2$ d) $8{,}75\,cm^2 - 1{,}75\,cm^2 = 7\,cm^2$

8. $33\,cm^2$

Im Blickpunkt: Flächeninhalt und Umfang krummlinig begrenzter Figuren

27

1. a) Wir runden die Längen auf volle Millimeter. 1 mm in der Zeichnung sind 100 m in der Wirklichkeit. 1 cm in der Zeichnung sind 1 000 m = 1 km in der Wirklichkeit.
Von links nach rechts erhalten wir:
Dreieck: $A_1 \approx \frac{700\,m \cdot 1\,700\,m}{2} = 595\,000\,m^2$
Trapez: $A_2 \approx \frac{(2\,000\,m + 1\,700\,m) \cdot 1\,000\,m}{2} = 1\,850\,000\,m^2$
Trapez: $A_3 \approx \frac{(900\,m + 1\,400\,m) \cdot 1\,200\,m}{2} = 1\,380\,000\,m^2$
Trapez: $A_4 \approx \frac{(2\,300\,m + 2\,800\,m) \cdot 1\,500\,m}{2} = 3\,825\,000\,m^2$
Rechteck: $A_5 \approx \frac{2\,100\,m \cdot 4\,500\,m}{2} = 9\,450\,000\,m^2$
Trapez: $A_6 \approx \frac{(2\,100\,m + 1\,300\,m) \cdot 5\,300\,m}{2} = 9\,010\,000\,m^2$
$A \approx 2\,611\,000\,m^2 = 26{,}11\,km^2$
b) Norderney ist ungefähr $26{,}29\,km^2$ groß.
c) Geradlinig gemessen ungefähr 30 km, aufgrund der Einbuchtungen wahrscheinlich wesentlich mehr.

2. a) Wir runden die Längen auf volle Millimeter. 1 mm in der Zeichnung sind 100 m in der Wirklichkeit. 1 cm in der Zeichnung sind 1 000 m = 1 km in der Wirklichkeit.
Von links nach rechts erhalten wir:
Trapez: $A_1 \approx \frac{(300\,m + 1\,200\,m) \cdot 1\,000\,m}{2} = 750\,000\,m^2$
Trapez: $A_2 \approx \frac{(1\,200\,m + 1\,900\,m) \cdot 1\,000\,m}{2} = 1\,550\,000\,m^2$
Trapez: $A_3 \approx \frac{(1\,900\,m + 1\,800\,m) \cdot 1\,000\,m}{2} = 1\,850\,000\,m^2$
Trapez: $A_4 \approx \frac{(1\,800\,m + 1\,500\,m) \cdot 1\,000\,m}{2} = 1\,650\,000\,m^2$
Trapez: $A_5 \approx \frac{(1\,500\,m + 1\,200\,m) \cdot 1\,000\,m}{2} = 1\,350\,000\,m^2$
$A \approx 7\,150\,000\,m^2 = 7{,}15\,km^2$

27 2. b) Baltrum ist ungefähr 6,50 km² groß.
c) Geradlinig gemessen ungefähr 12 km, aufgrund der Einbuchtungen wahrscheinlich wesentlich mehr.

1.5 Netz und Oberflächeninhalt eines Prismas

28 **Einstieg:**
Es entstehen Körper mit zwei zueinander parallelen und kongruenten Vielecken als Grund- und Deckfläche. Die Seitenflächen sind Rechtecke.

29 2. Die Schachteln sind Prismen, die Mantelfläche besteht also aus Rechtecken. Sie unterscheiden sich durch ihre Grundfläche.
- gleichseitiges Dreieck
- Trapez
- Quadrat (Körper ist ein Würfel.)
- regelmäßiges Sechseck
- regelmäßiges Fünfeck

30 3. –

4. Alle Elemente außer Element (3) sind Prismen. Die Grundflächen sind jeweils Vielecke.

(1) 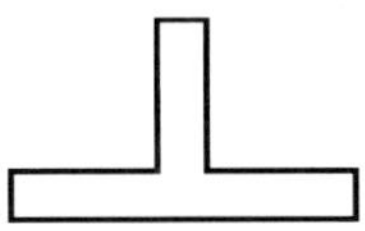

(2) 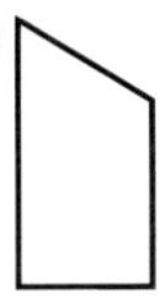

(3) kein Prisma; Grundfläche ist kein Vieleck.

(4) 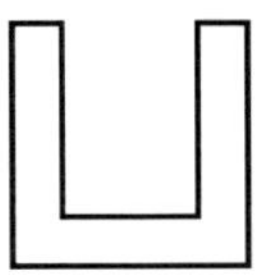

(5) 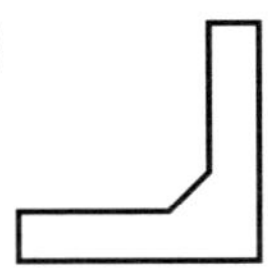

30

5. a)

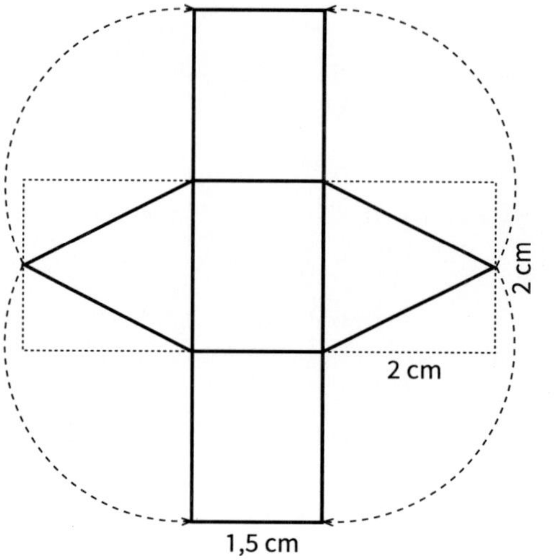

b)

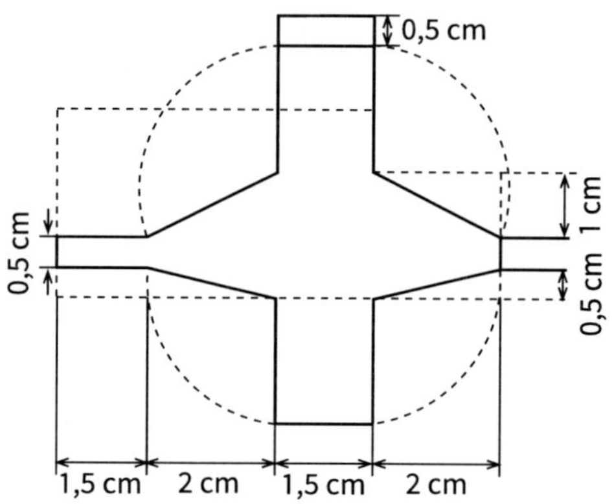

30 **5.** c)

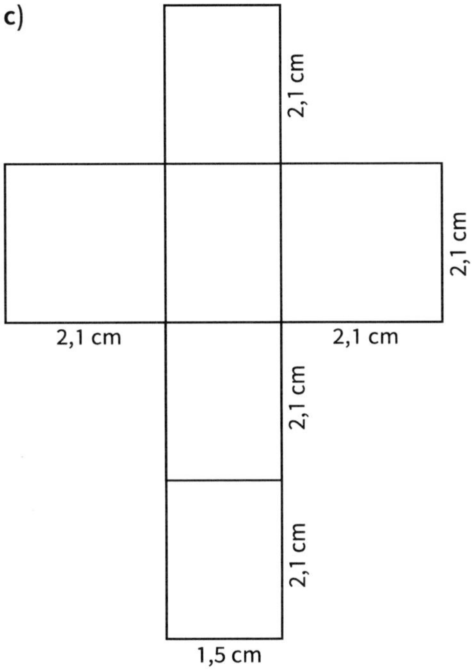

6. Obere Reihe von links nach rechts: falsch; richtig; falsch; falsch
Untere Reihe von links nach rechts: falsch; falsch; falsch; falsch

7. a) $230\,cm^2$ b) – c) $78\,cm$

31 **8.** a) $G = \frac{23\,mm \cdot 19\,mm}{2} = 218{,}5\,mm^2$
$M = (23\,mm + 21\,mm + 24\,mm) \cdot 150\,mm = 10\,200\,mm^2$
$O = 2 \cdot 218{,}5\,mm^2 + 10\,200\,mm^2 = 10\,637\,mm^2 = 106{,}37\,cm^2$

b) $G = 25\,mm \cdot 15\,mm = 375\,mm^2$
$M = (2 \cdot 25\,mm \cdot 150\,mm + 2 \cdot 18\,mm \cdot 150\,mm) = 12\,900\,mm^2$
$O = 2 \cdot 375\,mm^2 + 12\,900\,mm^2 = 13\,650\,mm^2 = 136{,}5\,cm^2$

c) $G = \frac{34\,mm + 16\,mm}{2} \cdot 14\,mm = 350\,mm^2$
$M = (34\,mm + 18\,mm + 16\,mm + 16\,mm) \cdot 150\,mm = 12\,600\,mm^2$
$O = 2 \cdot 350\,mm^2 + 12\,600\,mm^2 = 13\,300\,mm^2 = 133\,cm^2$

d) $G = \left(\frac{22\,mm \cdot 17\,mm}{2} + \frac{22\,mm \cdot 13\,mm}{2}\right) = 330\,mm^2$
$M = 2 \cdot (21\,mm \cdot 150\,mm) + 2 \cdot (17\,mm \cdot 150\,mm) = 11\,400\,mm^2$
$O = 2 \cdot 330\,mm^2 + 11\,400\,mm^2 = 12\,060\,mm^2 = 120{,}60\,cm^2$

31

9. a)

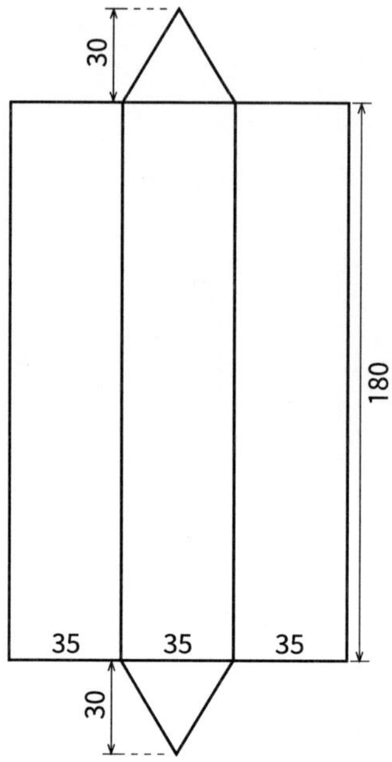

$$O = \left(\frac{2 \cdot 35\,\text{mm} \cdot 30\,\text{mm}}{2}\right) + 3 \cdot 35\,\text{mm} \cdot 180\,\text{mm} = 19\,950\,\text{mm}^2 = 199{,}5\,\text{cm}^2$$

b)

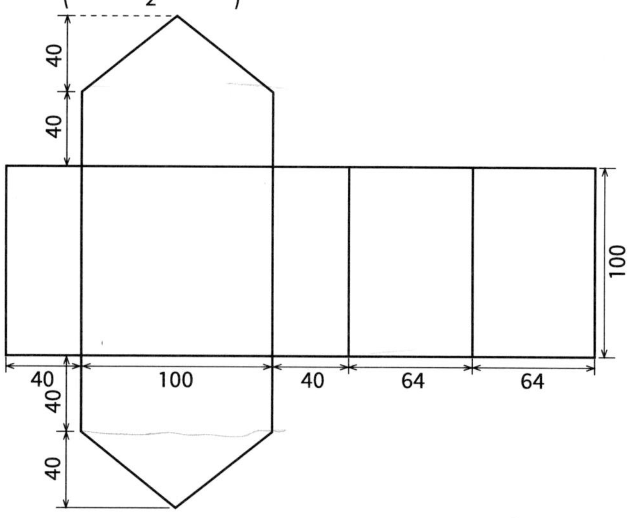

$$O = 100\,\text{mm} \cdot 100\,\text{mm} + 4 \cdot 100\,\text{mm} \cdot 40\,\text{mm} + 2 \cdot \left(\frac{100\,\text{mm} \cdot 40\,\text{mm}}{2}\right)$$

$$+ 2 \cdot (64\,\text{mm} \cdot 100\,\text{mm})$$

$$= 42\,800\,\text{mm}^2 = 428\,\text{cm}^2$$

31 9. c)

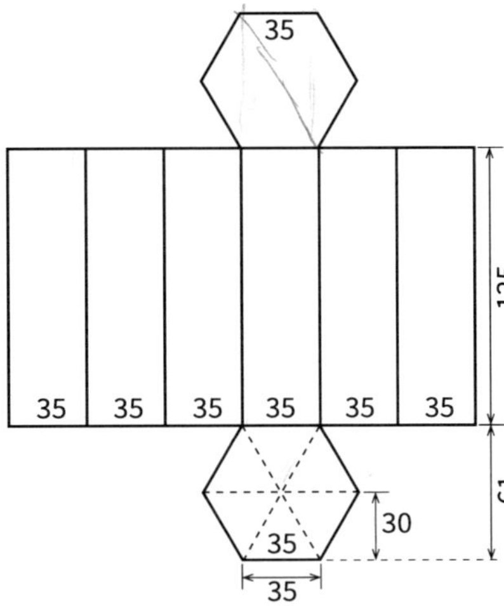

$G = 6 \cdot \frac{35\,mm \cdot 30\,mm}{2} = 3\,150\,mm^2$

$M = 6 \cdot 35\,mm \cdot 125\,mm = 26\,250\,mm^2$

$O = 2 \cdot 3\,150\,mm^2 + 26\,250\,mm^2 = 32\,550\,mm^2$

d)

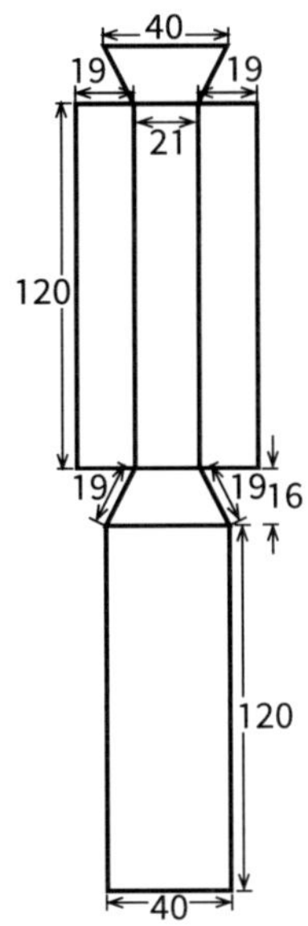

$O = 2 \cdot \frac{40\,mm + 21\,mm}{2} \cdot 16\,mm + 99\,mm \cdot 120\,mm$

$= 12\,856\,mm^2 = 128{,}56\,mm^2$

10. a) **(1)** 6 Ecken, 9 Kanten **(2)** 8 Ecken, 12 Kanten **(3)** 10 Ecken, 15 Kanten

b) Ein n-seitiges Prisma hat 2 n Ecken und 3 n Kanten. Die Grundfläche hat n Ecken, da es zwei Grundflächen gibt, gibt es im n-seitigen Prisma 2 n Ecken. Die Grundseiten besitzen je n Kanten mit den Mantelflächen, also 2 n Kanten für beide Grundflächen und nochmals n Kanten, die die beiden Grundflächen verbinden. Insgesamt gibt es also 3 n Kanten.

31 **11.** $M = 50\,cm \cdot 12\,cm = 600\,cm^2$

12. a) Der Oberflächeninhalt **(1)** vervierfacht sich; **(2)** verneunfacht sich.
b) Der Oberflächeninhalt **(1)** vervierfacht sich; **(2)** verneunfacht sich.
c) Der Grundflächeninhalt bleibt unverändert. Der Mantelflächeninhalt verdoppelt [verdreifacht] sich. Der Oberflächeninhalt wird **(1)** um $50\,cm^2$ größer; **(2)** um $100\,cm^2$ größer.
d) –

Das kann ich noch!
A) 1) 126 l
2) $1\,m^3 = 1\,000\,l$, also 24 Stapel zu je 42 l.

1.6 Schrägbild eines Prismas

32 **Einstieg:** Keine Lösungen

34 **3. (1)**

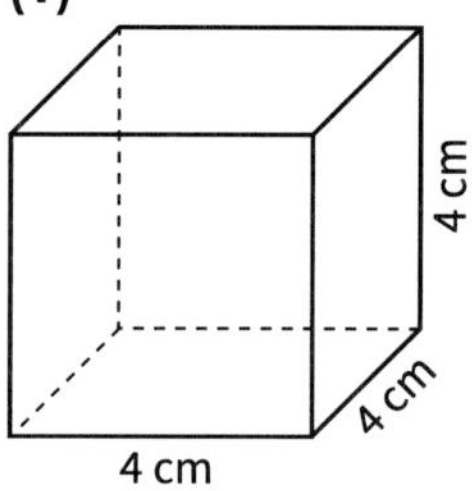

Winkel: 45°
Faktor: $\frac{1}{2}$

(2)

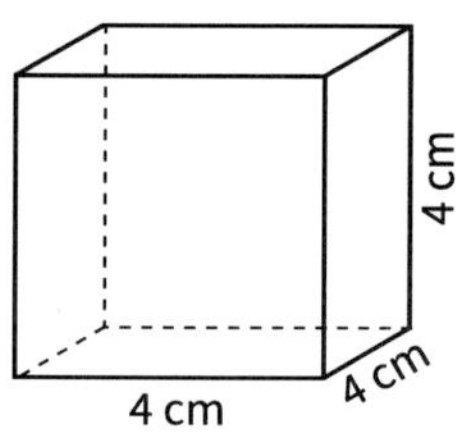

Winkel: 30°
Faktor: $\frac{1}{3}$

(3)

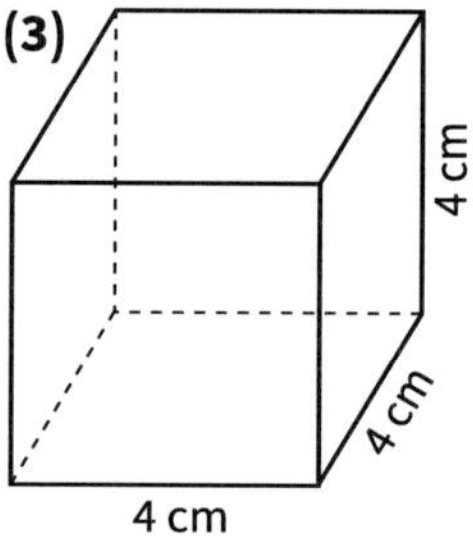

Winkel: 60°
Faktor: $\frac{2}{3}$

4. (1)

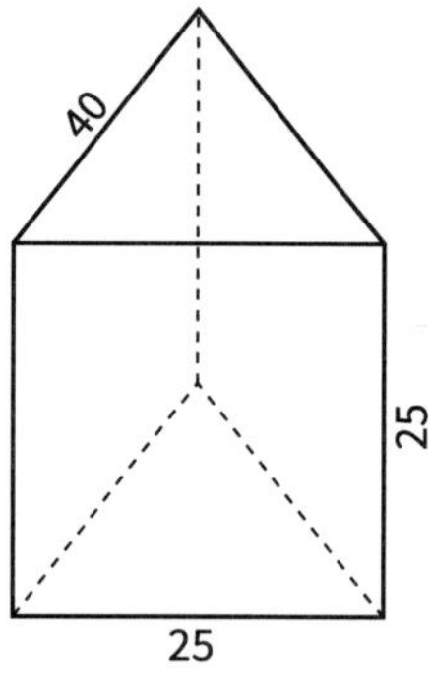

(2)

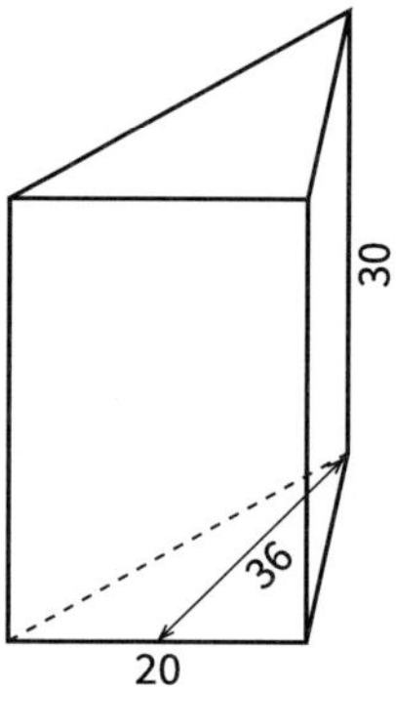

34 **4.** (3)

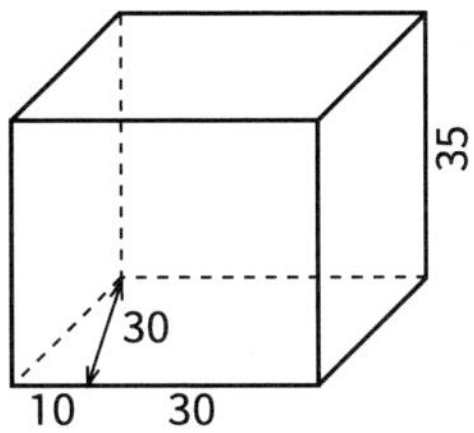

(4)

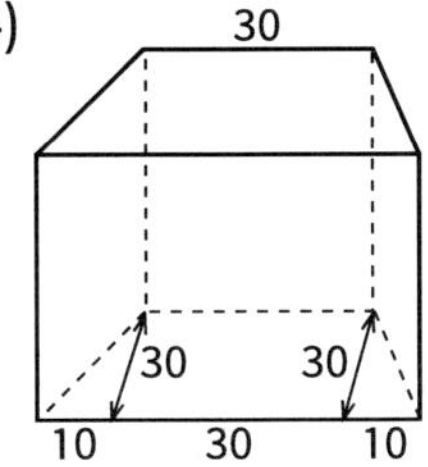

5.

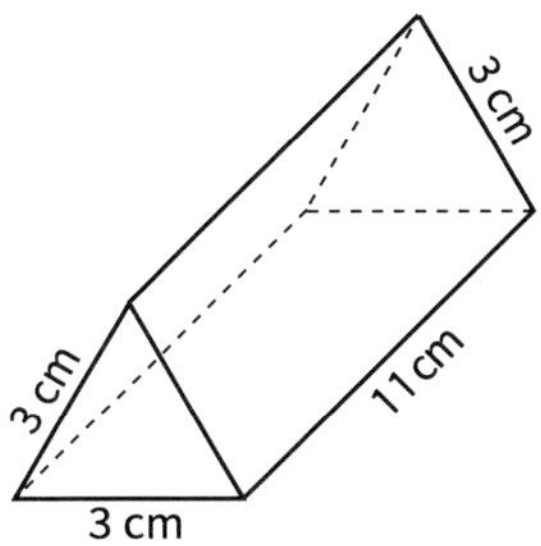

35 **6.** a) *Körper A*

(1)

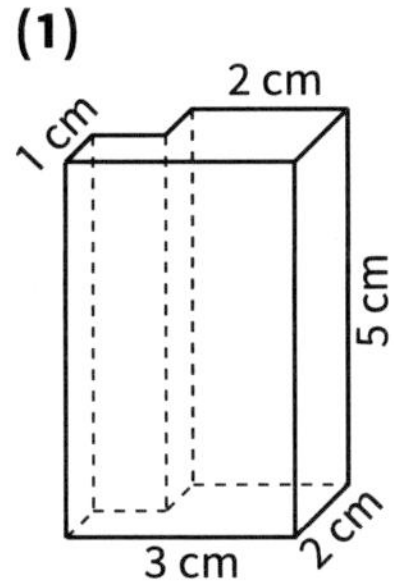

(2)

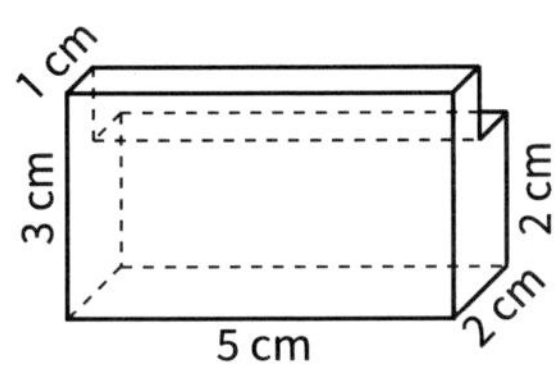

Körper B

(1)

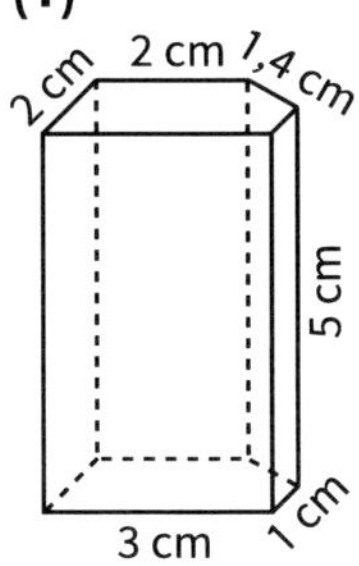

(2)

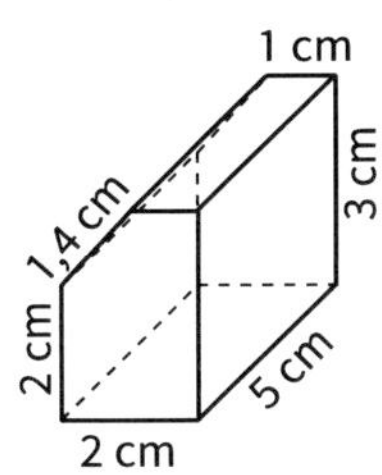

35

6. a) Fortsetzung

Körper C

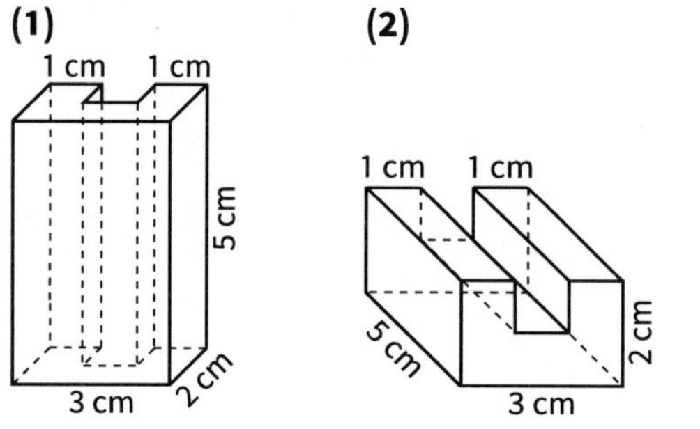

Körper D

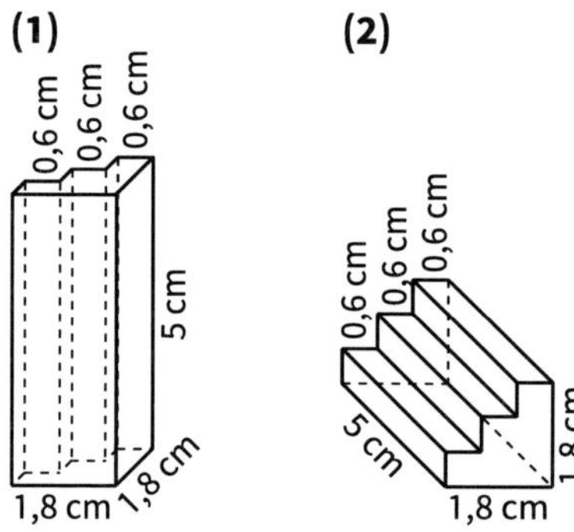

b) A: $O = 2 \cdot (2\,\text{cm} \cdot 2\,\text{cm} + 1\,\text{cm} \cdot 1\,\text{cm})$
$+ (3\,\text{cm} + 2\,\text{cm} + 2\,\text{cm} + 1\,\text{cm} + 1\,\text{cm} + 1\,\text{cm}) \cdot 5\,\text{cm}$
$= 60\,\text{cm}^2$

B: $O = 2 \cdot \left(3\,\text{cm} \cdot 1\,\text{cm} + \frac{3\,\text{cm} + 2\,\text{cm}}{2} \cdot 1\,\text{cm}\right)$
$+ (3\,\text{cm} + 1\,\text{cm} + 1{,}4\,\text{cm} + 2\,\text{cm} + 2\,\text{cm}) \cdot 5\,\text{cm}$
$= 58\,\text{cm}^2$

C: $O = 2 \cdot (3\,\text{cm} \cdot 2\,\text{cm} - 1\,\text{cm} \cdot 1\,\text{cm}) + (3\,\text{cm} + 2\,\text{cm} + 5 \cdot 1\,\text{cm} + 2\,\text{cm}) \cdot 5\,\text{cm}$
$= 70\,\text{cm}^2$

D: $O = 2 \cdot (1{,}8\,\text{cm} \cdot 0{,}6\,\text{cm} + 1{,}2\,\text{cm} \cdot 0{,}6\,\text{cm} + 0{,}6\,\text{cm} \cdot 0{,}6\,\text{cm})$
$+ (1{,}8\,\text{cm} + 1{,}8\,\text{cm} + 6 \cdot 0{,}6\,\text{cm}) \cdot 5\,\text{cm}$
$= 40{,}32\,\text{cm}^2$

7.

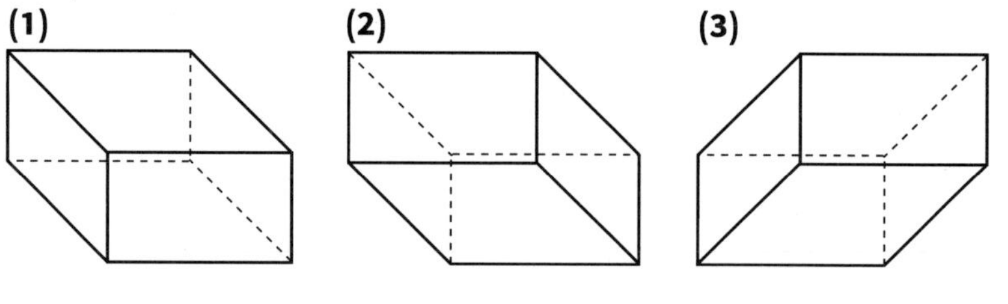

35

8. a) Zunächst zeichnet sie die obere Grundfläche und trägt von dort entsprechend der Höhe zwei Strecken nach „unten“ ab, dann die Parallele zur oberen „langen“ Strecke. Anschließend werden die beiden Parallelen zu den Schenkeln und die noch fehlende Strecke (Parallele zur kurzen Basisseite) gezeichnet.

b) Siehe Lösung zu Aufgabe 2 im Schülerbuch.

9. a)

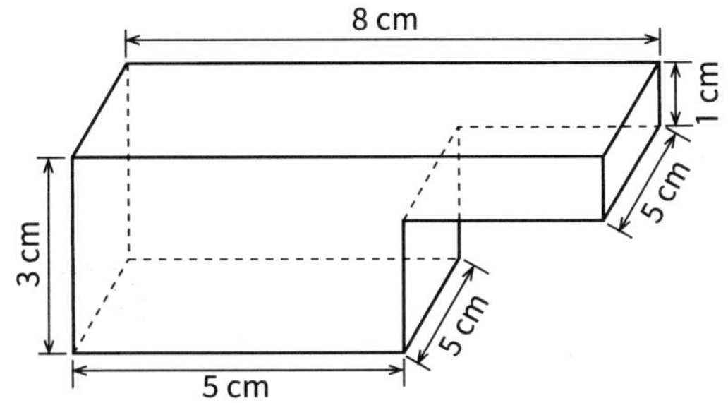

b)

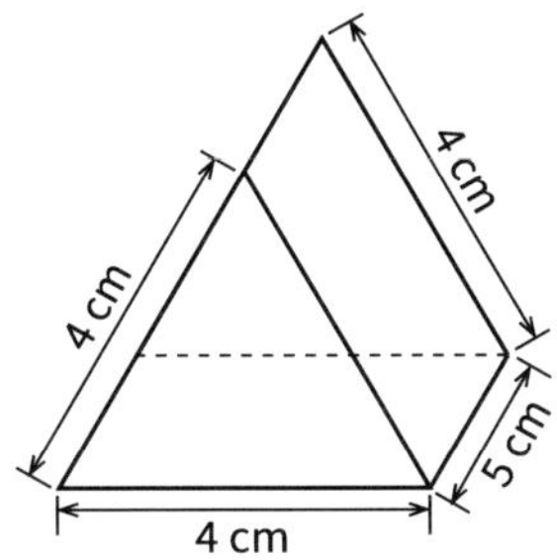

c)

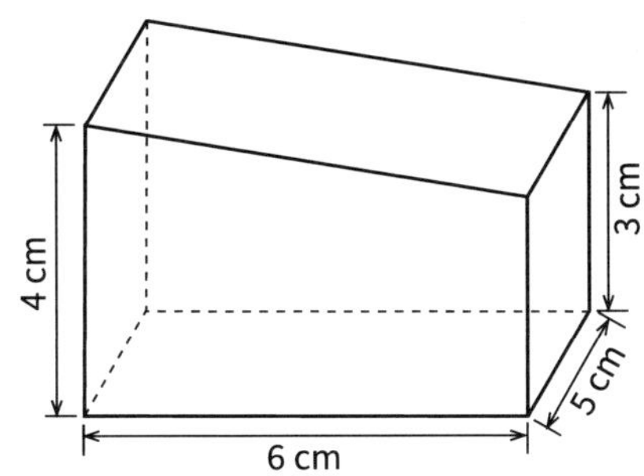

10. a)

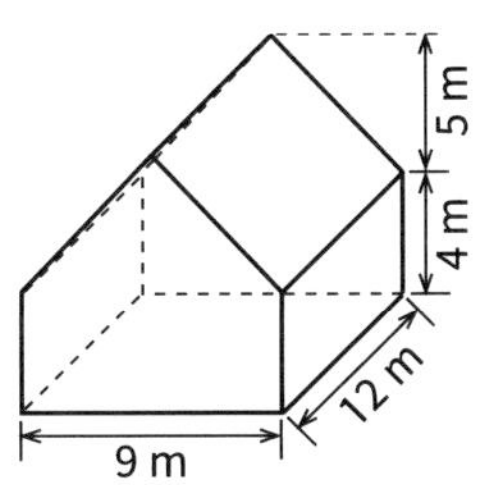

35 10. b) (1)

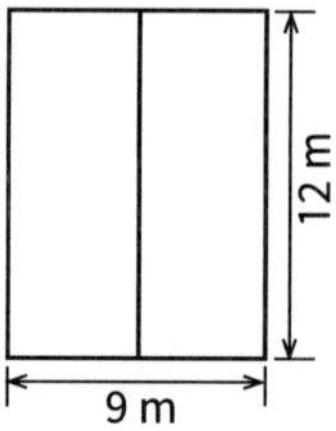

(2)

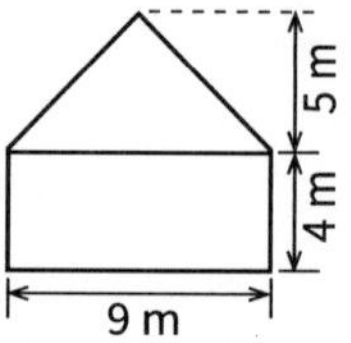

(3)

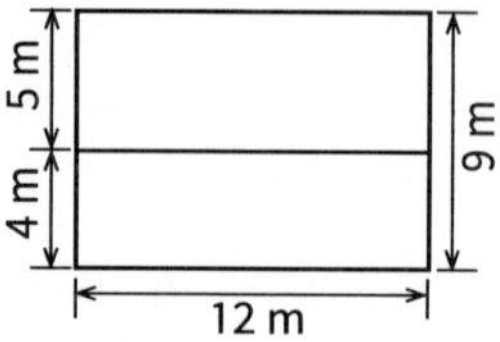

c) Im Schrägbild hat man einen besseren räumlichen Eindruck.

1.7 Volumen eines Prismas

36 **Einstieg:**

2 Kästchen entsprechen 1 cm und 1 Kästchendiagonale entspricht 1 cm.

a) $V = 0{,}5\,cm \cdot 1\,cm \cdot 4\,cm = 2\,cm^3$

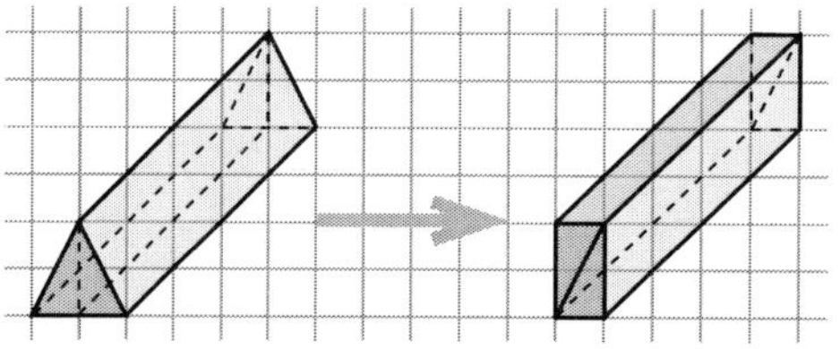

b) $V = 1{,}5\,cm \cdot 1\,cm \cdot 4\,cm = 6\,cm^3$

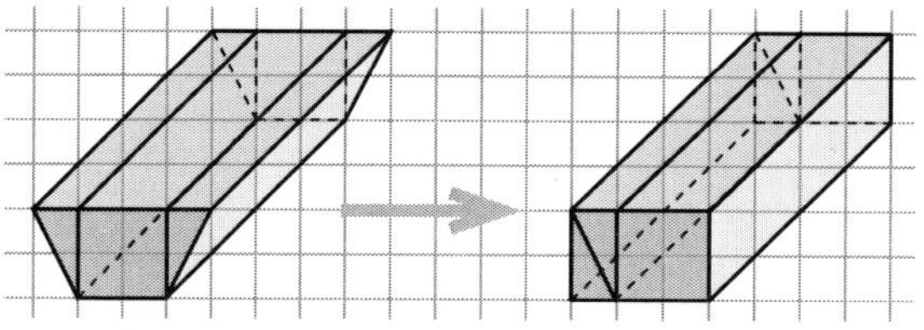

c) $V = 3{,}5\,cm \cdot 0{,}5\,cm \cdot 4\,cm = 7\,cm^3$

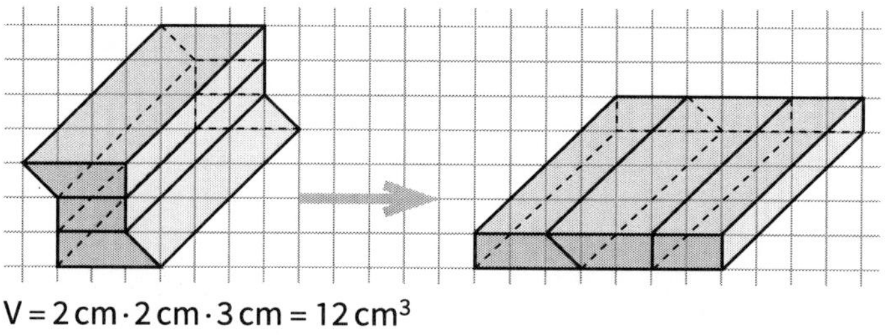

d) $V = 2\,cm \cdot 2\,cm \cdot 3\,cm = 12\,cm^3$

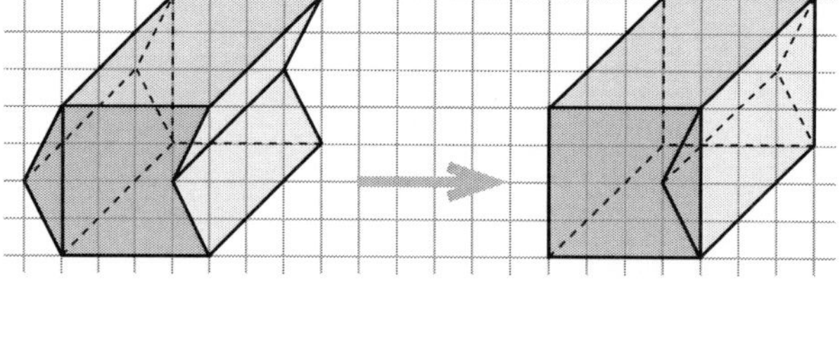

37 **2. a)** Man zerlegt die Prismen wie im Einstieg auf Seite 36 des Schülerbandes und erhält Quader mit gleich großen Grundflächen und gleicher Höhe.
Für alle Prismen gilt:
$G = \frac{3\,cm \cdot 2\,cm}{2} = 3\,cm^2$; $V = 3\,cm^2 \cdot 3{,}5\,cm = 10{,}5\,cm^3$

b) Die Grundfläche lässt sich in Dreiecke zerlegen, das Prisma entsprechend in Prismen mit dreieckiger Grundfläche, für die gilt: $V_D = G_D \cdot h$.

c) Für das Prisma gilt:
$V_P = V_{D1} + V_{D2} + V_{D3} + \ldots + V_{Dn}$
$= G_{D1} \cdot h + G_{D2} \cdot h + G_{D3} \cdot h + \ldots + G_{Dn} \cdot h$
$= (G_{D1} + G_{D2} + G_{D3} + \ldots + G_{Dn}) \cdot h$
$= G \cdot h$

38 **3.** Mit den Maßen im Bild erhält man:
a) $900\,m^3$
b) Untergeschoss $3\,600\,m^3$; Erdgeschoss $4\,800\,m^3$;
$V = 3\,600\,m^3 + 4\,800\,m^3 = 8\,400\,m^3$

4. a) $60\,cm^3$ **b)** $282{,}596\,dm^3$ **c)** $1\,833{,}195\,m^3$ **d)** $162\,472{,}5\,cm^3$ **e)** $40{,}185\,dm^3$

5. P_1 und P_2; P_3 und P_6; P_4, P_5 und P_7

6. 6,5 dm

7. a) $324\,cm^3$ **b)** $843{,}75\,m^3$ **c)** $10\,000\,cm^3$ **d)** $100\,m^3$

8. Das Volumen wird **(1)** verdoppelt; **(2)** verdreifacht; **(3)** halbiert.

39 **9. a)** $60\,000\,cm^3 = 60\,dm^3 = 60\,l$
$7\,400\,cm^2 = 74\,dm^2$
Der Körper fasst 60 l und man benötigt $74\,dm^2$ Blech für die Herstellung.
oder $V = 60\,l$; $O = 74\,dm^2$

b) $V = 81\,l$ $O = 85{,}8\,dm^2$
c) $V = 10{,}5\,l$ $O = 25\,dm^2$

10. a) $292{,}74\,m^3$ **b)** $357{,}14\,m^3$ **c)** $390{,}852\,m^3$ **d)** $484{,}416\,m^3$

11. –

12. a) $231\,000\,cm^3$; 1 824,9 kg **b)** $268\,800\,cm^3$; 2 123,52 kg **c)** $402\,500\,cm^3$; 3 179,75 kg

39

13. a) P_1: fehlende Seitenlänge 50 mm
$V = 192\,000\ \text{mm}^3$; $O = 5\,040\ \text{mm}^2$
Gesamte Kantenlänge: 336 mm

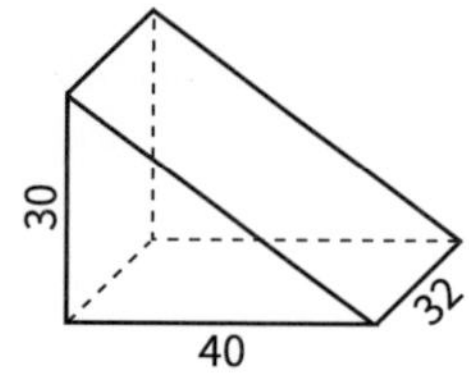

b) P_2: fehlende Seitenlängen 21 mm, 40 mm
$V = 10\,350\ \text{mm}^3$; $O = 3\,503\ \text{mm}^2$
Gesamte Kantenlänge: 289 mm

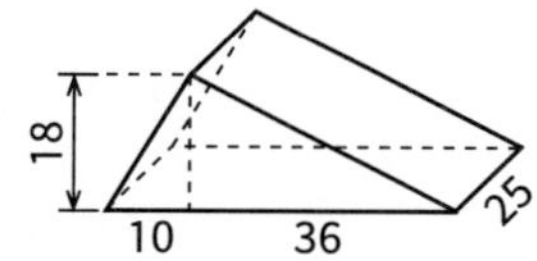

c) P_3: fehlende Seitenlängen 32 mm, 25 mm, 32 mm
$V = 26\,250\ \text{mm}^3$; $O = 5\,490\ \text{mm}^2$
Gesamte Kantenlänge: 368 mm

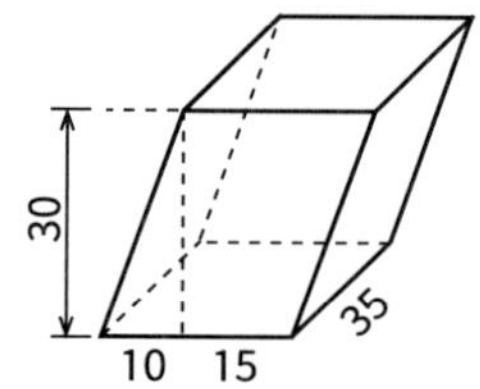

d) P_4: fehlende Seitenlängen 23 mm, 20 mm, 23 mm
$V = 23\,040\ \text{mm}^3$; $O = 5\,240\ \text{mm}^2$
Gesamte Kantenlänge: 364 mm

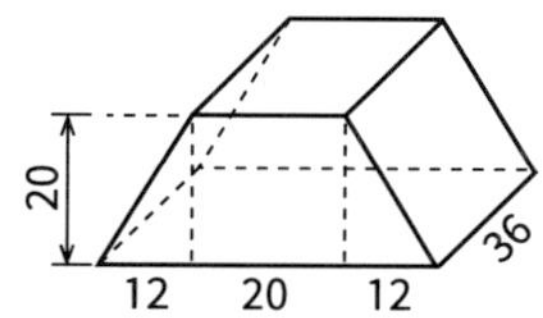

14. Der Mantelflächeninhalt wird verdoppelt (verdreifacht), die Größe der Grundfläche bleibt unverändert. Der Oberflächeninhalt vergrößert sich um den Mantelflächeninhalt (um das Doppelte des Mantelflächeninhalts). Das Volumen verdoppelt (verdreifacht) sich.
$G = 25\ \text{cm}^2$; $M = 50\ \text{cm}^2$; $O = 2 \cdot G + M = 100\ \text{cm}^2$; $V = 1\,250\ \text{cm}^3$
(1) $G = 25\ \text{cm}^2$; $M = 100\ \text{cm}^2$; $O = 150\ \text{cm}^2$; $V = 2\,500\ \text{cm}^3$
(2) $G = 25\ \text{cm}^2$; $M = 150\ \text{cm}^2$; $O = 200\ \text{cm}^2$; $V = 3\,750\ \text{cm}^3$

40

15. a) $1\,000\ \text{cm}^3$
7 300 g

b) $352\ \text{cm}^3$
2 569,6 g

c) $420\ \text{cm}^3$
3 066 g

16. a) $V = 810\ \text{m}^3$
b) $O = 505{,}8\ \text{m}^2$ (ohne Deckfläche)
24 227,82 €

17. a) Für die Grundfläche eines Steines gilt: $G = 254\ \text{cm}^2 = 2{,}54\ \text{dm}^2$
Für $30\ \text{m}^2 = 3\,000\ \text{dm}^2$ müsste man 1 181,1 Steine bestellen. 3 % mehr bedeutet, dass 1 216,54 also 1 237 Steine bestellt werden müssen.
b) $V = 1\,778\ \text{cm}^3$; $m = 4\,445\ \text{g} = 4{,}445\ \text{kg}$
$4{,}445\ \text{kg} \cdot 1\,217 \approx 5\,410\ \text{kg} = 5{,}41\ \text{t}$
Es werden zwei Farten benötigt.

40 **18.** Größe der Terrasse: $A = 39{,}95\,m^2 = 3\,995\,dm^2$

Quadratsteine:

$A = 272{,}25\,cm^2 = 2{,}7225\,dm^2$; $V = 2\,178\,cm^3 = 2{,}178\,dm^3$; $m = 5{,}0094\,kg \approx 5\,kg$

Man benötigt für die Terrasse mindestens 1 468 Quadratsteine (ohne Berücksichtigung von Fugen und ohne Berücksichtigung von Verschnitt). Die Steine wiegen knapp 7,4 t. Man benötigt also 3 Lkw-Transporte.

Bischofsmütze:

Man kann die Länge der Grundseite zechnerisch ermitteln (rechtwinklig-gleichseitiges Dreieck mit 16,5 cm Schenkellänge): $g \approx 23{,}3\,cm$

$A \approx 327{,}185\,cm^2 = 3{,}27185\,dm^2 \approx 3{,}27\,dm^2$;

$V \approx 2617{,}48\,cm^3 = 2{,}61748\,dm^3 \approx 2{,}617\,dm^3$

$m \approx 6{,}020204\,kg \approx 6\,kg$

Man benötigt für die Terrasse mindestens 1 527 Bischofsmützen (ohne Berücksichtigung von Fugen und ohne Berücksichtigung von Verschnitt). Die Steine wiegen fast 9,2 t. Man benötigt also 4 Lkw-Transporte.

Man kann natürlich auch die Terrasse mit Quadratsteinen und mit Bischofsmützen pflastern.

Auf den Punkt gebracht: Mit Schätzungen sachgerecht umgehen

41 **1.**
- Keine Lösungen
- Die Jolle ist in dem Foto etwa 53 mm lang, das sind in Wirklichkeit 4,23 m. Das Segel ist im Foto etwa 57 mm hoch, in Wirklichkeit also etwa 4,55 m. Die Grundseite des Segels ist etwa 34 mm lang, in Wirklichkeit also etwa 2,70 m lang.
  Der Flächeninhalt beträgt dann: $A \approx \frac{1}{2} \cdot 4{,}55\,m \cdot 2{,}70\,m \approx 6{,}14\,m^2$
  Die Schätzung mit $5{,}76\,m^2$ war also schon ziemlich genau.

2. Der Mann ist etwa 1,75 m groß. Der Lkw ist nicht ganz zweimal so breit, also etwa 3 m breit, und etwa dreieinhalbmal bis viermal so lang, also etwa 6 m bis 7 m lang.
Der Lkw benötigt etwa $18\,m^2$ bis $21\,m^2$ Platz.

3.
- Keine Lösungen
- Druckfehler in der 1. Auflage: Quader statt Dreiecksprisma.
  Der Quader ist etwa 60 m lang, 40 m breit und im Mittel 30 m hoch.
- Volumen des Eises über Wasser: $V \approx 60\,m \cdot 40\,m \cdot 30\,m = 72\,000\,m^3$
  Volumen des gesamten Eises: $V \approx 72\,000\,m^3 : 0{,}1 = 720\,000\,m^3$

1.8 Aufgaben zur Vertiefung

42

1. b ist im Dreieck A die Höhe zur Grundseite a.
$b = \frac{2 \cdot A}{a} = \frac{24\,cm^2}{3\,cm} = 8\,cm$
c ist im Dreieck b die Grundseite mit der zugehörigen Höhe b.
$c = \frac{2 \cdot B}{b} = \frac{32\,cm^2}{8\,cm} = 4\,cm$
Dreieck F hat die Grundseite a + c und die Höhe b.
$F = \frac{(a+c) \cdot b}{2} = \frac{7\,cm \cdot 8\,cm}{2} = \frac{56\,cm^2}{2} = 28\,cm^2$

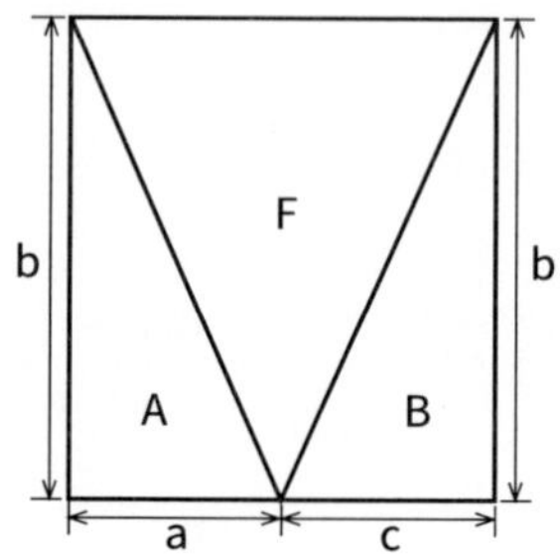

2. a) c ist im Dreieck B die Höhe zur Grundseite b.
$c = \frac{2 \cdot B}{b} = \frac{48\,cm^2}{3\,cm} = 16\,cm$
$A = \frac{a \cdot c}{2} = \frac{5\,cm \cdot 16\,cm}{2} = \frac{80}{2}\,cm^2 = 40\,cm^2$

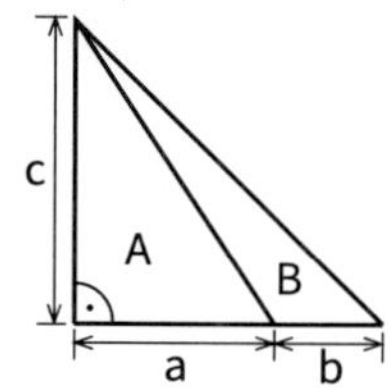

b) c ist im Dreieck B die Höhe zur Grundseite b.
$c = \frac{2 \cdot B}{b} = \frac{30\,cm^2}{3\,cm} = 10\,cm$
$A = a \cdot c = 5\,cm \cdot 10\,cm = 50\,cm^2$

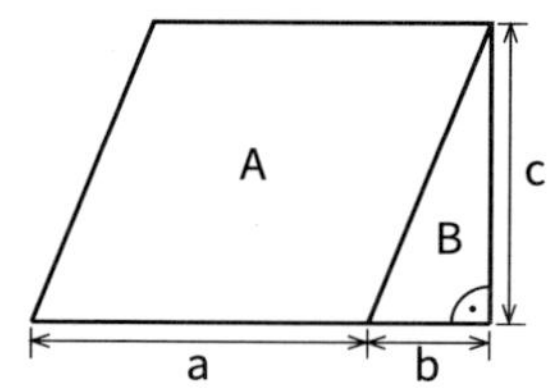

c) c ist im Dreieck A die Höhe mit der zugehörigen Grundseite a.
$c = \frac{2 \cdot A}{a} = \frac{20\,cm^2}{5\,cm} = 4\,cm$
$B = T - A = 26\,cm^2 - 10\,cm^2 = 16\,cm^2$
b ist im Dreieck B die Höhe zur Grundseite mit der zugehörigen Höhe c.
$b = \frac{2 \cdot B}{c} = \frac{32\,cm^2}{4\,cm} = 8\,cm$

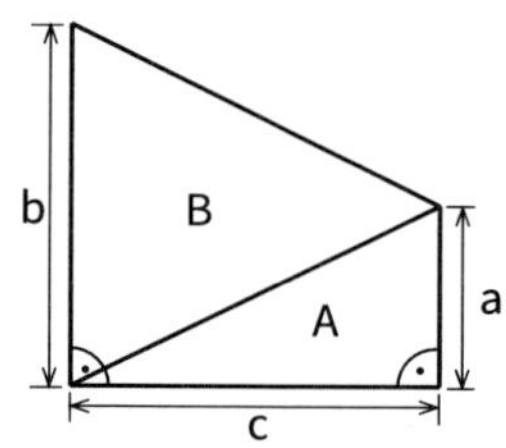

3. a) An den Rechtecken, deren Eckpunkte Gitterpunkte sind und deren Seiten parallel zu den Karolinien liegen, erkennt man für den Flächeninhalt A (in Kästchen):
$A = \frac{1}{2} \cdot R + I - 1$, wobei R die Anzahl der Randpunkte und I die Anzahl der inneren Punkte ist.
Für die vier Rechtecke im Schülerband gilt:

Rechteck 1: $A = \frac{1}{2} \cdot R + I - 1 = \frac{1}{2} \cdot 16 + 8 - 1 = 8 + 8 - 1 = 15$

Rechteck 2: $A = \frac{1}{2} \cdot R + I - 1 = \frac{1}{2} \cdot 8 + 0 - 1 = 4 + 0 - 1 = 3$

Rechteck 3: $A = \frac{1}{2} \cdot R + I - 1 = \frac{1}{2} \cdot 14 + 4 - 1 = 7 + 4 - 1 = 10$

Rechteck 4: $A = \frac{1}{2} \cdot R + I - 1 = \frac{1}{2} \cdot 34 + 54 - 1 = 17 + 54 - 1 = 70$

42 **3.** a) Fortsetzung

Wir begründen die Formel $A = \frac{1}{2} \cdot R + I - 1$ am Beispiel von Rechteck 4 (Dabei verzichten wir auf die Einheiten für die Längen und für den Flächeninhalt.):

Das Rechteck hat die Länge 10 und die Breite 7, also den Flächeninhalt $A = 10 \cdot 7 = 70$.

Die Anzahl der Randpunkte ist:

$R = 10 + 7 + 10 + 7 = 2 \cdot (10 + 7) = 2 \cdot 17 = 34$

Die Hälfte der Anzahl der Randpunkte ist:

$\frac{1}{2} \cdot R = \frac{1}{2} \cdot 2 \cdot (10 + 7) = 10 + 7$

Die Anzahl der inneren Punkte ist:

$$\begin{aligned}(10 - 1) \cdot (7 + 1) &= 10 \cdot (7 - 1) - 1 \cdot (7 - 1)\\ &= 10 \cdot 7 - 10 - 7 + 1\\ &= 70 - 10 - 7 + 1\\ &= 54\end{aligned}$$

Wir erhalten so:

$A = \frac{1}{2} \cdot R + I - 1 = 10 + 7 + 10 \cdot 7 - 10 - 7 + 1 - 1 = 10 \cdot 7 = 70$

Wir erhalten genau das Produkt der Seitenlängen 10 und 7, also den Flächeninhalt.

Diese Begründung kann man auf alle Rechtecke, deren Eckpunkte Gitterpunkte sind und deren Seiten parallel zu den Karolinien liegen, übertragen.

b)

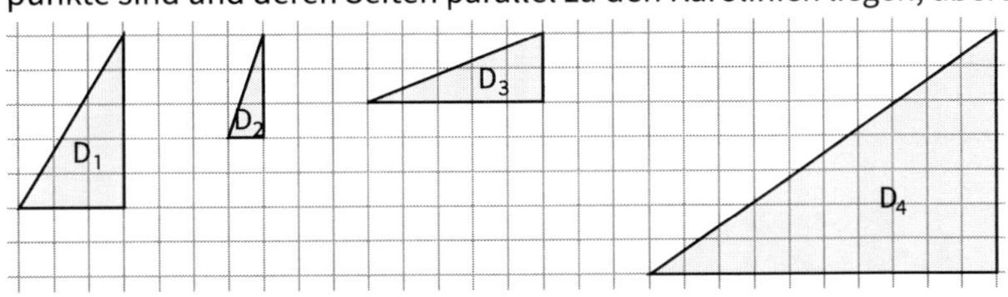

Die vier gezeichneten Dreiecke sind halb so groß wie die vier Rechtecke in Teilaufgabe a).

Auch hier gilt wieder:

$A = \frac{1}{2} \cdot R + I - 1$, wobei R die Anzahl der Randpunkte und I die Anzahl der inneren Punkte ist.

Für die vier Dreiecke gilt:

Dreieck 1: $A = \frac{1}{2} \cdot R + I - 1 = \frac{1}{2} \cdot 9 + 4 - 1 = 4{,}5 + 4 - 1 = 7{,}5$

Dreieck 2: $A = \frac{1}{2} \cdot R + I - 1 = \frac{1}{2} \cdot 5 + 0 - 1 = 2{,}5 + 0 - 1 = 1{,}5$

Dreieck 3: $A = \frac{1}{2} \cdot R + I - 1 = \frac{1}{2} \cdot 8 + 2 - 1 = 4 + 2 - 1 = 5$

Dreieck 4: $A = \frac{1}{2} \cdot R + I - 1 = \frac{1}{2} \cdot 18 + 27 - 1 = 9 + 27 - 1 = 35$

42

3. c) *Begründung für Dreiecke, deren Eckpunkte Gitterpunkte sind und deren Seiten am rechten Winkel parallel zu den Karolinien liegen:*
Für Rechtecke, deren Eckpunkte Gitterpunkte sind und deren Seiten parallel zu den Karolinien liegen, haben wir den Satz von Pick
$A = \frac{1}{2} \cdot R + I - 1$ begründet. Wir wollen den Satz nun für Dreiecke, deren Eckpunkte Gitterpunkte sind und deren Seiten am rechten Winkel parallel zu den Karolinien liegen, begründen.

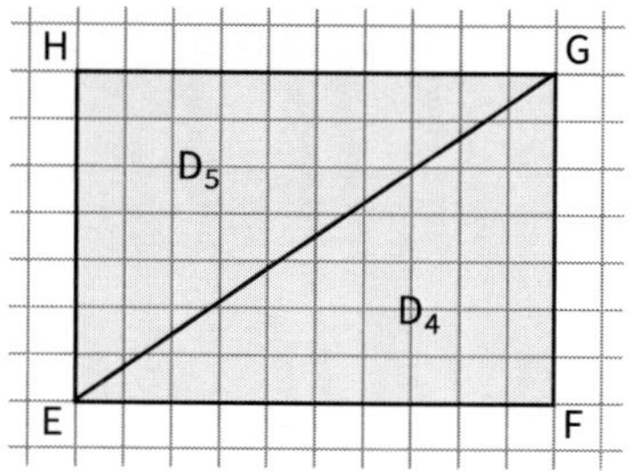

Wir begründen das zunächst am Dreieck D_4 aus Teilaufgabe b), das wir zum Rechteck R_4 aus Teilaufgabe a) ergänzen können. Die Dreiecke D_4 und D_5 sind kongruent zueinander. Der Flächeninhalt des Dreiecks D_4 ist also halb so groß wie der Flächeninhalt des Rechtecks R_4: $A_D = \frac{1}{2} A_R$
Auf der Diagonalen liegen außer den beiden Endpunkten E und G keine weiteren Gitterpunkte. Die Randpunkte der beiden Dreiecke D_4 und D_5 sind die Randpunkte des Rechtecks R_4, aber die Randpunkte E und G gehören zu beiden Dreiecken. Das Dreieck D_4 hat also einen Randpunkt mehr, als die Hälfte der Randpunkte des Rechtecks R_4: $R = \frac{1}{2} \cdot 34 + 1 = 18$
Die inneren Punkte des Rechtecks R_4 gehören je zur Hälfte zu den beiden Dreiecken. Das Dreieck D_4 hat also die Hälfte der Randpunkte des Rechtecks: $I = \frac{1}{2} \cdot 54 = 27$.
Für den Flächeninhalt A_D des Dreiecks D_4 und dem Flächeninhalt A_R des Rechtecks R_4 gilt also: $A_D = \frac{1}{2} \cdot 18 + 27 - 1 = 9 + 27 - 1 = 35 = \frac{1}{2} \cdot A_R$
Diese Begründung können wir auf alle Dreiecke übertragen, bei denen auf der Diagonalen des ergänzten Rechtecks nur die Endpunkte (Eckpunkte) Gitterpunkte sind.
Wir betrachten nun noch den Fall, dass auf der Rechteckdiagonalen noch ein weiterer Randpunkt liegt. Dieser Randpunkt war vorher ein innerer Punkt des Rechtecks und wurde dort voll gezählt. Er ist jetzt sowohl im Dreieck D_4 als auch im Dreieck D_5 Randpunkt, wird also jeweils nur zur Hälfte gezählt.
Das gleicht sich bei der Gesamtberechnung also wegen $\frac{1}{2} \cdot 2 = 1$ aus.

42 **3. c)** Fortsetzung

Begründung für Rechtecke, deren Eckpunkte Gitterpunkte sind und deren Seiten nicht parallel zu den Karolinien liegen:

Man kann das Rechteck R_5 durch Dreiecke, die rechtwinklig sind und deren Seiten am rechten Winkel parallel zu den Karolinien liegen, zu einem Rechteck R_6 ergänzen, dessen Eckpunkte Gitterpunkte sind und dessen Seiten parallel zu den Karolinien liegen. Da der Satz von Pick für das Rechteck R_6 und für die rechtwinkligen Dreiecke gilt, kann man mit den obigen Überlegungen zeigen, dass er auch für das Rechteck R_5 gilt.

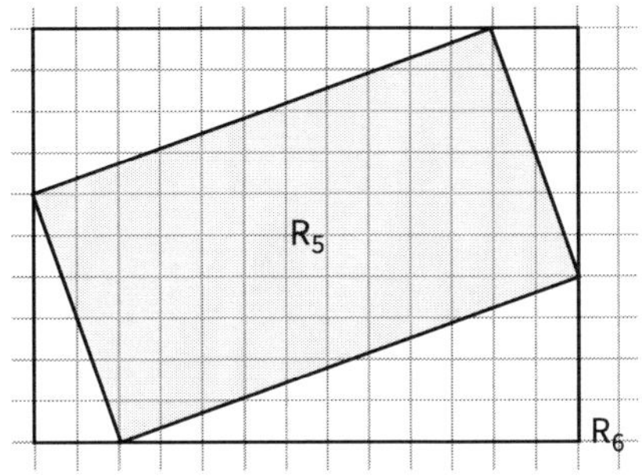

Begründung für Vielecke, deren Eckpunkte Gitterpunkte sind:

Man kann das Vieleck V_1 durch Dreiecke, die rechtwinklig sind und deren Seiten am rechten Winkel parallel zu den Karolinien liegen, sowie durch Rechtecke, deren Eckpunkte Gitterpunkte sind und dessen Seiten parallel zu den Karolinien liegen, zu einem Rechteck ergänzen,

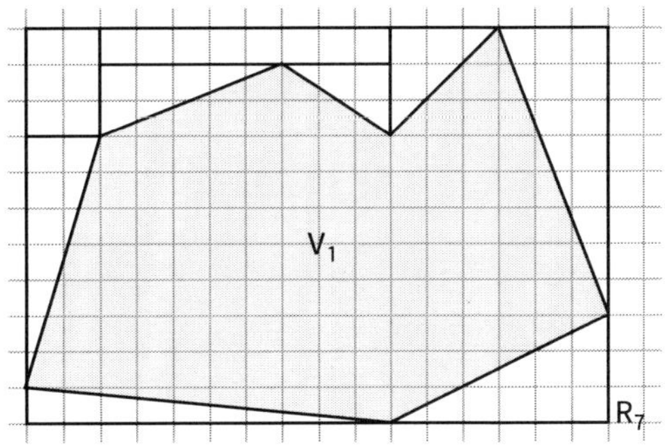

Da der Satz von Pick für das Rechteck R_7, für die ergänzten Rechtecke und für die rechtwinkligen Dreiecke gilt, kann man mit den obigen Überlegungen zeigen, dass er auch für das Vieleck V_1 gilt.

Diese Überlegungen kann man auf beliebige Vielecke übertragen.

Bleib fit im Umgang mit den rationalen Zahlen

45

1. a) (1) $6 \cdot 20\,€ = 120\,€$ (2) $(-3) \cdot 20\,€ = -60\,€$
   b) (1) Hier werden die Beträge addiert und das Vorzeichen „–“ gesetzt.
   $5 \cdot (-3{,}50\,€) = -17{,}50\,€$
   (2) Indem man die Beträge addiert
   $2 \cdot (3{,}50\,€)$
   c) $6 \cdot 20\,€ - 3 \cdot 20\,€ - 5 \cdot 3{,}50\,€ + 2 \cdot 3{,}50\,€ = 49{,}50\,€$
   Regeln siehe „Zum Erinnern“ im Schülerband Seite 45 und Seite 46.

46

2. a) $-25{,}5 < -\frac{99}{4} < -15 < -\frac{25}{2} < 5{,}5 < 12{,}1 < 25$
   b) $25{,}5 > 25 > \frac{99}{4} > 15 > \frac{25}{2} > 12{,}1 > 5{,}5$

3. a)
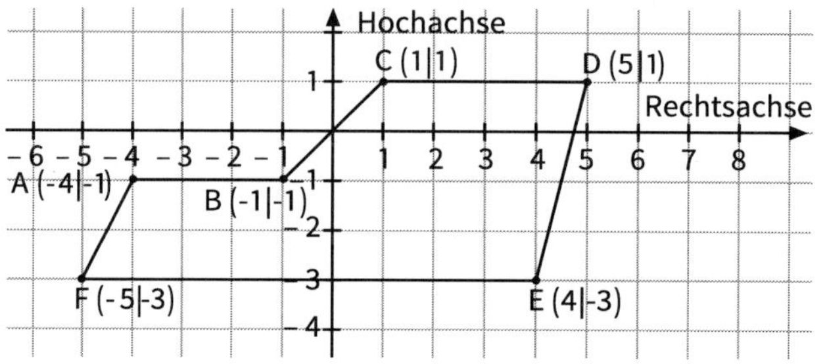

   b)
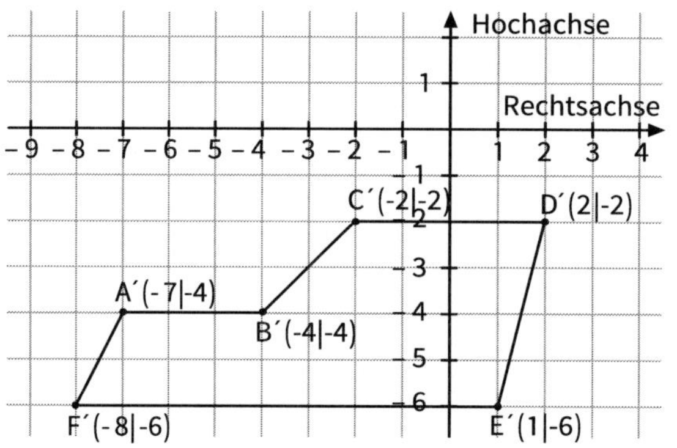

   Das neue Vieleck ist kongruent zum alten, allerdings um 3 Einheiten nach links und 3 Einheiten nach unten verschoben.

4.

a)	b)	c)	d)
+4	+23	−15	−5
+40	+8	+64	+3
−7	−3	−75	−2
−11	−30	−180	+13
+16	−8	−77	−12
−26	+6	+132	nicht definiert
0	0	0	0
−54	+50	−64	nicht definiert

46

5. **a)** −46
2,2
1,3

b) −60
−60
25

c) −8
−70
25

d) $\frac{2}{15}$
0,9
$-\frac{1}{2}$

6. Hier einige Beispiele:

$2 + (-8) + (-12)$
$-2 + 2 - 12$
$(-8) \cdot 2 + 8$
$8 : (-8) + (-12)$
$(-12) \cdot 2 + 8$
$-8 - 2 + (-2)$

7. **a)** 20,00 € − (7,36 € − 1,50 €) = 14,14 €
b) Einen Betrag mit 86 Cent, z. B. 10,86 €.
c) 12,64 € Rückgeld
d) 14,64 € mit Schokolade aus Teilaufgabe c)
16,14 € ohne Schokolade aus Teilaufgabe c)

Bleib fit im Umgang mit Gleichungen

47 1. $3x + 2 = x + 8 \quad |-x$

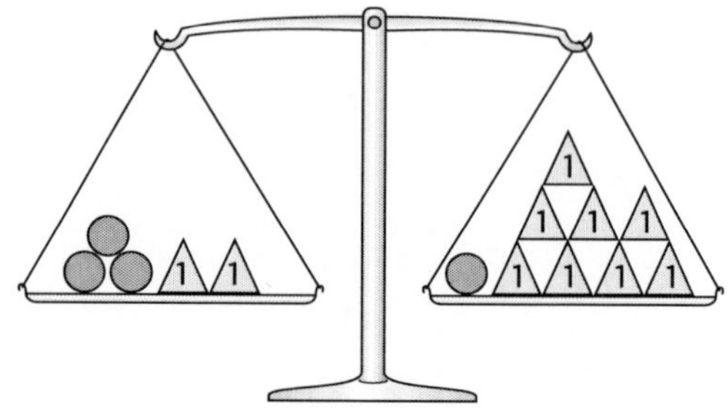

$2x + 2 = 8 \quad |-2$

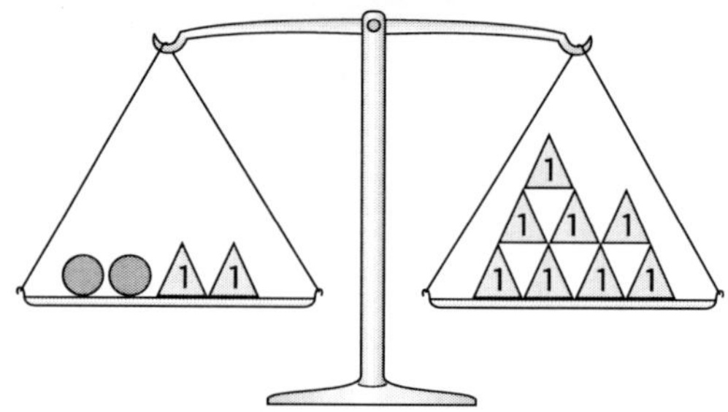

$2x = 6 \quad |:2$

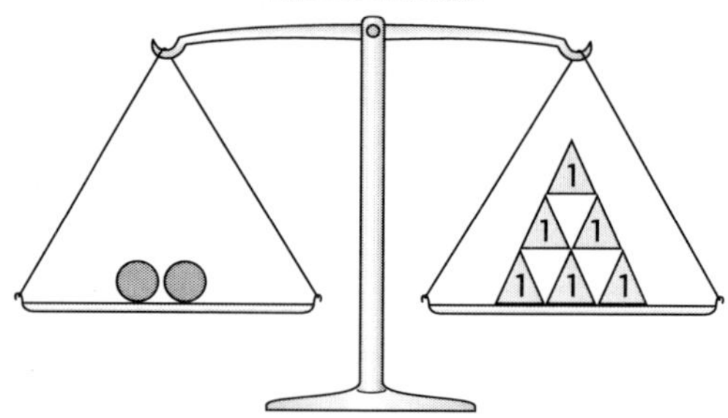

$x = 3$

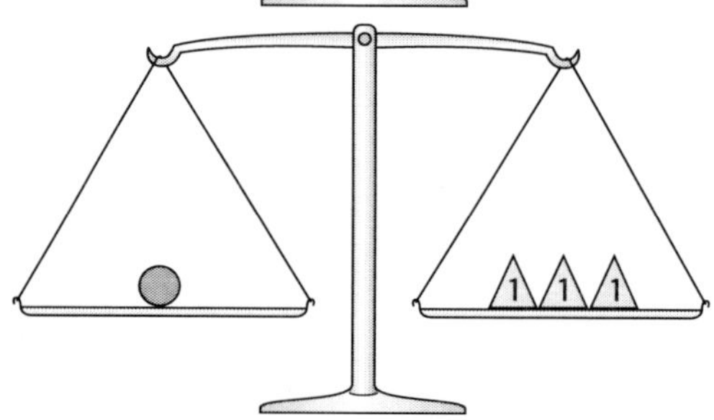

2. a) $2x + 6 = 6x$; $x = 1,5$
   b) $3x - 4 = 5x$; $x = -2$
   c) $4x + 2x - 4 = 5x + 5$; $x = 9$

3. a) $L = \{-22\}$
   b) $L = \{-14\}$
   c) $L = \{17\}$
   d) $L = \{60\}$
   e) $L = \{-9\}$
   f) $L = \{6\}$

48 **4.** **a)** L = {18} **c)** L = {2,9} **e)** L = {−9}
b) L = {13} **d)** L = {−16} **f)** L = {−8}

5. Alter von Julia (in Jahren): x Alter von Ahmed (in Jahren): 3x
Gleichung: $x + 3x = 48$; $x = 12$
Julia ist 12 Jahre alt, ihr Bruder Ahmed ist 36 Jahre alt.

6. **a)** L = {2,25} **b)** L = { } **c)** L = $\mathbb{Q}$ **d)** L = {8} **e)** L = {−11} **f)** L = {2}

7. $3x + 6 = 61 - 2x$; $x = 11$

8. **a)** Wir setzen x für das unbekannte Feld in der unteren Reihe und füllen damit die Mauer aus.

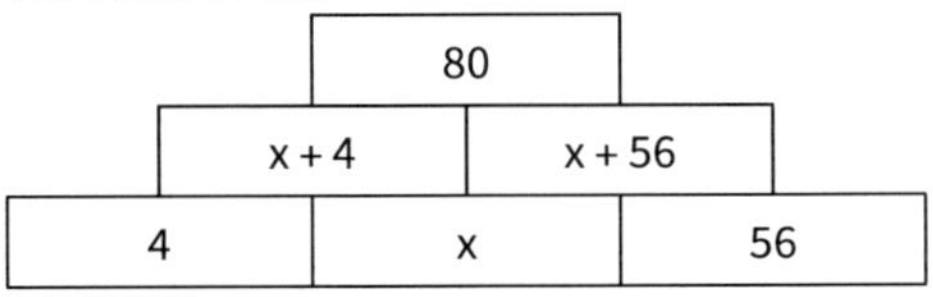

Wir erhalten aus den ersten beiden oberen Zeilen der Mauer die Gleichung $x + 4 + x + 56 = 80$, also $x = 10$. Nun können wir die Mauer mit Zahlen ausfüllen.

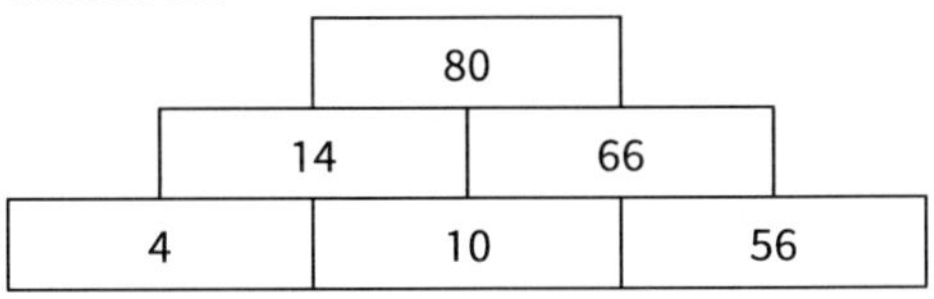

b) Wir setzen x für das unbekannte Feld in der unteren Reihe und füllen damit den Teil der Mauer unter dem Feld mit der Zahl 52 aus.

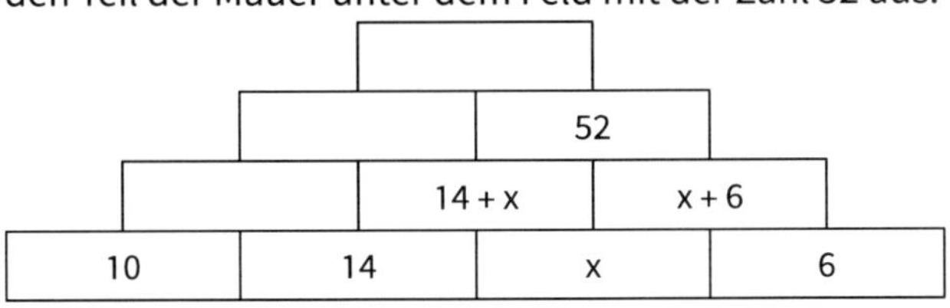

Wir erhalten aus den drei Steinen in der 2. und 3. Zeile der Mauer die Gleichung $14 + x + x + 6 = 52$, also $x = 16$. Nun können wir die Mauer mit Zahlen ausfüllen.

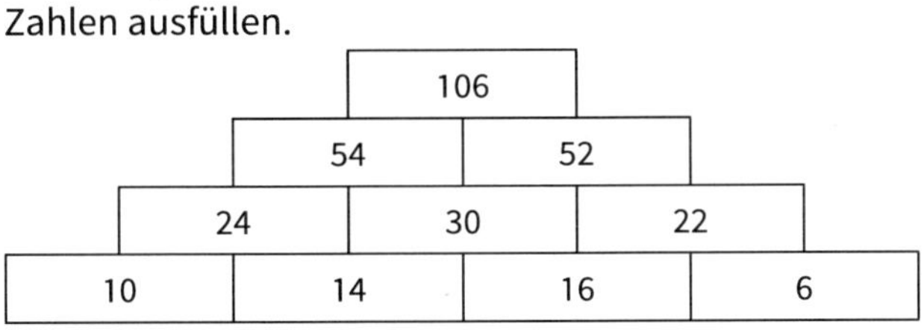

48 **8. c)** Wir setzen x für das unbekannte Feld in der unteren Reihe und füllen damit den Teil der Mauer unter dem Feld mit der Zahl 52 aus.

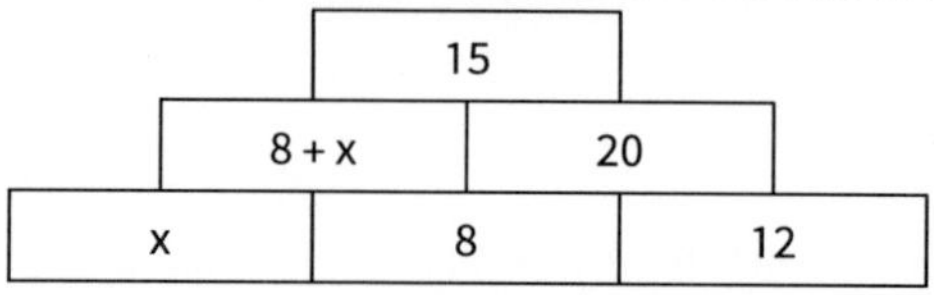

Wir erhalten aus den ersten beiden oberen Zeilen der Mauer die Gleichung $8 + x + 20 = 15$, also $x = -13$. Nun können wir die Mauer mit Zahlen ausfüllen.

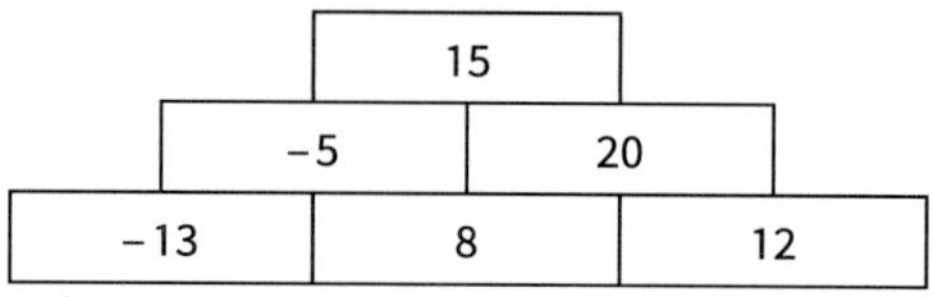

d) Wir können mithilfe einer Subtraktion das mittlere Feld in der unteren Reihe ausfüllen: $3x + 4 - 2x = x + 4$. Damit erhalten wir dann auch das linke Feld in der zweiten Reihe.

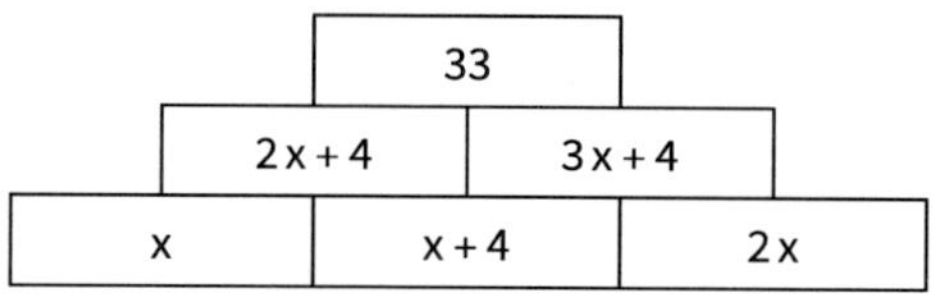

Wir erhalten aus den ersten beiden oberen Zeilen der Mauer die Gleichung $2x + 4 + 3x + 4 = 33$, also $x = 5$. Nun können wir die Mauer mit Zahlen ausfüllen.

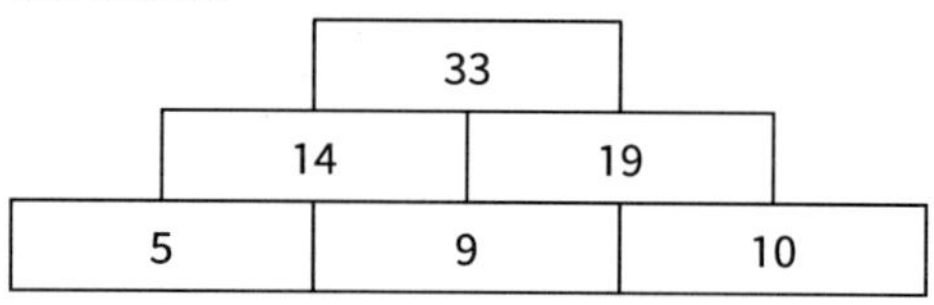

9. Anzahl der Birnen: x
Gleichung: $6 \cdot 0{,}45 + x \cdot 0{,}60 = 5{,}10$; $x = 4$
Mia hat 6 Äpfel für insgesamt 2,70 € und 4 Birnen für insgesamt 2,40 € gekauft.

10. Länge des essbaren Mittelteils (in cm): x
Gleichung: $\frac{1}{4} \cdot 20 + \frac{1}{2} \cdot \frac{1}{4} \cdot 20 + x = 20$, also $5 + 2{,}5 + x = 20$, also $x = 12{,}5$
Der essbare Mittelteil ist 12,5 cm lang, der Kopf 5 cm und der Schwanz 2,5 cm.

11. *Gleichung:* $23{,}20 \cdot x = 16{,}80 \cdot (3{,}90 - x)$
Lösung: $x = 1{,}638$
Die Grenze muss um knapp 1,64 m nach Norden versetzt werden.

2. Terme mit mehreren Variablen

49 **Einstiegsseite:**

→ $u = 2 \cdot (a + b)$: Umfang eines Rechtecks (Parallelogramms) mit den Seitenlängen a und b.
$A = a \cdot b$: Flächeninhalt eines Rechtecks mit den Seitenlängen a und b.
$V = a \cdot b \cdot c$: Volumen eines Quaders mit den Kantenlängen a, b und c.
$O = 2 \cdot (ab + ac + bc)$: Oberflächeninhalt eines Quaders mit den Kantenlängen a, b und c.

→ $u = 2 \cdot a + 2 \cdot b$; $O = 2 \cdot a \cdot b + 2 \cdot a \cdot c + 2 \cdot b \cdot c$

Lernfeld: Klammern gewähren Vorrang

50 **1. Auftrag: Eine Figur – viele Formeln**

→ Die Flächeninhaltsberechnung wird zurückgeführt auf die Flächeninhaltsberechnung von Rechtecken und Quadraten.

1. Hier wird die Figur in zwei Rechtecke zerlegt. Das eine Rechteck hat die Seitenlängen a und c, das andere Rechteck die Seitenlängen $b - c$ und c. Der Flächeninhalt der Figur ist dann die Summe der Flächeninhalte der beiden Rechtecke.
$A_{R_1} = a \cdot c$, $A_{R_2} = (b - c) \cdot c$, $A_F = A_{R_1} + A_{R_2} = a \cdot c + (b - c) \cdot c$
2. Hier wird zunächst der Flächeninhalt der beiden Rechtecke mit den Seitenlängen a und c bzw. b und c berechnet und von der Summe dieser Flächeninhalte wird dann der Flächeninhalt des Quadrats mit der Seitenlänge c subtrahiert.
$A_{R_1} = a \cdot c$, $A_{R_2} = b \cdot c$, $A_Q = c^2$, $A_F = A_{R_1} + A_{R_2} - A_Q = a \cdot c + b \cdot c - c^2$
3. Hier wird zunächst der Flächeninhalt des Rechtecks mit den Seitenlängen a und b bzw. berechnet und von diesem der Flächeninhalt des Rechtecks mit den Seitenlängen a – c und b – c subtrahiert.
$A_{R_1} = a \cdot b$, $A_{R_2} = (a - c)(b - c)$, $A_F = A_{R_1} + A_{R_2} = a \cdot b - (a - c)(b - c)$

→ *Beispiele*
1. Möglichkeit:
Wir zerlegen die Figur in drei Rechtecke. Die Summe der Flächeninhalte der drei Rechtecke ist gleich dem Flächeninhalt der Figur. Die Rechtecke R_1 und R_3 haben die Seitenlängen a und $\frac{b-c}{2}$. Das Rechteck R_2 hat die Seitenlängen c und $a - c$.

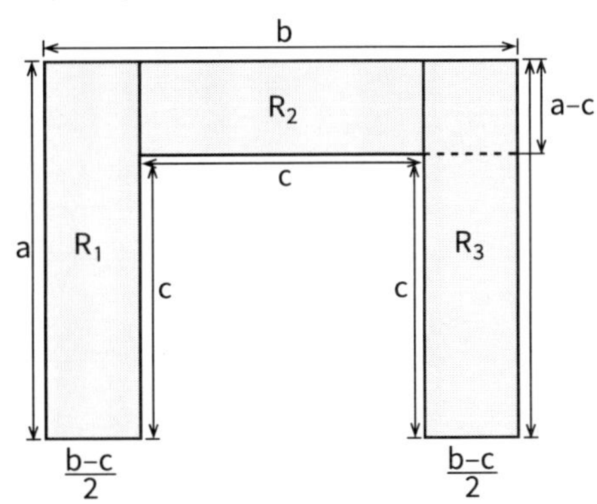

50 **1. Auftrag:** Fortsetzung

$A_{R_1} = A_{R_3} = a \cdot \frac{b-c}{2}$, $A_{R_2} = c \cdot (a-c)$

$A_F = 2 \cdot A_{R_1} + A_{R_2} = 2 \cdot a \cdot \frac{b-c}{2} + c \cdot (a-c) = a \cdot (b-c) + c \cdot (a-c)$

2. Möglichkeit:

Wir ergänzen die Figur zu einem Rechteck mit den Seitenlängen a und b und subtrahieren von dem Flächeninhalt dieses Rechtecks den Flächeninhalt des Quadrats mit der Seitenlänge c.

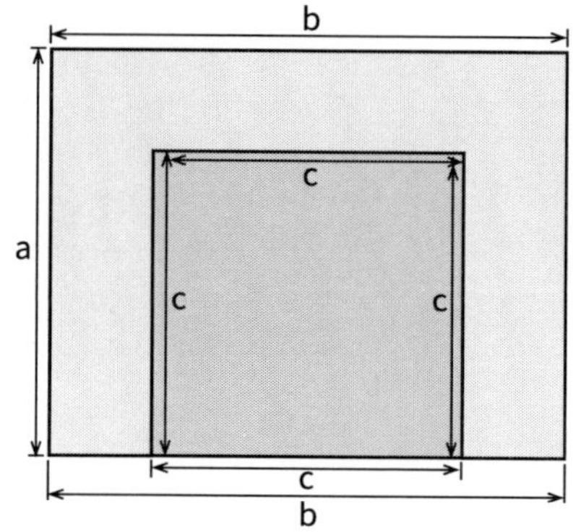

$A_R = a \cdot b$, $A_Q = c^2$,

$A_F = A_R - A_Q = a \cdot b - c^2$

Wir setzen zur Probe die gemessenen Werte a = 3,7 cm, b = 4,6 cm und c = 2,8 cm ein.

Für die 1. Möglichkeit erhalten wir:

$A_F = 3{,}7\,\text{cm} \cdot (4{,}6\,\text{cm} - 2{,}8\,\text{cm}) + 2{,}8\,\text{cm} \cdot (3{,}7\,\text{cm} - 2{,}8\,\text{cm})$
$= 6{,}66\,\text{cm}^2 + 2{,}52\,\text{cm}^2 = 9{,}18\,\text{cm}^2$

Für die 2. Möglichkeit erhalten wir:

$A_F = 3{,}7\,\text{cm} \cdot 4{,}6\,\text{cm} - (2{,}8\,\text{cm})^2 = 17{,}02\,\text{cm}^2 - 7{,}84\,\text{cm}^2 = 9{,}18\,\text{cm}^2$

➔ Keine Lösungen

2. Auftrag: CAS mit Namen

Diese Aufgaben sind sinnvollerweise mit einem eingeführten CAS zu bearbeiten. Dabei sollte Raum für das Erkunden der verborgenen Regeln für die Klammerrechnung gelassen werden, zum Beispiel bei der Fehlersuche bei falsch eingetippten Eingabetermen bei „Philipp“ oder durch Ausprobieren der gesuchten Eingabeterme bei „Hannah“.

Die Lösungen werden die Schüler im Wesentlichen durch Ausprobieren ermitteln. In dem einen oder anderen Fall sollte man einen Schüler dazu auffordern, der Klasse mit seinem Rechner und einem Viewscreen seinen Weg zur richtigen Lösung zu beschreiben. Zu erwarten ist bei diesem Aufgabenformat sicherlich, dass die Schüler die eigenen oder andere Namen ausprobieren. Diese können als selbst gestellte (Haus-) Aufgaben an die Klasse weiter gereicht werden. Hierzu werden sie in der letzten Aufgabe aufgefordert.

➔ 1. Umformung: Die Summanden sind alphabetisch geordnet.
2. Umformung: Die Summanden sind zusammengefasst und alphabetisch geordnet.
3. Umformung: Die Faktoren sind zusammengefasst bzw. als Quadrat geschrieben und wie die Summanden alphabetisch geordnet.
4. Umformung: Der Faktor i wurde ausgeklammert und die Faktoren wie die Summanden alphabetisch geordnet.
5. Umformung: Die Faktoren sind zusammengefasst bzw. als Quadrat geschrieben und wie die Summanden alphabetisch geordnet.

50 **2. Auftrag:** Fortsetzung

→ a) $h : a \cdot n : n \cdot a : h = 1$

b) $h + a \cdot n : n \cdot a - h = a^2$

c) $h \cdot a : n \cdot n : a + h = 2 \cdot h$

d) $h \cdot a \cdot n - n \cdot a + h = a \cdot (h \cdot n - n) + h$

e) $h \cdot a \cdot n - n + a \cdot h = a \cdot h \cdot (n + 1) - n$

f) $h \cdot a - n + n \cdot a + h = a \cdot (h + n) + h - n$

→ Keine Lösungen

2.1 Aufstellen eines Terms mit Variablen

51 **Einstieg:**

a) Zwei Stunden: 24,00 € + 14,00 € = 38,00 €
Drei Stunden: 24,00 € + 2 · 14,00 € = 52,00 €
Fünf Stunden: 24,00 € + 4 · 14,00 € = 80,00 €
Man könnte aber auch so rechnen:
Zwei Stunden: 10,00 € + 2 · 14,00 € = 38,00 €
Drei Stunden: 10,00 € + 3 · 14,00 € = 52,00 €
Fünf Stunden: 10,00 € + 5 · 14,00 € = 80,00 €

b) Die Sportarena ist am Samstag 11 Stunden geöffnet.
Kosten: 24,00 € + 10 · 14,00 € = 164,00 €
oder: 10,00 € + 11 · 14,00 € = 164,00 €

c) K: Kosten (in €) für x Stunden
$K = 10{,}00 + x \cdot 14{,}00$
Einsetzen von 2 für x: $K = 10{,}00 + 2 \cdot 14{,}00 = 38{,}00$
Einsetzen von 3 für x: $K = 10{,}00 + 3 \cdot 14{,}00 = 52{,}00$
Einsetzen von 5 für x: $K = 10{,}00 + 5 \cdot 14{,}00 = 80{,}00$

54 **2.** a) (1) Würfel (12 Kanten)
Kantenlänge 3 cm: Drahtlänge 36 cm
Kantenlänge 5 cm: Drahtlänge 60 cm
Kantenlänge 7 cm: Drahtlänge 84 cm
(2) Tetraeder (6 Kanten)
Kantenlänge 3 cm: Drahtlänge 18 cm
Kantenlänge 5 cm: Drahtlänge 30 cm
Kantenlänge 7 cm: Drahtlänge 42 cm

b) Kantenlänge x (in cm); Drahtlänge l (in cm)
(1) Würfel: $l = 12 \cdot x$ (2) Tetraeder: $l = 6 \cdot x$

3. a) Mai: 63,50 € Juni: 71,90 €

b) Verbrauch x (in kWh); Stromkosten K (in €): $K = 7{,}50 + x \cdot 0{,}28$

c) 26,26 €; 31,86 €; 46,42 €; 105,78 €

4. Druckfehler beim 2. Term in der letzten Zeile: –3 statt –2
1. Term: Die Klammern um –2 fehlen: $3 \cdot (-2) + 4 = -2$
2. Term: Die Klammern um –4 fehlen: $(-4)^2 - 3 = 13$
3. Term: Auch für das letzte x muss –3 einsetzen: $(-3)^2 + 5 - 7 \cdot (-3) = 35$

54 **5. a)** Kantenlänge x (in cm); Kantenlänge y (in cm); Drahtlänge s (in cm); $s = 8x + 4y$

b) (1) $s = 8 \cdot 5 + 4 \cdot 8 = 72$; Drahtlänge 72 cm

(2) $s = 8 \cdot 7 + 4 \cdot 7 = 84$; Drahtlänge 84 cm

(3) $s = 8 \cdot 10{,}7 + 4 \cdot 5{,}2 = 106{,}4$; Drahtlänge 106,4 cm

c) Es ist möglich: Zum Beispiel erhält man für $x = 4$ und $y = 7$: $s = 8 \cdot 4 + 4 \cdot 7 = 60$

55 **6. a)** Kantenlängen a, b, c (in cm); Oberflächeninhalt O (in cm²): $O = 2ab + 2bc + 2ac$

Länge s des Geschenkbandes (in cm): $s = 2a + 2b + 4c + 20$

b) (1) $O = 122\,\text{cm}^2$; $s = 54\,\text{cm}$ (2) $O = 105{,}3\,\text{cm}^2$; $s = 51{,}6\,\text{cm}$

7. a) $\gamma = 180° - \alpha - \beta$; $\delta = 180° - \alpha$

b) (1) $\gamma = 90°$, $\delta = 140°$ (2) $\gamma = 100°$, $\delta = 140°$ (3) $\gamma = 15°$, $\delta = 117°$

8. a) $3 \cdot a \cdot b = 3ab$

b) $4 \cdot 5 \cdot x = 4 \cdot 5x$

c) $7 \cdot (a - 8 \cdot 6) = 7(a - 8 \cdot 6)$

d) $2 \cdot \frac{1}{2} + \frac{3 \cdot x}{2} = 2 \cdot \frac{1}{2} + \frac{3x}{2}$

e) $3 \cdot 5^2 - 1 \cdot x = 3 \cdot 5^2 - 1x$

f) $(4 + x) \cdot (4 - x) = (4 + x)(4 - x)$

g) $5 \cdot x^2 \cdot 3 \cdot y = 5x^2 \cdot 3y$

h) $-2 \cdot p^3 - 3 \cdot (p - q) = -2p^3 - 3(p - q)$

9. Richtig ist: $7 - 2 \cdot (-3) - (-4) = 7 + 6 + 4 = 17$

Anna hat die Einsetzungen für ab nicht als Produkt geschrieben und für c das Minuszeichen nicht beachtet.

Bastian hat die Klammern um –3 vergessen und für c das Minuszeichen nicht beachtet. Christian hat es richtig gemacht.

10.

	x	y	$2x - xy^2$
(1)	2	1	2
(2)	1	2	–2
(3)	0	1	0
(4)	1	0	2
(5)	–1	1	–1
(6)	1	–1	1
(7)	$\frac{1}{2}$	$-\frac{2}{3}$	$\frac{7}{9}$
(8)	0,7	–1,1	0,553
(9)	$\frac{3}{4}$	–1,4	0,03

11. (1) **a)** 1 **b)** 5 **c)** $-\frac{17}{36}$ **d)** –11,2

(2) **a)** –14 **b)** 5 **c)** $\frac{7}{9}$ **d)** 5,6

(3) **a)** 1 **b)** 0 **c)** $-\frac{29}{36}$ **d)** –12

(4) **a)** –8 **b)** 0 **c)** $\frac{5}{72}$ **d)** 0

55 **12.** (a) und (2)   (b) und (1)   (c) und (3)   (d) und (4)

56 **13. a)** Linke Tabelle: $2x+1$ Rechte Tabelle: x^2

b) –

14. *Beispiele:*

(1) $x=1$ und $y=-4{,}25$ bzw. $x=-4$ und $y=2$

(2) $x=8$ und $y=-1{,}4$ bzw. $x=-4$ und $y=-0{,}55$

(3) $x=1$ und $y=31{,}6$ bzw. $x=-1$ und $y=-30{,}1$

15. Für negative a wird der Term $-3a$ positiv. Für positive a wird der Term $-3a$ negativ.

16. Wir bezeichnen die Länge eines Bildes mit x (in cm) und die Breite mit y (in cm).
Von der ersten Leiste sägt man die Ecken wie folgt ab, denn man kann diese Leiste nur so verwenden, dass die schmalere Seite nach innen und die breitere Seite nach außen zeigt (bzw. umgekehrt). Man benötigt dann für ein Bild $2(x+6)+2(y+6)$ Holzleisten (in cm).

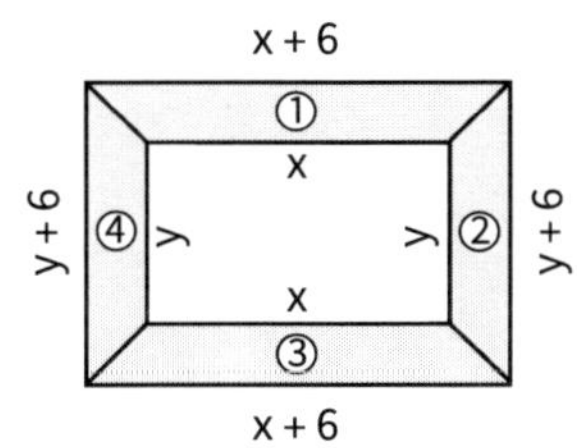

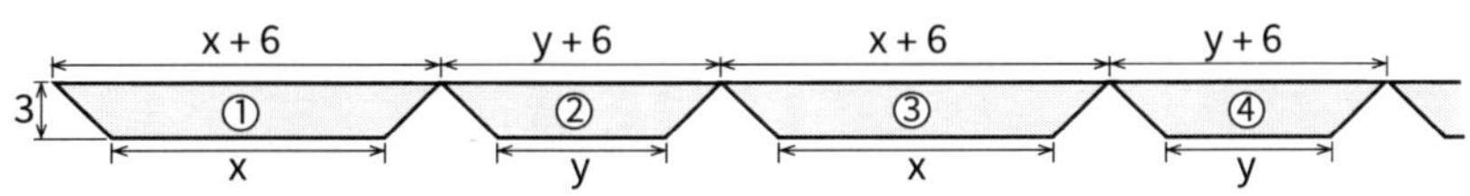

Von der zweiten Leiste sägt man die Ecken wie folgt ab, denn man kann die zur Mitte symmetrische Leiste auch umdrehen. Man benötigt dann für ein Bild $2(x+4)+2y+2$ Holzleisten (in cm).
Falls die Leiste lang genug ist, kann man die letzte Schnittkante für das nächste Bild nutzen.

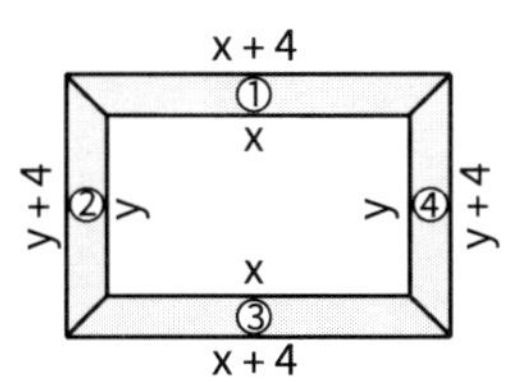

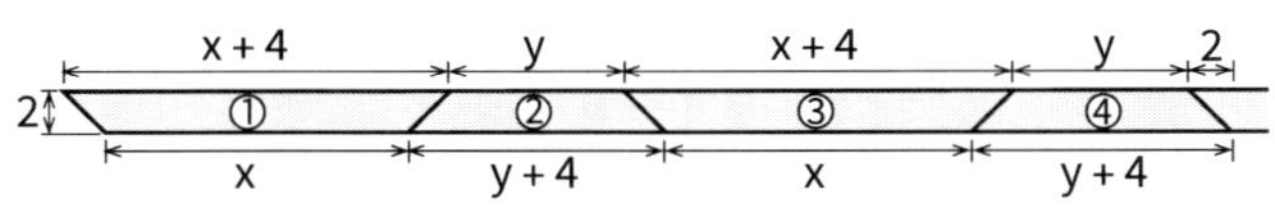

Die dritte Leiste kann man wie die zweite Leiste absägen. Man benötigt dann für ein Bild auch $2(x+4)+2y+2$ Holzleisten (in cm).
Falls die Leiste lang genug ist, kann man die letzte Schnittkante für das nächste Bild nutzen.

17. a) **(1)** $y \cdot z$ **(3)** x^2-y^2 **(5)** $2rs$

(2) $2y+2z$ **(4)** $4x+2y$ **(6)** $3r+4s$

b) –

56 **18. a)** *Beispiele:*

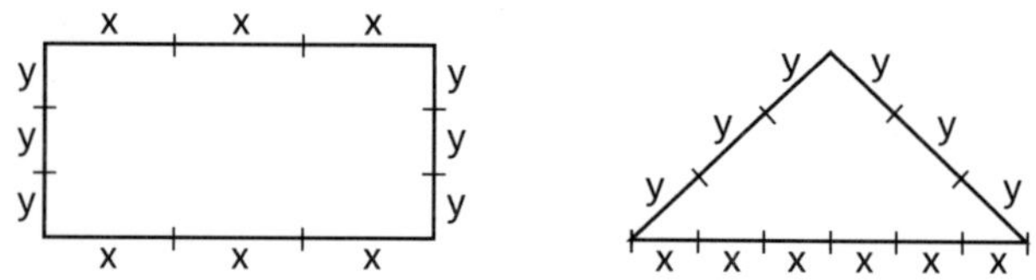

b) *Beispiele:*

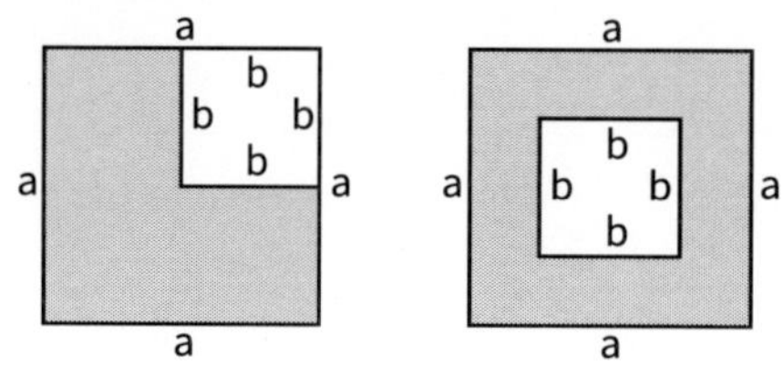

57 **19. a)** x: Anzahl der SMS; y: Anzahl der Minuten
Monatliche Kosten (in €): $10 + x \cdot 0{,}06 + y \cdot 0{,}03$

b) –

20. a) (1) Der Preis für Erwachsene beträgt 8 €, für Kinder 4,50 €.
(2) 158 Erwachsene und 44 Kinder besuchen die Vorstellung.
(3) Der Preis für Kinder beträgt die Hälfte des Preises für Erwachsene.

b) Erster Term: $(p + 1) \cdot x + q \cdot y$ Zweiter Term: $(p + 1) \cdot x + (q - 0{,}5) \cdot y$

21. a) (1) Mia bestellt im Internet x Schmuckkarten zu 1,50 € pro Karte. Dazu kommen noch für die Bestellung insgesamt 0,55 € Bearbeitungskosten.
Bei einem anderen Versandhandel kosten die Schmuckkarten auch 1,50 € pro Karte. Der Versandhandel verlangt aber 0,55 € Bearbeitungsgebühr pro Schmuckkarte.

(2) Ein anderes Busunternehmen kostet auch 1 000 €, aber einschließlich der Eintrittskarten. Für das Besorgen der Eintrittskarten verlangen Sie einmalig 10 €.
Eine Busfahrt kostet 1 000 €, die auf die x teilnehmenden Personen verteilt wird. Zusätzlich sind noch 10 € pro Person für Eintrittskarten zu zahlen.

(3) Mia und Hendrik kaufen x Becher Kirschjoghurt und y Becher Erdbeerjoghurt. Fruchtjoghurt kostet 0,90 € pro Becher.
Mia berechnet den Gesamtpreis, indem sie x Becher Kirschjoghurt mit 0,90 € und y Becher Erdbeerjoghurt mit 0,90 € multipliziert und dann beide Ergebnisse addiert.
Hendrik addiert zunächst die x Becher Kirschjoghurt und die y Becher Erdbeerjoghurt und multipliziert die Summe mit 0,90 €.

b) –

57 **22. a)**

Nummer der Figur	Anzahl der Punkte in der Figur
1	2
2	4
3	6
4	8
5	10

Term für die n-te Figur: $2 \cdot n$

b)

Nummer der Figur	Anzahl der Punkte in der Figur
1	4
2	5
3	6
4	7
5	8

Term für die n-te Figur: $3 + n$

c)

Nummer der Figur	Anzahl der Punkte in der Figur
1	1
2	4
3	9
4	16
5	25

Term für die n-te Figur: n^2

d)

Nummer der Figur	Anzahl der Punkte in der Figur
1	1
2	3
3	6
4	10
5	15

Term für die n-te Figur: $\frac{n^2 + n}{2}$

2.2 Aufbau eines Terms

58 **Einstieg:**

Beispiele:

a) $5 - 2 + 4 = 3 + 4 = 7$

b) $2 \cdot 4 - 5 = 8 - 5 = 3$

$(4 : 2) \cdot 5 = 2 \cdot 5 = 10$

$(5 - 4) : 2 = 1 : 2 = \frac{1}{2} = 0{,}5$

$(5 + 4)^2 = 9^2 = 81$

c) $2 \cdot 4 + 5 = 8 + 5 = 13$

$2 \cdot 4 - 5 = 8 - 5 = 3$

$(4 + 5) \cdot 2 = 9 \cdot 2 = 18$

$(5 - 4) : 2 = 1 : 2 = \frac{1}{2} = 0{,}5$

59 **2. a)** $87 \cdot (98 + x)$; 19053 **b)** $82 : (2x - x)$; $4\frac{14}{17}$

59

3. a) $(8+x)^2-3$ ist eine Differenz.

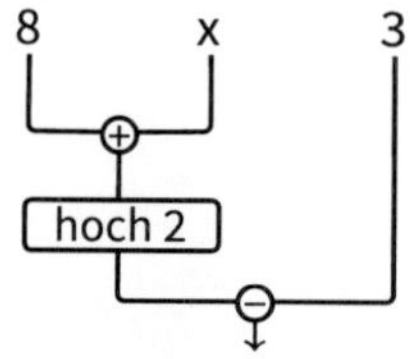

b) $8+(x^2-3)$ ist eine Summe.

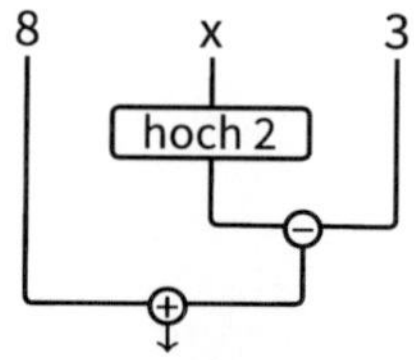

c) $(x-y)\cdot z^3$ ist ein Produkt.

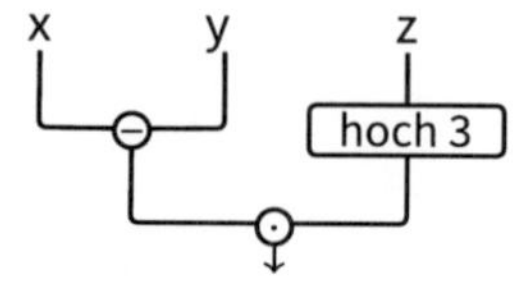

d) $(x-yz)^3$ ist eine Potenz.

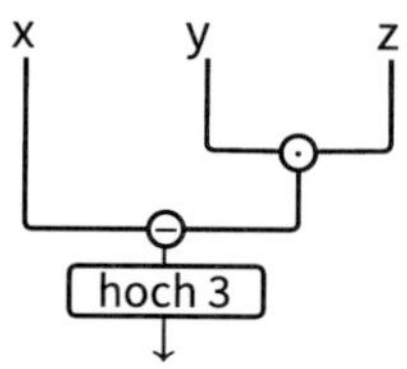

e) $a:(b-4a)$ ist ein Quotient.

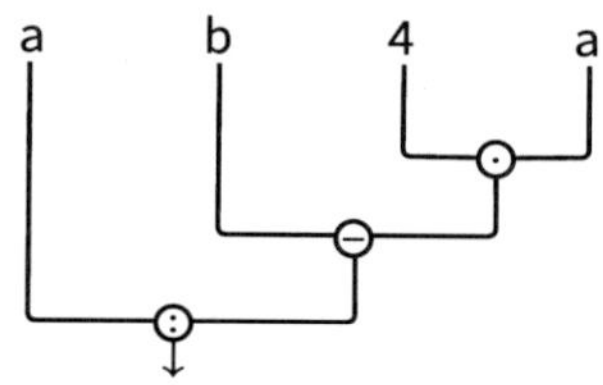

4. a) $(25+y)+x$ ist eine Summe.
b) $(x+y)\cdot(x-y)$ ist ein Produkt.
c) $(a\cdot b)-(a:b)$ ist eine Differenz.
d) $(x+6):2^3$ ist ein Quotient.
e) $(r++t)-s^2$ ist eine Differenz.
f) $(25+m)+(m-n)$ ist eine Summe.
g) $(4+b)^3$ ist eine Potenz.

5. a) $(5+x)\cdot y$ ist ein Produkt. Multipliziere die Summe aus 5 und x mit y.
b) $(y-x)^2+7$ ist eine Summe. Quadriere die Differenz aus y und x und addiere dazu 7.
c) $((z+x)\cdot 4)^3$ ist eine Potenz. Bilde das Produkt aus der Summe von z und x mit 4 und potenziere es mit 3.
d) $(8+y):(x-z)^4$ ist ein Quotient. Dividiere die Summe aus 8 und y durch die vierte Potenz der Differenz aus x und z.

6. a) Addiere zu x das Produkt aus 2 und 8.
b) Multipliziere die Summe aus x und 2 mit 8.
c) Subtrahiere vom Fünffachen von x die Zahl 14.
d) Dividiere die Differenz aus 1 und x durch y.
e) Multipliziere das Quadrat der Differenz aus x und 7 mit z.

Das kann ich noch!

A) **(1)** Würfel
(2) Prisma mit gleichschenkligem Dreieck als Grundfläche
(3) Prisma mit gleichschenkligem Trapez als Grundfläche
(4) Prisma mit regelmäßigem Sechseck als Grundfläche
(5) Prisma mit rechtwinklig-gleichschenkligem Dreieck als Grundfläche.
(6) Kein Prisma. Die Seite des mittleren Rechtecks ist kürzer als die dritte Seite des Dreiecks.

Im Blickpunkt: Tabellenkalkulation und Terme

60

1.

	a)	b) *Beispiele*		
x	$3 \cdot x^2$	$4 \cdot x + 2$	$2 \cdot x^3 + 3$	$2 \cdot x^4$
−2	12	−6	−13	32
−1,5	6,75	−4	−3,75	10,125
−1	3	−2	1	2
−0,5	0,75	0	2,75	0,125
0	0	2	3	0
0,5	0,75	4	3,25	0,125
1	3	6	5	2
1,5	6,75	8	9,75	10,125
2	12	10	19	32

2. a)

	1. Woche	
Name	Arbeitszeit (in h)	Lohn (in €)
Meier	40	725
Sorge	32	597
Abt	39	709
Held	28	533
Lang	34	629

b) Zum Beispiel für die Zelle C3 die Formel: = B3*16+85

c)

	2. Woche	
Name	Arbeitszeit (in h)	Lohn (in €)
Meier	38	693
Sorge	37	677
Abt	41	741
Held	29	549
Lang	33	613

60

3. $4{,}90 + 0{,}11 \cdot x$ (x: Anzahl der Gesprächsminuten)

Dauer (in min)	Kosten (in €)
0	4,90
1	5,01
2	5,12
3	5,23
4	5,34
5	5,45
6	5,56
7	5,67
8	5,78
9	5,89
10	6,00
11	6,11
12	6,22
13	6,33
14	6,44
15	6,55
16	6,66
17	6,77
18	6,88
19	6,99
20	7,10
21	7,21
21	7,32
23	7,43
24	7,54
25	7,65
26	7,76
27	7,87
28	7,98
29	8,09
30	8,20

Dauer (in min)	Kosten (in €)
31	8,31
32	8,42
33	8,53
34	8,64
35	8,75
36	8,86
37	8,97
38	9,08
39	9,19
40	9,30
41	9,41
42	9,52
43	9,63
44	9,74
45	9,85
46	9,96
47	10,07
48	10,18
49	10,29
50	10,40
51	10,51
52	10,62
53	10,73
54	10,84
55	10,95
56	11,06
57	11,17
58	11,28
59	11,39
60	11,50

Dauer (in min)	Kosten (in €)
61	11,61
62	11,72
63	11,83
64	11,94
65	12,05
66	12,16
67	12,27
68	12,38
69	12,49
70	12,60
71	12,71
72	12,82
73	12,93
74	13,04
75	13,15
76	13,26
77	13,37
78	13,48
79	13,59
80	13,70
81	13,81
82	13,92
83	14,03
84	14,14
85	14,25
86	14,36
87	14,47
88	14,58
89	14,69
90	14,80

Dauer (in min)	Kosten (in €)
91	14,91
92	15,02
93	15,13
94	15,24
95	15,35
96	15,46
97	15,57
98	15,68
99	15,79
100	15,90
101	16,01
102	16,12
103	16,23
104	16,34
105	16,45
106	16,56
107	16,67
108	16,78
109	16,89
110	17,00
111	17,11
112	17,22
113	17,33
114	17,44
115	17,55
116	17,66
117	17,77
118	17,88
119	17,99
120	18,10

61 **4. a)** P = x · y + z

b)

Verbrauch (in kWh)	Kosten (in €)		
	Single	Couple	Family
100	52	79	155
200	79	104	178
300	106	129	201
400	133	154	224
500	160	179	247
600	187	204	270
700	214	229	293
800	241	254	316
900	268	279	339
1 000	295	304	362
1 100	322	329	385
1 200	349	354	408
1 300	376	379	431
1 400	403	404	454
1 500	430	429	477
1 600	457	454	500
1 700	484	479	523
1 800	511	504	546
1 900	538	529	569
2 000	565	554	592
2 100	592	579	615
2 200	619	604	638
2 300	646	629	661
2 400	673	654	684
2 500	700	679	707
2 600	727	704	730
2 700	754	729	753
2 800	781	754	776
2 900	808	779	799
3 000	835	804	822
3 100	862	829	845
3 200	889	854	868
3 300	916	879	891
3 400	943	904	914
3 500	970	929	937
3 600	997	954	960
3 700	1 024	979	983
3 800	1 051	1 004	1 006
3 900	1 078	1 029	1 029
4 000	1 105	1 054	1 052

Bis 1 450 kWh ist Tarif Single am günstigsten, dann bis 3 900 kWh Tarif Couple. Über 3 900 kWh ist Tarif Family am günstigsten.

61

4. c) *Beispiele:*

(1) Für die Stromkosten beträgt die Grundgebühr im Jahr 21 €, der Preis pro kWh beträgt 0,14 €.

(2) Der Preis für ein Baugrundstück beträgt 220 € pro Quadratmeter. Dazu kommt noch eine Gebühr von 45 €.

(3) Von einem Rechteck mit der Seitenlänge x und y (in m) wird ein z m^2 großes Grundstück abgetrennt. Die Größe des neuen Grundstücks ist P (in m^2).

5. (1) Feld C2: =B2*1,19 **(2)** Feld D2: =C2*0,98

Damit erhält man für 19 % Mehrwertsteuer folgende Tabelle.

Artikel	Preis ohne MwSt.	(1) Preis mit MwSt.	(2) Barzahlungspreis
Blue-Ray-Player	90,00 €	107,10 €	104,96 €
LCD-Fernseher	550,00 €	654,50 €	641,41 €
Notebook	800,00 €	952,00 €	932,96 €
MP3-Player	180,00 €	214,20 €	209,92 €
Smartphone	270,00 €	321,30 €	314,87 €

6. a)

Temperatur (in °C)	Länge der Brücke (in m)
−20	29,9928
−15	29,9946
−10	29,9964
−5	29,9982
0	30
5	30,0018
10	30,0036
15	30,0054
20	30,0072
25	30,009
30	30,0108

b) Die Dehnungsfuge muss $30{,}0126\,m - 29{,}9910\,m = 0{,}0216\,m \approx 2{,}2\,cm$ breit sein.

2.3 Addieren und Subtrahieren von Termen

62 **Einstieg:**

$3ab + a^2b$ — Kann man nicht vereinfachen.
$3ab + 5a^2b^2$ — Kann man nicht vereinfachen.
$3ab + (-2ab) = 3ab - 2ab = ab$
$-4a^2b + a^2b = -3a^2b$
$-4a^2b + 5a^2b^2$ — Kann man nicht vereinfachen.
$-4a^2b + (-2ab) = -4a^2b - 2ab$ — Kann man nicht vereinfachen.
$2a^2b + a^2b = 3a^2b$
$2a^2b + 5a^2b^2$ — Kann man nicht vereinfachen.
$2a^2b + (-2ab) = 2a^2b - 2ab$ — Kann man nicht vereinfachen.

65 **2.** **a)** Aufeinander folgende Additionsschritte darf man beliebig vertauschen.
b) **(1)** $72a + 8 + 19a = 72a + 19a + 8 = 91a + 8$
(2) $34z^2 + 16x + 62z^2 = 34z^2 + 62z^2 + 16x = 96z^2 + 16x$
(3) $1{,}4s + 7t^2 + 0{,}6s = 1{,}4s + 0{,}6s + 7t^2 = 2s + 7t^2$

3. **a)** Aufeinander folgende Additions- und Subtraktionsschritte darf man beliebig vertauschen.
b) **(1)** $-a^2 + 4a + 7$ **(2)** $u^2 - 3u + 12$

4. $a \cdot ba = a^2b$ (Kommutativgesetz der Multiplikation)
$4a^2b + a^2b = 5a^2b$ (Zusammenfassen gleichartiger Glieder)

5.

(1)	(2)	(3)
42	−3	−1
42	−3	−1
42	−3	−1

Die Terme könnten wertgleich sein. Durch Vereinfachen erhält man bei allen Termen den Term $4x - 6y$. Die Terme sind also wertgleich.

6. **a)** Z. B. $a = 1$, $x = 2$: $(a + x)^2 = 3^2 = 9$; $(a + x) \cdot 2 = 3 \cdot 2 = 6$
b) Z. B. $u = 2$, $v = 2$: $(u \cdot v)^2 = 4^2 = 16$; $u \cdot v^2 = 2 \cdot 2^2 = 8$
c) Z. B. $x = 1$: $(-x)^2 = (-1)^2 = 1$; $-x^2 = -1^2 = -1$

7. Z. B. $x = 0$, $y = 0$; $x = -1$, $y = 14$

8. Gegenbeispiel: $x = 1$ und $y = 2$

66 **9.** **a)** $a + b + a + b = a + a + b + b = 2a + 2b$ bzw. $(a + b) + (a + b) = 2(a + b)$
b) **(1)** $u = 24\,\text{cm}$ **(2)** $u = 9\,\text{cm}$ **(3)** $u = 2\frac{1}{3}\,\text{cm}$

10. **a)** *Beispiele:* $a^2 - b^2$ oder $a \cdot (a - b) + (a - b) \cdot b$
b) **(1)** $375\,\text{m}^2$ **(2)** $580\,\text{m}^2$

66

11. **(1)** $4a - b$ **(3)** $3a - (b - a) = 4a - b$
(2) $4a - 4b$ **(4)** $(a - b) \cdot 4 = 4a - 4b$
Die Terme in (1) und (3) sind wertgleich zueinander, ebenso die Terme (2) und (4).
Die Terme (1) und (2), (1) und (4), (2) und (3), sowie (3) und (4) sind nicht wertgleich zueinander, wie man durch Einsetzen von $a = 0$ und $b = 1$ erkennt.

12. **X:** $6x + 10y$ **Y:** $9x + 5y$ **S:** $16x + 4y$
B: $19x + 3y$ **O:** $16x + 4y$ **R:** $18x + 4y$

13. **a)** a **c)** $2a + b + 3c$ **e)** $a^2 + 2a + 2ab$
b) $a^2 + 2a$ **d)** $3ab$ **f)** $2x^2y + xy + xy^2$

14. Sarah: $x = 3$ ergibt: $3 + 3^2 = 12$, aber $3^3 = 27$
Dennis: $x = 5$ ergibt: $5 + 5^2 = 30$, aber $2 \cdot 5^3 = 250$
Marie: $x = 2$ ergibt: $2 + 2^2 = 6$, aber $2 \cdot 2 = 4$
Florian: $x = 3$ ergibt: $3 + 3^2 = 12$, aber $2 \cdot 3^2 = 18$

15. **a)** $x + x + x + x + x + x + x$
b) $a + a + b + b + b$
c) $xy + xy + xy + y^2 + y^2 + y^2 + x^2 + x^2 + x^2$
d) $x + x + 3$
e) $x^2 + y^2 + y^2 + y^2$
f) $a^2 + a^2 + ab + ab + ab + ab$

67

16. **a)** $6x$ **e)** $-0{,}2r$ **i)** r **m)** $-2{,}47x^2$ **q)** 0
b) $8y$ **f)** $-1{,}32x$ **j)** $-7s$ **n)** $-0{,}3u^2$ **r)** $\frac{1}{2}x^2$
c) $4x$ **g)** $12x$ **k)** $-10z$ **o)** $\frac{1}{8}r^2$
d) 0 **h)** 0 **l)** $-0{,}7a$ **p)** $\frac{1}{12}x$

17. Wertgleiche Terme sind:
$3x + 5x - 7x$ und $\frac{3}{4}x - \frac{3}{2}x + 1{,}75x$ und $14x - 19x + 6x$.
$8x + 6x - 14x$ und $2{,}5x + 7{,}5x - 10x$

18. $7x + x = 8x$ $4a^2b + 0{,}5a^2b = 4{,}5a^2b$ $0{,}7 \cdot x \cdot y + \frac{1}{2}x \cdot y = 1{,}2xy$
$\frac{1}{4}ab + a \cdot b = \frac{5}{4}ab$
$4 \cdot x^2$ (kein weiterer Term)
$3 \cdot (x + y)$ (kein weiterer Term ohne Ausmultiplizieren)
$-6ab^2$ (kein weiterer Term)

67

19. a) $12a+11$
b) $2x^2+13x$
c) $-3u^2+8u+6$
d) $13r^2-13r$
e) q^2-q
f) $7xy$
g) $9s$
h) $10yz$
i) $-65uv$
j) $-8rt$
k) 0
l) $-2{,}47x^2$
m) $-0{,}7abc$
n) $-0{,}3u^2v$
o) $0{,}9ab-17ac$
p) $\frac{1}{8}r^2$
q) $\frac{1}{12}xy^2$
r) $-\frac{5}{12}u$
s) $\frac{33}{20}ba$
t) 0
u) $-\frac{1}{2}u^2-u$

20. (2) $11d$ (5) 0
Die anderen Terme lassen sich nicht vereinfachen.

21. Michael hat bei allen Aufgaben nicht beachtet, dass die Glieder nicht gleichartig sind, er die einzelnen Glieder also nicht zusammenfassen darf.

68

22. a) $4a+b^2-3b$
b) y^2+z^2-z-3
c) $4u+5u^2+v$
d) $-p+2q^2+q$
e) d^3+4d-7
f) $-7g^2+7g+h$

23. a) x^3+5x^2-5x
b) $-8u^4+6u+12$
c) $c^5-c^4+5c^3-3c^2+4c+9$
d) $z^3-24z^2+11z+4$
e) $34w^3-84w^2+29w$
f) $2{,}3a^3+2{,}3a^2-1{,}4a$

24. –

25. (1) $3\cdot\left(-\frac{1}{2}\right)-\frac{3}{4}\cdot\left(-\frac{1}{2}\right)^2+5\cdot\left(-\frac{1}{2}\right)-\frac{1}{2}\cdot\left(-\frac{1}{2}\right)^2+\frac{3}{4}+2\cdot\left(-\frac{1}{2}\right)^2=-3\frac{1}{16}=-3{,}0625$
(2) $\frac{3}{4}x^2+8x+\frac{3}{4}=\frac{3}{4}\cdot\left(-\frac{1}{2}\right)^2+8\cdot\left(-\frac{1}{2}\right)+\frac{3}{4}=-3\frac{1}{16}=-3{,}0625$

26. *Beispiele:*
a) $x+15x$
$8x+8x$
$4x+12x$
b) $h+8h$
$2h+7h$
$4h+5h$
c) $12ab+12ba$
$ab+23ab$
$5ab+19ab$
d) s^2+5s^2
$3s^2+3s^2$
$2s^2+4s^2$
e) $z^2y+19yz^2$
$10z^2y+10yz^2$
$5z^2y+15z^2y$
f) $b^2x^3+11b^2x^3$
$6b^2x^3+6b^2x^3$
$5b^2x^3+7x^3b^2$

27. a) $3x+7x+2x=12x$
b) $-4a-3a+8a=a$
c) $4y-9y+2y=-3y$
d) $2a+4a-b+6b=6a+5b$
e) $-x\cdot4+y-3y+12x=-2y+8x$
f) $2x+3x-5y-12y=x\cdot5-17y$

28. a)

	$-n$	
$4n-2$		$-5n+2$
$3n+1$	$-3+n$	$-6n+5$

68 **28. b)**

	$2x+8y+1$	
$4x+3y$	$-2x+5y+1$	
$3x-2y$	$5y+x$	$-3x+1$

29. Pärchen wertgleicher Terme sind 1 und S, 2 und A, 3 und H, 4 und N, 5 und E. Das Lösungswort ist SAHNE.

69 **30. a)**
1. Zeile: $(x+z)+(x+y-z)+(x-y)=3x$
2. Zeile: $(x-y-z)+x+(x+y+z)=3x$
3. Zeile: $(x+y)+(x-y+z)+(x-z)=3x$
1. Spalte: $(x+z)+(x-y-z)+(x+y)=3x$
2. Spalte: $(x+y-z)+x+(x-y+z)=3x$
3. Spalte: $(x-y)+(x+y+z)+(x-z)=3x$
Hauptdiagonale: $(x+z)+x+(x-z)=3x$
Nebendiagonale: $(x-y)+x+(x+y)=3x$

b)

u	$v+w$	$x-w$	y
$x-z$	y	u	$v+z$
$z+y$	x	v	$u-z$
v	$u-w$	$y+w$	x

Man erhält so aber nicht das Dürer-Quadrat.

31. a) $d=n\cdot(2x+2y)$
b) $d=20\cdot(2\cdot 7+2\cdot 10)=680$
Tim muss $680\,mm=68\,cm$ Silberdraht kaufen
c) –

32. $2x-y+(-2y)+1=2x-3y+1$
$2x-y+x-y=3x-2y$
$2x-y+y-y^2=2x-y^2$
$-x+y+(-2y)+1=-x-y+1$
$-x+y+x-y=0$
$-x+y+y-y^2=-x+2y-y^2$
$x^2-x+(-2y)+1=x^2-x-2y+1$
$x^2-x+x-y=x^2-y$
$x^2-x+y-y^2=x^2-x+y-y^2$

33. a) $-3ab+4a^2$
b) $2xy-2x^2y-9xy^2+3y^2-3x^2$
c) $-3s^3t-3st^3+3s^2t+s^3t^3$
d) $1{,}6uv^2-0{,}6u^2v-0{,}9uv-0{,}9v^2$
e) $-\frac{5}{12}cd-\frac{4}{3}cd^2-\frac{1}{12}c^2d+\frac{5}{6}c^2d^2$
f) $-5pq-\frac{1}{6}pq^2-\frac{2}{3}p^2q^2$

Im Blickpunkt: Umgang mit Termen bei einem Computer-Algebra-System (CAS)

70 1. –

2. –

3. Anwendung des Assoziativ- und des Kommutativgesetzes.

2.4 Multiplizieren und Dividieren von Termen

71 **Einstieg:**

$4x \cdot 6y \cdot 2 = 8x \cdot 6y = 48xy$

$4x \cdot 6y : 2 = 2x \cdot 6y = 12xy$

Man multipliziert ein Produkt mit einer Zahl, indem man nur einen Faktor des Produkts mit der Zahl multipliziert.

Man dividiert ein Produkt durch eine Zahl, indem man nur einen Faktor des Produkts durch die Zahl dividiert.

72 **2.** a) $24x$ c) $-3u$ e) $4x$ g) $15x$
b) $35a$ d) y f) $4r$ h) $24a$

3. a) $-8a$ b) $-10s$ c) $2xy$ d) $-2a$ e) $-0{,}4x$ f) $6a$

4. a) $60a$ b) $60a$ c) $-60a$ d) $2x$ e) $-2x$ f) $2x$
g) $12x$ h) $\frac{5}{9}r$ i) $-1{,}5y$ j) $22y$ k) $-4t$ l) $\frac{6}{7}k^2$
m) $-60x$ n) $-3{,}6y$ o) $3{,}5t^2 = \frac{7}{2}t^2$ p) $-45y$ q) $-132r$ r) $80s^2$
s) $-0{,}4u$ t) $23x$ u) $4yz$ v) $\frac{5}{2}a$ w) $-\frac{3}{5}s$ x) $0{,}75xy^2$

5. Anna: falsch; richtig: $y + y + y = 3y$
Björn: richtig
Cem: falsch; richtig: $7 \cdot (2u) = 14u$
Doreen: falsch; richtig: $(18a \cdot 21) : 3 = 6a \cdot 21 = 126a$
Emil: richtig
Felix: falsch; richtig: $(-1) \cdot (-2) \cdot (-u) = -2u$
Gökhan: richtig
Hong: falsch; richtig: $x^2 : 2 = \frac{1}{2}x^2$

72 **6.** **a)** $15x^2$ **c)** $4y^2$ **e)** $3a^2$ **g)** $-12w^2$ **i)** $-2z^3$ **k)** $-\frac{1}{5}u^2$
b) $-7p^2$ **d)** $\frac{1}{4}z^2$ **f)** $6m^2$ **h)** $24y^3$ **j)** $\frac{1}{3}a^3$ **l)** $\frac{1}{6}x^2$

73 **7.** $V_{groß} = 4a \cdot 4a \cdot 4a = 64a^3$ $V_{klein} = 2a \cdot 2a \cdot 2a = 8a^3$

8. **a)**
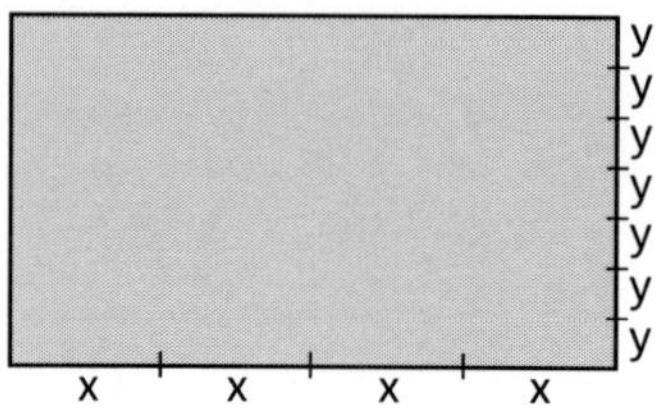

c)
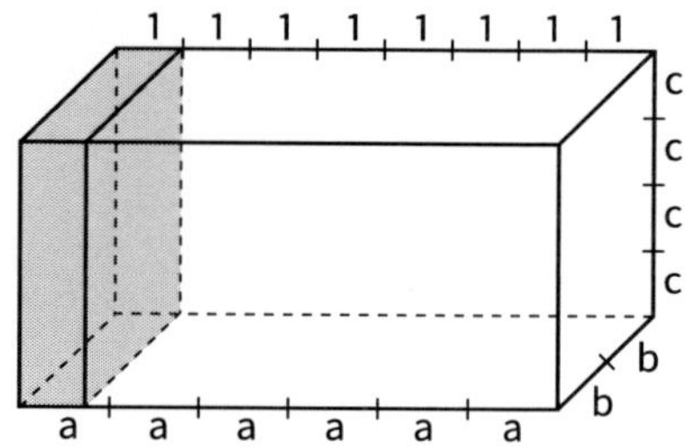

b)
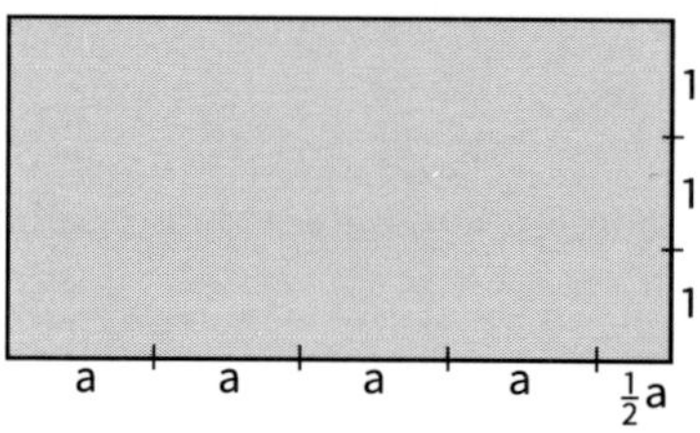

d)
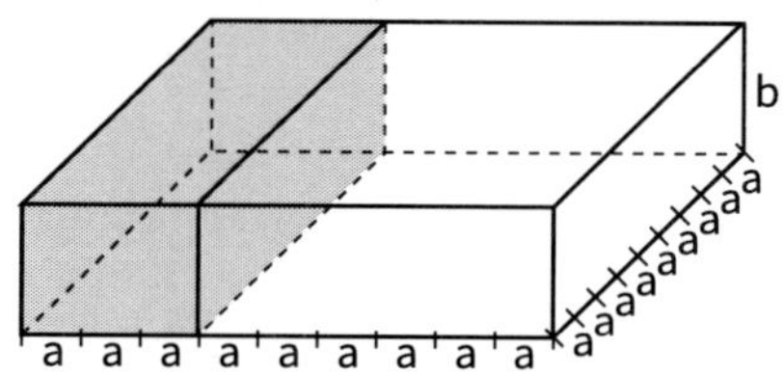

9. **a)** $19x + 7$ **c)** 0 **e)** 0
b) $a^2 + 27a$ **d)** $-4x^2 + 13x$ **f)** $5x^2 + 22x$

10. Preis: $x \cdot 0{,}7 \cdot 0{,}9 = x \cdot 0{,}63$ Der Gesamtnachlass beträgt 37 %.

11. **a)** $p \cdot 1{,}079 \cdot 0{,}983 = p \cdot 1{,}060657$
b) **(1)** $0{,}91 \cdot (1{,}2 \cdot x) = 1{,}092x$
Ein Preis wird um 20 % erhöht und dann um 9 % gesenkt.
(2) $(0{,}98 \cdot x) \cdot 1{,}05 = 1{,}029x$
Ein Preis wird um 2 % gesenkt und dann um 5 % erhöht.
(3) $(1500 \cdot x) \cdot 1{,}19$
Eine Couch kostet (ohne Mehrwertsteuer) 1 500 €, dazu kommen noch 19 % Mehrwertsteuer.

12. **a)** $27x + 15y$ **c)** $-18u + 18v$ **e)** $-2p - 3q$
b) $28a - 21b$ **d)** $10x + 2y$ **f)** $-8a$

13. Zwischen den Variablen stehen Malpunkte.

14. **a)** $100a^3b$
$-180x^3y$
$\frac{2}{3}u^2t$
$-58rt^5$

b) $3x^2y^3$
$-3xz^4$
$\frac{4}{3}a^2b^2$
$-\frac{3}{5}u^2v$

73

15. a) $x^2 \cdot x^3 = (x \cdot x) \cdot (x \cdot x \cdot x) = x^5$
$a^3 \cdot (-a) = a \cdot a \cdot a \cdot (-a) = -a^4$
$5a^4 \cdot 3a^2 = 5 \cdot a \cdot a \cdot a \cdot a \cdot 3 \cdot a \cdot a = 15a^6$
$x^5 : x^2 = (x \cdot x \cdot x \cdot x \cdot x) : (x \cdot x) = x^3$

b) $(-6b) \cdot b^3 = (-6 \cdot b) \cdot (b \cdot b \cdot b) = -6b^4$
$7x^5 \cdot (-5x) = 7 \cdot x \cdot x \cdot x \cdot x \cdot x \cdot (-5) \cdot x = -35x^6$
$(-r) \cdot s^2 \cdot r^4 = (-r) \cdot s \cdot s \cdot r \cdot r \cdot r \cdot r = -r^5 s^2$
$4ab \cdot 3ab = 4 \cdot a \cdot b \cdot 3 \cdot a \cdot b = 12a^2b^2$

c) $9b \cdot b^4 \cdot b^3 = 9 \cdot b \cdot (b \cdot b \cdot b \cdot b) \cdot (b \cdot b \cdot b) = 9b^8$
$x^5 \cdot y^4 \cdot y^3 = (x \cdot x \cdot x \cdot x \cdot x) \cdot (y \cdot y \cdot y \cdot y) \cdot (y \cdot y \cdot y) = x^5 y^7$
$8r^3 \cdot 5r \cdot t^2 \cdot 3r^2 \cdot t = 8 \cdot r \cdot r \cdot r \cdot 5 \cdot r \cdot t \cdot t \cdot 3 \cdot r \cdot r \cdot t = 120r^6t^3$
$15a^3 : 3a^2 = 15 \cdot a \cdot a \cdot a : (3 \cdot a \cdot a) = 5a$

74

16. a) $5x^7 + 9x^7 = 14x^7$
b) $-12r^9 - 8r^9 = -20r^9$
c) $7t^3 + t^3 = 8t^3$
d) $8a^5 + 5a^5 + 9a^5 = 22a^5$
e) $9y^{11} - 13y^{11} + 4y^{11} = 0$
f) $8x^5 + x^5 - 10x^5 = -x^5$
g) $14a^4b^3 + 9a^3b^3$
h) $6p^2q^4 - 1{,}2p^2q^3$
i) $-18x^4y^4 - 6x^4y^4 = -24x^4y^4$

17. a) **(1)** $V = 4b \cdot t \cdot h + b \cdot t \cdot h = 5bht$
(2) $V = 3h \cdot b \cdot t + 3b \cdot t \cdot h = 6bht$
(3) $V = 3b \cdot t \cdot h + 2b \cdot h \cdot t = 5bht$

b) **(1)** $O = 2 \cdot (4b \cdot h) + 2 \cdot b \cdot h + 4b \cdot t + t \cdot h + 3b \cdot t + t \cdot h + bt + 2h \cdot t$
$= 10bh + 8bt + 4ht$
(2) $O = 2 \cdot (3b \cdot h + 3h \cdot b) + bt + t \cdot 3h + bt + th + 3bt + th + tb + 3ht$
$= 12bh + 6bt + 8ht$
(3) $O = 2 \cdot (3b \cdot h + 2b \cdot h) + 3bt + 2ht + bt + ht + bt + ht + bt + 2ht$
$= 10bh + 6bt + 6ht$

c) **(1)** S: $V = 8\,100\,dm^3$; $O = 3\,204\,dm^2$
M: $V = 19\,200\,dm^3$; $O = 4\,735\,dm^2$
L: $V = 37\,500\,dm^3$; $O = 8\,900\,dm^2$
(2) S: $V = 9\,720\,dm^3$; $O = 3\,888\,dm^2$
M: $V = 23\,040\,dm^3$; $O = 6\,912\,dm^2$
L: $V = 45\,000\,dm^3$; $O = 10\,800\,dm^2$
(3) S: $V = 8\,100\,dm^3$; $O = 3\,258\,dm^2$
M: $V = 19\,200\,dm^3$; $O = 5\,792\,dm^2$
L: $V = 37\,500\,dm^3$; $O = 9\,050\,dm^2$

d) **(1)** S: m = 17 820 kg
M: m = 42 240 kg
L: m = 82 500 kg
(2) S: m = 21 384 kg
M: m = 50 688 kg
L: m = 99 000 kg
(3) S: m = 17 820 kg
M: m = 42 240 kg
L: m = 82 500 kg

74

18. –

19. a) $A = a^2 + 4 \cdot 0{,}9\,a \cdot a = 4{,}6\,a^2$
b) $O = 6\,a^2$ $4{,}6\,a^2$ sind $76\frac{2}{3}\,\%$ von $6\,a^2$.

20. a) (1) $19\,xy - 15\,x + 21\,z$
(2) $4\,xz - 4\,yz$
(3) $72\,abc - 43\,ab$
(4) $-48\,rs - 44\,trs + 216\,r^2s$
(5) $32\,uv^2 - 21\,u^2v$
b) –

75

21. $(3\,x)^2 = 9\,x^2 = (-3\,x)^2$
$-(3\,x)^2 = -9\,x^2$

22. a) $3\,a \cdot 3\,a$
b) $2\,uv \cdot 2\,uv \cdot 2\,uv$
c) $b^3 \cdot b^3$
d) $4\,cd^2 \cdot 4\,cd^2 \cdot 4\,cd^2$
e) $2\,x^2yz \cdot 2\,x^2yz \cdot 2\,x^2yz$
f) $3\,u^2v^3 \cdot 3\,u^2v^3$
g) $(-ab) \cdot (-ab)$
h) $(-2\,x) \cdot (-2\,x) \cdot (-2\,x)$
i) $(-2\,x^2y) \cdot (-2\,x^2y) \cdot (-2\,x^2y)$
j) $(-ab^3) \cdot (-ab^3)$

23. a) $1{,}1\,x^2y \cdot 1{,}1\,x^2y = 1{,}21\,x^4y^2$
b) $(-0{,}5\,rs^2t^3)(-0{,}5\,rs^2t^3) = 0{,}25\,r^2s^4t^6$
c) $\frac{1}{2}ab^2 \cdot \frac{1}{2}ab^2 = \frac{1}{4}a^2b^4$
d) $\left(\frac{1}{2}x^2y\right) \cdot \left(\frac{1}{2}x^2y\right) \cdot \left(\frac{1}{2}x^2y\right) = \frac{1}{8}x^6y^3$
e) $\left(-\frac{3}{4}rs^2t\right) \cdot \left(-\frac{3}{4}rs^2t\right) \cdot \left(-\frac{3}{4}rs^2t\right) = -\frac{27}{64}r^3s^6t^3$

24. a) $(3\,x)^2$
b) $(5\,z)^2$
c) $(6\,a^2)^2$
d) $\left(\frac{1}{2}u\right)^2$
e) $\left(\frac{1}{9}z^3\right)^2$
f) $(2\,xy)^2$
g) $(10\,ab^2)^2$
h) $(8\,uv^2w)^2$
i) $\left(\frac{1}{3}pa^2\right)^2$
j) $\left(\frac{4}{9}cd^2e^3\right)^2$

25. a) $36\,x^3y^2$
b) $12\,a^4b^4$
c) $45\,c^6d^2$
d) $-192\,p^4q^7$
e) $-4\,v^3w^5$
f) $-3\,p^7q^8$
g) $17\,u^6v^{12}$
h) $36\,x^2y^2$
i) $-4\,u^2v^2$

26. a) (1) $A_1 = a \cdot a = a^2$;
(2) $A_2 = (2\,a) \cdot (2\,a) = 4\,a^2$;
(3) $A_n = (n \cdot a) \cdot (n \cdot a) = n^2a^2$
b) $A_{alt} = a \cdot a = a^2$
$A_{neu} = (a \cdot 0{,}9)(a \cdot 0{,}9) = 0{,}81\,a^2$
Der Flächeninhalt beträgt 81 % des ursprünglichen Quadrats.

75 **27. a)**

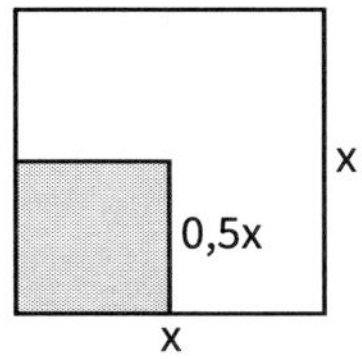

b)

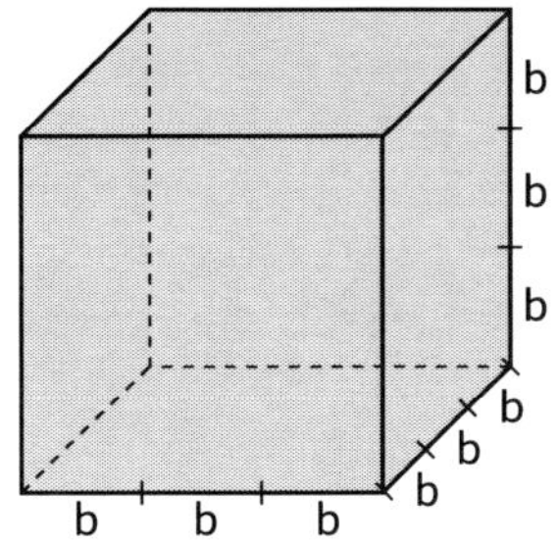

c)

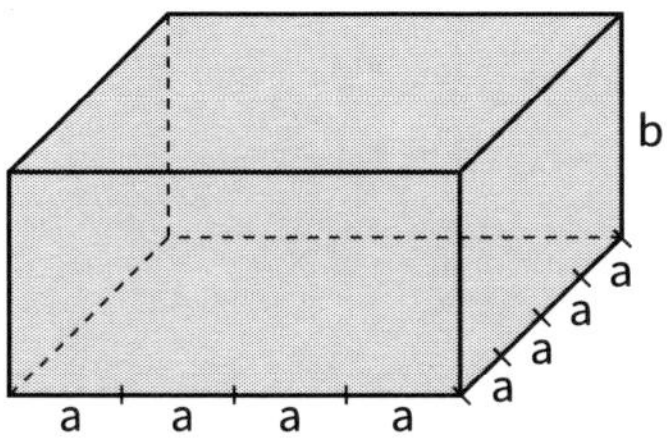

d)

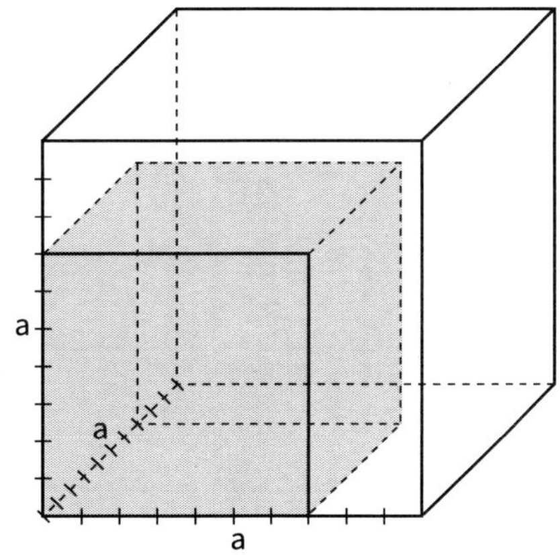

e)

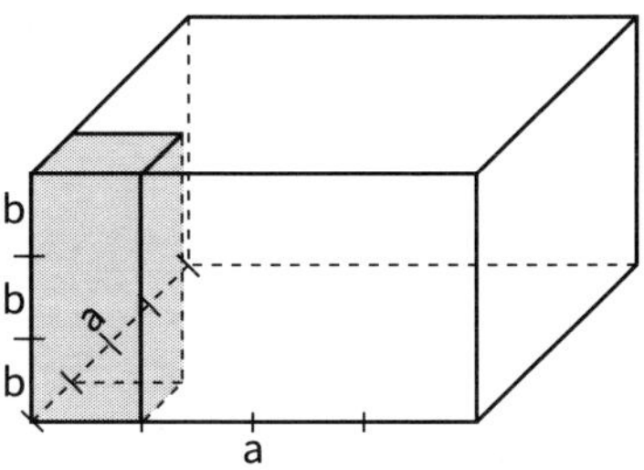

28. $\frac{3}{5}x = \frac{3x}{5} = 3x : 5 = 3 \cdot \frac{x}{5} = \frac{1}{5}x \cdot 3 = 3 : 5 \cdot x$

$\frac{3}{5x}$ ist zu keinem Term wertgleich.

29. a) **(1)** $V_a = a^3$

$V_{2a} = (2a)^3 = 8a^3$

(2) $O_a = 6a^2$

$O_{2a} = 6 \cdot (2a)^2 = 24a^2$

b) **(1)** $V_{3a} = (3a)^3 = 27a^3$

$O_{3a} = 6 \cdot (3a)^2 = 54a^2$

(2) $V_{\frac{11}{10}a} = \left(\frac{11}{10}a\right)^3 = \frac{1\,331}{1\,000}a^3 = 1{,}331\,a^3$

$O_{\frac{11}{10}a} = 6 \cdot \left(\frac{11}{10}a\right)^2 = \frac{726}{100}a^2 = \frac{363}{50}a^2 = 7{,}27\,a^2$

2.5 Auflösen einer Klammer

76 **Einstieg:**

a) $A = 678\,m^2$

$A = 15\,m \cdot (20\,m + 14\,m) + 12\,m \cdot 14\,m$

$= 15\,m \cdot 20\,m + 15\,m \cdot 14\,m + 12\,m \cdot 14\,m$

$= 300\,m^2 + 210\,m^2 + 168\,m^2$

$= 678\,m^2$

76

Einstieg: Fortsetzung

b) $A = a \cdot (b + d) + c \cdot d = a \cdot b + a \cdot d + c \cdot d$

c) $A = 15\,m \cdot 20\,m + (15\,m + 12\,m) \cdot 14\,m$
$= 15\,m \cdot 20\,m + 15\,m \cdot 14\,m + 12\,m \cdot 14\,m$
$= 678\,m^2$

d) $A = a \cdot b + (a + c) \cdot d = a \cdot b + a \cdot d + c \cdot d$

77

2. **a)** Die Division wird auf die Multiplikation mit dem Kehrwert zurückgeführt.

b) **(1)** $(4a + 6b) : \frac{2}{3}$
$= (4a + 6b) \cdot \frac{3}{2}$
$= 4a \cdot \frac{3}{2} + 6b \cdot \frac{3}{2}$
$= 6a + 9b$

(2) $(8p - 12q) : 4$
$= (8p - 12q) \cdot \frac{1}{4}$
$= 8p \cdot \frac{1}{4} - 12q \cdot \frac{1}{4}$
$= 2p - 3q$

(3) $(6x - 9y) : (-3)$
$= (6x - 9y) \cdot \left(-\frac{1}{3}\right)$
$= 6x \cdot \left(-\frac{1}{3}\right) - 9y \cdot \left(-\frac{1}{3}\right)$
$= -2x + 3y$

(4) $(12r - 9s) : \left(-\frac{3}{4}\right)$
$= (12r - 9s) \cdot \left(-\frac{4}{3}\right)$
$= 12r \cdot \left(-\frac{4}{3}\right) - 9s \cdot \left(-\frac{4}{3}\right)$
$= -16r + 12s$

c) Man dividiert jedes Glied der algebraischen Summe in der Klammer durch den Divisor. Die Zeichen + und – werden nach den Vorzeichenregeln gesetzt.
$(a + b) : c = (a + b) \cdot \frac{1}{c} = a \cdot \frac{1}{c} + b \cdot \frac{1}{c} = a : c + b : c$

3. **a)**

$6(x - 3) - 3x = 12$	| Ausklammern
$6x - 18 - 3x = 12$	| Zusammenfassen
$3x - 18 = 12$	| +18
$3x = 30$	| :3
$x = 10$	

b) **(1)** $L = \{12{,}5\}$ **(2)** $L = \left\{-\frac{1}{5}\right\}$ **(3)** $L = \{\ \}$

78

4. –

5.
a) $5x + 5y$
b) $0{,}7x + 2{,}1$
c) $-8y - 56$
d) $7x + 7y$
e) $9{,}5x + 38$
f) $-3x - 3$
g) $xa + xb$
h) $xz + yz$
i) $rt + st$
j) $x + xy$
k) $-kr - k$
l) $a + ab$
m) $9x - 9y$
n) $7x - 7y$
o) $-5x + 5y$
p) $x - xy$
q) $-x + 1$
r) $-3a + 3b$
s) $4 - 4u^2$
t) $r^2 - r$
u) $-s + st$
v) $-4a - 4b$
w) $6 - 2x$
x) $u + u^2$

6.
a) $56x + 35$
b) $36t + 4$
c) $80b + 60$
d) $30x - 20y$
e) $-63a + 36b$
f) $-60d + 135c$
g) $7ax + 5ay$
h) $3rt - 14st$
i) $-8ac - 7bc$
j) $0{,}5cx + 3{,}7cy$
k) $12a - 38b$
l) $-4u - 14v$

78

7. $2x \cdot (x+y) = 2x^2 + 2xy$
$2x \cdot (z-1) = 2xz - 2x$
$2x \cdot (2u - v) = 4xu - 2xv$
$u \cdot (x+y) = ux + uy$
$u \cdot (z-1) = uz - u$
$u \cdot (2u - v) = 2u^2 - uv$
$(-3v) \cdot (x+y) = -3vx - 3vy$
$(-3v) \cdot (z-1) = -3vz + 3v$
$(-3v) \cdot (2u - v) = -6uv + 3v^2$
$(-3) \cdot (x+y) = -3x - 3y$
$(-3) \cdot (z-1) = -3z + 3$
$(-3) \cdot (2u - v) = -6u + 3v$

8. **a)** $35ab + 5ac$
b) $9rx + 99ry$
c) $24xz - 28yz$
d) $-15st - 100su$
e) $-15rt - 5st$
f) $-8v + 26t$
g) $0{,}15ab + 0{,}36ac$
h) $\frac{x^2}{6} + \frac{xy}{4}$

9. –

10. **a)** $3ax + 8ay + 7az$
b) $4ax + 36bx + 20cx$
c) $-48ut - 60tv - 12tw$
d) $-160qr - 120qs - 96qt$
e) $2{,}5xy + 7{,}1y^2 + 8{,}3yz$
f) $6{,}3x - 1{,}26y + 13{,}86z$
g) $14xz + 0{,}9yz + 0{,}06z$
h) $-2{,}5k^2 - kt - 12{,}5kz$
i) $-36t^2 + 276kt + 312qt$
j) $-28r^2 - 30r + 8rs$
k) $\frac{1}{4}a^2 - \frac{1}{9}ab + \frac{3}{8}ac$
l) $0{,}3u^2 - 0{,}36uv + 0{,}9uw$

11. Wertgleich sind:
$6(x^2+1) + 2 = 2x^2 + 4(x^2+2) = 6x^2 + 8$
$3(x^2+1) + 1 = 3x(x-1) + 3x + 4 = 3x^2 + 4$
$2(x+1) + 4 = 2x + 6$

79

12. **a)** Die Variablen in der Klammer wurden alphabetisch sortiert.
b) Die Klammer wurde aufgelöst und nach den Potenzen von x sortiert.

13. **a)** $12a^3b - 15a^2b^2 + 9ab^3$
b) $20u^3v^2 - 24u^2v^2 - 28u^2v^3$
c) $-6p^3q^2 + 6p^2q^3 - 8p^3q^3 - 2pq^4$
d) $12x^4y^4 - 6x^3y^5 + 12x^3y^3 - 21x^2y^4$
e) $-48r^2s^5 + 24r^3s^4 - 36r^4s^3 - 12rs^6$
f) $0{,}8x^4y^4 - 0{,}4x^3y^5 + 0{,}6x^2y^6 - xy^4$

14. **a)** $(-2)(4-x) = -8 + 2x$; Vorzeichen nicht beachtet
b) $(-1)(x-y) = -x + y = y - x$; also richtig
c) $a \cdot (b \cdot c) = a \cdot b \cdot c$; nicht beide Faktoren mit a multiplizieren.
d) $p(p-7) = p^2 - 7p$; p muss auch mit 7 multipliziert werden.

79

15. a) Jedes Glied der Summe wird durch 2 dividiert.

b) (1) $(6a - 3b):3$
$= 6a:3 - 3b:3$
$= 2a - b$

(2) $(8a + 12b):4$
$= 8a:4 + 12b:4$
$= 2a + 3b$

(3) $\left(\frac{1}{2}x + \frac{3}{2}y\right):\frac{1}{2}$
$= \frac{1}{2}x:\frac{1}{2} + \frac{3}{2}y:\frac{1}{2}$
$= x + 3y$

(4) $(14c - 8d^2):(-4)$
$= 14c:(-4) - 8d^2:(-4)$
$= -\frac{7}{2}c + 2d^2$

(5) $\left(8u^2 - \frac{1}{2}\right):\left(-\frac{3}{4}\right)$
$= 8u^2:\left(-\frac{3}{4}\right) - \frac{1}{2}:\left(-\frac{3}{4}\right)$
$= -\frac{32}{3}u^2 + \frac{2}{3}$

(6) $(3p + 4{,}5q):1{,}5$
$= 3p:1{,}5 + 4{,}5q:1{,}5$
$= 2p + 3q$

(7) $(2{,}5r - 3s^2):0{,}5$
$= 2{,}5r:0{,}5 - 3s^2:0{,}5$
$= 5r - 6s^2$

16. a) $2a - 8 + 15 + 6a = 8a + 7$
b) $28 - 14b + 16 + 4b = -10b + 44$
c) $8x^2 - 4x + 3x^2 + 3x = 11x^2 - x$
d) $24 - 18d + 14d - 7d^2 = -7d^2 - 4d + 24$
e) $0{,}7y^2 - 0{,}7y - 0{,}6y + 0{,}3 = 0{,}7y^2 - 1{,}3y + 0{,}3$
f) $3u^2 - 2u + 6u^2 - 4u = 9u^2 - 6u$

17. a) $5a - 3b + 7a - 7b = 12a - 10b$
b) $xy - 9x + 3x - xy = -6x$
c) $7x + 7y + 3x - 3y = 10x + 4y$
d) $12x - 20y - 7x + 11y = 5x - 9y$
e) $b + 40a + 80b - 40a = 81b$
f) $r - 3s + 42r + 56s = 43r + 53s$
g) $-117r + 156s + 5s - 4r = -121r + 161s$
h) $7a + \frac{3}{5}b + 11 - \frac{1}{2}b = 7a + \frac{1}{10}b + 11$
i) $-2x + 2x^2 + x^2 + 4x = 2x + 3x^2$

18. $x \cdot (x - 2) + 4x - x^2 = 2x$
Herr Hultsch muss das Ergebnis nur halbieren, dann erhält er die gesuchte Zahl x.

80

19. a) $7a - 3b + 9(a + 2b) = 16a - 15b$
b) $(x + 4y) \cdot 2 + 3(-6x - y) = -16x + 5y$
c) $-4(3r + 2) + 6(+2r + 5) = 22$
d) $\frac{3}{4}u(20 - 8v) + \frac{2}{3}v(9u - 33) = 15u - 22v$

20. a) $4 \cdot a \cdot h + 4 \cdot a \cdot \frac{2}{3}a + 2 \cdot a^2 + 2 \cdot a + h = 4ah + \frac{14}{3}a^2 + 2a + h$
b) (1) $442{,}5\,cm^2$ (2) $214{,}17\,cm^2$

80

21. $x + 2(x - 11) = 17$

$$\begin{aligned} x + 2x - 22 &= 17 & & \\ 3x - 22 &= 17 & &|+22 \\ 3x &= 39 & &|:3 \\ x &= 13 & & \end{aligned}$$

$L = \{13\}$

Mark hat sich die Zahl 13 gedacht.

22. a) $L = \{46\}$ c) $L = \{2\}$ e) $L = \left\{\frac{15}{81}\right\}$
b) $L = \{4\}$ d) $L = \{-3\}$ f) $L = \{1\}$

23. a) Julia hat die Klammern nicht durch Multiplizieren aufgelöst, sondern beide Seiten der Gleichung durch 4 dividiert.
b) (1) $L = \{4\}$ (3) $L = \{-5\}$ (5) $L = \{-3\}$
(2) $L = \{3\}$ (4) $L = \{15\}$ (6) $L = \{3\}$

24. Jana hat die Klammern ausmultipliziert und dann die Seiten einzeln zusammengefasst.
Ella und Ephraim haben zunächst $2(x + 1)$ auf beiden Seiten subtrahiert. Ella hat dann die Gleichung so umgeformt, dass x auf der linken Seite der Gleichung steht, Ephraim hat die Gleichung so umgeformt, dass x auf der rechten Seite der Gleichung steht.
Ellas und Ephraims Wege sind fast identisch und gleich schnell, Janas Weg ist etwas aufwändiger.

81

25. a) $L = \left\{\frac{1}{9}\right\}$ c) $L = \{5\}$ e) $L = \{1\}$
b) $L = \left\{\frac{5}{9}\right\}$ d) $L = \left\{-\frac{14}{3}\right\}$ f) $L = \{4\}$

26. a) $L = \{-15\}$ b) $L = \{12{,}5\}$ c) $L = \{1\}$ d) $L = \{1{,}6\}$

27. a) $x = -9$ $\left[x = \frac{37}{7};\ x = \frac{72}{7}\right]$ c) $x = -\frac{4}{7}$ $\left[x = -\frac{3}{7};\ x = -\frac{27}{56};\ x = \frac{2}{7}\right]$
b) $x = 86$ $\left[x = \frac{1}{2};\ x = 0\right]$

28. a) Franziska vermeidet das Rechnen mit Brüchen. $L = \{x \in \mathbb{Q} \mid x < -24\}$
b) Man kann das Rechnen mit Brüchen vermeiden, wenn man sie durch Multiplikation beider Seiten der Gleichung mit einem gemeinsamen Nenner beseitigt.
c) (1) $L = \{3\}$ (2) $L = \left\{x \in \mathbb{Q} \mid x < -\frac{1}{2}\right\}$ (3) $L = \left\{x \in \mathbb{Q} \mid x < -\frac{34}{3}\right\}$

29. a) $L = \left\{\frac{27}{4}\right\}$ c) $L = \{10\}$ e) $L = \left\{\frac{2}{5}\right\}$
b) $L = \{-4\}$ d) $L = \left\{\frac{5}{16}\right\}$

81

30. a) $(7 - x) \cdot 5 = 15$; $L = \{4\}$

b) $(x + 1{,}5) \cdot 2 = \frac{x}{3}$; $L = \left\{-\frac{9}{5}\right\}$

c) $(2x + 5) : 3 = 7$; $L = \{8\}$

d) $(10 - 3x) \cdot 1{,}5 = 6$; $L = \{2\}$

31. –

32. x: Länge der kürzesten Kante (in cm)
Gleichung: $4x + 4 \cdot (2x) + 4(x + 12) = 144$ *Lösung:* $x = 6$
Antwort: Die kürzeste Seite ist 6 cm, die mittlere 12 cm und die längste 18 cm lang. Das Volumen ist $V = 18\,cm \cdot 12\,cm \cdot 6\,cm = 1\,196\,cm^3$.

82

33. x: Größe der Grundfläche (in cm^2)
Gleichung: $2x + 2 \cdot \left(\frac{1}{2}x\right) + 2 \cdot (x - 10) = 280$ *Lösung:* $x = 60$
Antwort: Die Grundfläche ist 60 cm^2 groß, eine kleine Seitenfläche 30 cm^2 und eine große Seitenfläche 50 cm^2 groß.

34. x: Ursprüngliche Anzahl der Nüsse in der linken Tasche
Gleichung: $3x - 30 = \frac{1}{3}(x + 30)$ *Lösung:* $x = 15$
Antwort: Er hatte 15 Nüsse in der linken und 45 Nüsse in der rechten Tasche.

35. *Frage:* Wie viele Flaschen will er kaufen?
Gleichung: $x \cdot 0{,}75 = (x + 3) \cdot 0{,}60$ (x: Anzahl der Flaschen zu 0,75 €)
Lösung: $x = 12$
Antwort: Er will 12 Flaschen kaufen. Sie kosten 9 €. Dafür kann er im Supermarkt 15 Flaschen kaufen.

36. a) x: Anzahl der Jahre bis die Großmutter fünfmal so alt ist.
Gleichung: $84 + x = 5 \cdot (8 + x)$ *Lösung:* $x = 11$
Antwort: In 11 Jahren ist die Großmutter fünfmal so alt wie die Enkelin. Sie ist dann 95 Jahre, die Enkelin 19 Jahre alt.

b) x: Anzahl der Jahre, vor denen die Großmutter zwanzigmal so alt war
Gleichung: $84 - x = 20 \cdot (8 - x)$ *Lösung:* $x = 4$
Antwort: Vor 4 Jahren war die Großmutter zwanzigmal so alt wie die Enkelin. Sie war damals 80 Jahre, die Enkelin 4 Jahre alt.

37. x: Alter des Sohnes heute (in Jahren)
Gleichung: $x + 16 + 2 \cdot (x + 16) = 40 + 2 \cdot 16$ *Lösung:* $x = 8$
Antwort: Der Sohn ist heute 8 Jahre, der Vater 32 Jahre alt. In 16 Jahren ist der Sohn 24 Jahre, der Vater 48 Jahre alt.

38. x: Alter der Schwester heute (in Jahren)
Gleichung: $2x - 4 = (x - 4) \cdot 4$ *Lösung:* $x = 6$
Antwort: Der Junge ist heute 12 Jahre, die Schwester 6 Jahre alt. Vor 4 Jahren war der Junge 8 Jahre, die Schwester 2 Jahre alt.

82 **39.** Ute ist 16 Jahre älter als Eva.

x: Alter von Eva (in Jahren)

Gleichung: $\frac{1}{2}x = \frac{1}{3}(x + 16)$ *Lösung:* $x = 32$

Antwort: Eva ist 32 Jahre, Ute 48 Jahre und Ole 53 Jahre alt.

40. x: Anzahl der Bienen

Gleichung: $\frac{1}{5}x + \frac{1}{3}x + 3 \cdot \left(\frac{1}{3}x - \frac{1}{5}x\right) + 1 = x$ *Lösung:* $x = 15$

Antwort: Es sind 15 Bienen.

Das kann ich noch!

A) Median:
200 cm
Arithmetisches Mittel:
3 787 cm : 19 ≈ 199,3 cm
Spannweite:
26 cm

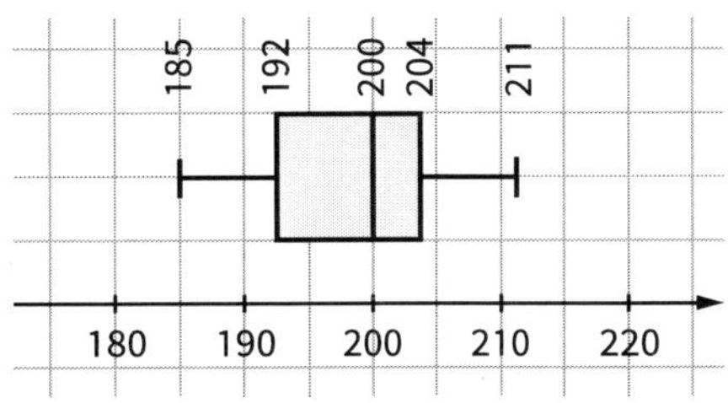

2.6 Minuszeichen vor einer Klammer – Subtrahieren einer Klammer

83 **Einstieg:**

a) 100 € – (h € + p €) = 100 € – h € – p €

b) 100 € – (102 € – x €) = –2 € + x €

84 **2.** a) $-a - b$
b) $-x + y$
c) $-4x - y$
d) $u + 7v$
e) $-3 - x + 2 = -1 - x$
f) $-a^2 + b^2 - b^2 = -a^2$
g) $-3x + y + 2x - 2y = -x - y$
h) $-r - 0{,}9x + r - rx = -0{,}9x - rx$

3. a) $x - y - z$
b) $x - y + z$
c) $2x + y$
d) $6r + s$
e) $2a + 3b$
f) $9x + 7z$
g) $6 + a - b$
h) $5r + s - 5$

4. $x - y - 2z$; $x - (y + 2z)$

5. $h - (r - t)$; $h - r + t$

6. a) $-5{,}8a - b$
b) $-0{,}8u + 4{,}5v$
c) $-23x - 15y$
d) $2{,}5s$
e) $3a - 25b$
f) $\frac{2}{3}t^2$

84 7. (1) $(x^2 + y) - (x^2 - y)$
$= x^2 + y - x^2 + y$
$= 2y$

(2) $u^2 - 2(v + u^2)$
$= u^2 - 2v - 2u^2$
$= -u^2 - 2v$

(3) $-(r - (s + r))$
$= -r + (s + r)$
$= -r + s + r$
$= s$

8. Druckfehler in Teilaufgabe f): $p^2 q(p - q)^2 - p(p^2 - pq^2) + pq(q^2 - q)$
a) $-2b$
b) 0
c) $-mn + 1$
d) -11
e) $2u^2v - uv^2 - v^3$
f) $2p^3q + p^2q^2 - 2p^3 - pq^2$

9. a) $-4(3x + 2) + 3x - 4 = +3x - 12\mathbf{(x + 1)}$
b) $7(2 - x) + 4x - 4 = 6x + 4 - 3x + 1 - \mathbf{6x + 12} - 7$
c) $3(a - 4) + 2a - 6 - a = 4\mathbf{(a - 2)} - 10$
d) $\mathbf{3(a - 1)} + 3a - 9 - (a - 2) = 2a - 8 + 3a - 2$

10. –

11. a) $L = \left\{-\frac{1}{2}\right\}$
b) $L = \{0\}$
c) $L = \{-2\}$
d) $L = \{\ \}$
e) $L = \{-19\}$
f) $L = \left\{\frac{165}{64}\right\}$

2.7 Ausklammern

85 **Einstieg:**
a) z. B. $3(x + x)$
b) z. B. $4(2a + 3b)$
c) z. B. $x(4 + a)$
d) z. B. $3pq(p + 2)$
e) z. B. $4x^2z(2x - 1)$
f) z. B. $7(u - 1)$

2. a) $10(x^2 + y)$
b) $-4(a + b)$

3. a) $5(a + b)$
b) $13(r + s)$
c) $11(x - y)$
d) $19(u - v)$
e) $7(x + yz)$
f) $2(rs + t^2)$
g) $9(1 - x)$
h) $\frac{4}{5}(u + 1)$
i) $5(5a - 3b)$
j) $3(r^2 + 6s^2)$

86 4. a) $b(4 + a)$
b) $x(3 - y)$
c) $r(s + r)$
d) $x(y - z)$
e) $v(u + w)$
f) $t(1 + t)$
g) $a(1 + 5b)$
h) $x(x - 2y)$
i) $r(r - 1)$
j) $b(4a - 9c)$
k) $b(a^2 + zb)$
l) $x(xy + 1)$
m) $a(4b + 3a)$
n) $r(5s - 1)$
o) $u(-8v^2 - ux)$

86 **5.** Anna: richtig

Dario: $6x^6y + 4x^3z = 2x^3(3x^3y + 2z)$

Bert: richtig

Elke: $15pq + 24pq^2 + 3q = 3q(5p + 8pq + 1)$

Christian: $-30cd - 24ce = -6c(5d + 4e)$

Fabian: $-27u^2v + 15uvw = -3uv(9u - 5w)$

6. **a)** $x(3 + 2y)$
b) $(7b^2 + 2c)$
c) $q(5p - 3n)$
d) $7(rs - px)$
e) $-9(x + y)$
f) $12(2x + y)$
g) $8(ab - 2c^2)$
h) $2x(y + z)$
i) $7b(11a - c)$
j) $3x(3y - 1)$
k) $-9x(y - z)$
l) $-4a(b^2 + 6c^2)$
m) $6u(4v - 6u)$
n) $25p^2(4 + 5p)$
o) $125r^2s$
p) $8a^2(2 - 3ab)$

7. *Beispiele:*
a) $3x + 3y = 3(x + y)$
b) $7ab - 8ab = ab(7 - 8)$
c) $8a + 7a = a(8 + 7)$
d) $9x^2y + 2x^2y = x^2y(9 + 2)$
e) $4yz^2 - 4yz = 4yz(z - 1)$

8. **a)** $4a(2a + 1)$
b) $3x(9x^3 - 1)$
c) $x^2(2x^3 - 5)$
d) $3a^2b(3 - a^2)$
e) $2a^3b(5a^2 + 4b)$
f) $\frac{3}{4}(x + y + z)$
g) $2ab(2b + 3a + 5)$
h) $-xy(12x + 9y - 5)$
i) $5pq(2 + 3p - 4q)$

9. **a)** $9a(b + c)$
b) $5r(r - s)$
c) $7x(y + 1)$
d) $4x(y + z)$
e) $17y^2(x - z)$
f) $r(9q^2 + 7t^2)$
g) $v(8u - w)$
h) $ab(0{,}5 + c)$
i) $\frac{1}{12}y(x + z)$
j) $a(ab - c)$
k) $8y(100xy + 3t^2)$
l) $9uv(2u - 111)$
m) $5u(3v - t + 4r - 9v)$
n) $6s(2r - 3t - 5s - 7rt)$
o) $\frac{1}{5}a(2b + 2ac - 4bc - 1)$
p) $4a(2b + 3a + 15b^2)$
q) $25x^2(3xuv + 5r^2 - 6x^2)$
r) $7s(6r + 8t - 5s + 13rt)$

10. **a)** $24x^2z + 18xz^2 = \mathbf{6}xz(4\mathbf{x} + \mathbf{3}z)$
b) $15abc - \mathbf{10}a^2bc = \mathbf{5}ac(3b - 2ab)$
c) $-27uv^2 - 24u^2v^2w + 3u^2v\mathbf{w} = \mathbf{3}uv(-9v - \mathbf{8}uvw + uw)$
d) $\frac{3}{8}rst - \frac{5}{8}r^2st + \frac{7}{8}r^3s^3t = \frac{1}{8}rst(\mathbf{3} - 5r + \mathbf{7}r^2s^2)$

87 **11.** –

12. $u = 2(a + b) = 2a + 2b$

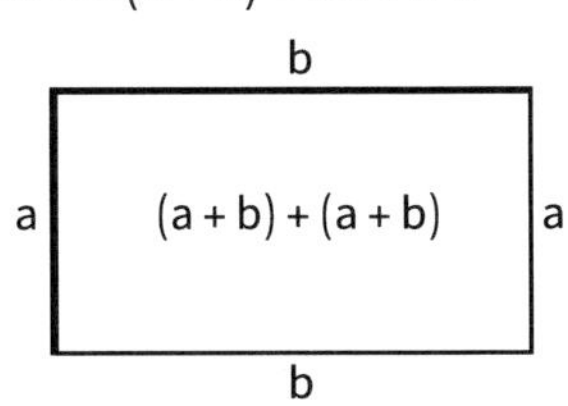

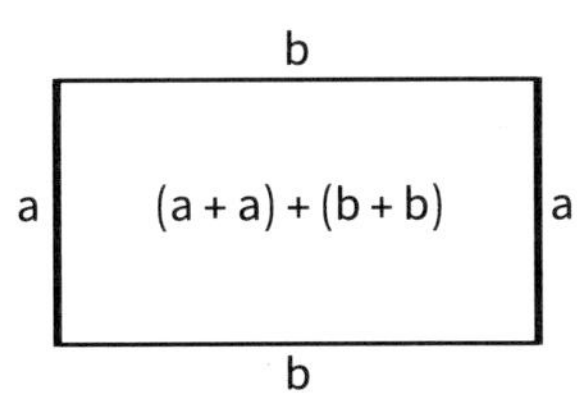

87

13. a) $16(x+y)$
b) $26(x-y)$
c) $-6(5x-4y)$
d) $7(a+9b)$
e) $\frac{5}{3}(4u-11v)$
f) $-\frac{3}{8}\left(\frac{r}{11}-\frac{s}{13}\right)$

14. a) $-3(-4+x)$
b) $-x(1-y)$
c) $-a(b+8)$
d) $-3x(-3+4y)$
e) $(-a)(-a+b)$
f) $(-y)(y-x)$

15. a) $(-1)(5+a)$
b) $(-1)(b+7)$
c) $(-1)(r^2+9)$
d) $(-1)(ab-20)$
e) $(-1)(4-q)$
f) $(-1)(q-4)$
g) $(-1)(-a+b)$
h) $(-1)(-x^2+a^3)$
i) $(-1)(-x^2+y^2-1)$
j) $(-1)(-r+s^2-rs)$
k) $(-1)(45-x-y)$
l) $(-1)\left(a-b+\frac{1}{2}\right)$

16. a) $-(8x+3)$
b) $-(-3x+2y)$
c) $-(8a-5b)$
d) $-(-3x-4y+7z)$
e) $-(2a-5b+9c)$
f) $-(x+2y+3z)$

17. (1) $-(-5x+y+7)$
(2) $-(-3a+2b-4)$
(3) $-(7x+14y)$
(4) $-(-7a+2x+4y+9)$

18. a) Der Term sollte so weit wie möglich durch Faktorisieren vereinfacht werden.
b) –

19. a) $O=4ah+2a^2$
b) $O=2a(2h+a)$
Dies ist ein Rechteck mit den Seitenlängen $2a$ und $2h+a$.
c) $O=105\,cm^2+24{,}5\,cm^2=129{,}5\,cm^2$
$O=7\,cm\cdot(15\,cm+3{,}5\,cm)=7\,cm\cdot 18{,}5\,cm=129{,}5\,cm^2$

Auf den Punkt gebracht: Mathematisches Problemlösen

88

1. Wenn Herr Schmitz Herrn Krause hinterher fährt, benötigt er 37,5 Minuten, wenn er ihm entgegenfährt nur knapp 32 Minuten (genauer 31,875 min).

89

2. a) Z. B. Umfang eines Dreiecks; Dreiecksungleichung, …
b) Wir beschreiben das Finden des Dreiecks ABC mithilfe eines dynamischen Geometrieprogramms.
(1) Wir konstruieren ein Dreieck AB′C′ mit den Seitenlängen $|AB'|=c+a=21\,cm$, $|B'C'|=a+b=18\,cm$, $|AC'|=c+b=24\,cm$. Wir wählen auf der Seite $\overline{AB'}$ einen Punkt B.
(2) Wir zeichnen um A einen Kreis mit dem Radius $|AB|$; den Schnittpunkt mit der Seite $\overline{AC'}$ nennen wir D. Es gilt: $|AB|=|AD|$.
(3) Wir zeichnen um B′ einen Kreis mit dem Radius $|B'B|$; den Schnittpunkt mit der Seite B′C′ nennen wir E. Es gilt: $|B'B|=|B'E|$.

89 **2. b) (4)** Wir zeichnen um C′ einen Kreis mit dem Radius |C′D|; den Schnittpunkt mit der Seite |C′B′| nennen wir F.
Es gilt: |C′D| = |C′F|.

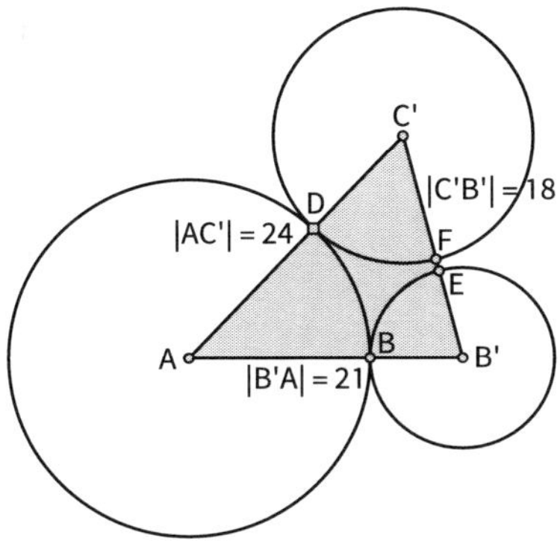

Wir möchten nun erreichen, dass |AB| = c und |BB′| = a ist. Dann wäre auch |AD| = c und |DC′| = b. Ebenso wäre |B′E| = a und |C′F| = b.
Da a + b = |B′C′| gilt, muss dann E = F sein.

(5) Wir ziehen am Punkt B und lassen ihn auf der Seite $\overline{AB'}$ wandern, bis die Punkte E und F zusammenfallen.

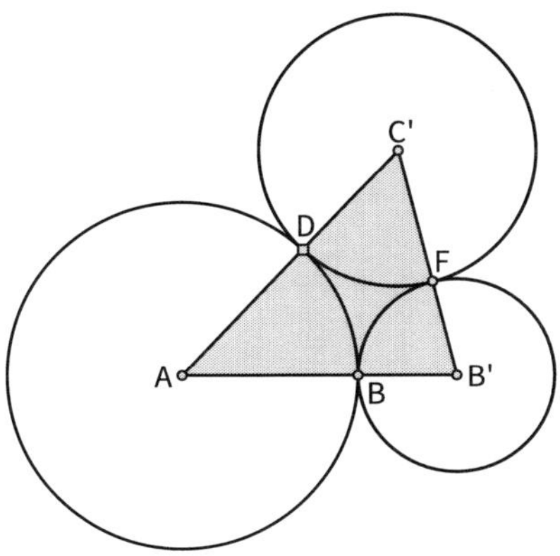

Wir wissen also nun: a = |B′B|, b = |C′D| und c = |AB|.
Wir suchen nun ein Dreieck ABC mit den Seitenlängen a, b und c.

(6) Wir nehmen die Strecke $\overline{AB}$ als Seite c des Dreiecks und zeichnen um B einen Kreis mit dem Radius |BB′| = a. Der dritte Eckpunkt C liegt auf diesem Kreis.

89 2. b) (7) Wir zeichnen um A einen Kreis mit dem Radius $|C'D| = b$. Der dritte Eckpunkt C liegt auch auf diesem Kreis, ist also der Schnittpunkt dieses Kreises mit dem Kreis aus (6).

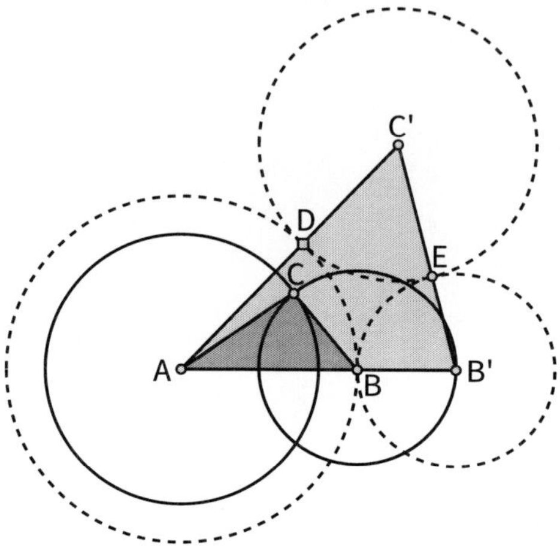

ABC ist das gesuchte Dreieck mit den Seitenlängen a, b und c.
Durch Messen erhalten wir: $a \approx 7{,}5\,cm$; $b \approx 10{,}5\,cm$; $c \approx 13{,}5\,cm$

c)

a (in cm)	b (in cm)	c (in cm)	a + b (in cm)	a + c (in cm)	b + c (in cm)	
1	17	20	18	21	37	falsch
2	16	19	18	21	35	falsch
3	15	18	18	21	33	falsch
4	14	17	18	21	31	falsch
5	13	16	18	21	29	falsch
6	12	15	18	21	27	falsch
7	11	14	18	21	25	falsch
8	10	13	18	21	23	falsch
7,5	10,5	13,5	18	21	24	richtig

d) $u = 31{,}5\,cm$
Durch Umformen der gegebenen Längen zweier Seiten erhält man:
$b = 18 - a$ und $c = 21 - a$.
Daraus folgt:
$a + b + c = a + 18 - a + 21 - a = -a + 39 = 31{,}5$; also
$a = 7{,}5\,cm$, $b = 10{,}5\,cm$, $c = 13{,}5\,cm$.

3. $1 \xleftarrow{2+1} 4 \xleftarrow{5+1} 10 \xleftarrow{11+1} 22 \xleftarrow{23+1} 46 \xleftarrow{47+1} 94 \xleftarrow{95+1} 190 \xleftarrow{191+1} 382$
Am Anfang hatte er 382 Äpfel.

89

4. a) Es sind noch 18 Lakritzbonbons übrig, davon erhält Fabian 12 und Babette 6.

b) Das andere Windrad benötigt 6 Sekunden für eine volle Umdrehung.

Das schnelle Rotorblatt legt in 1 Sekunde $\frac{1}{3}$ Umdrehungen, das langsame $\frac{1}{6}$ Umdrehungen zurück.

Man kann die Aufgabe Z. B. mit einer Tabelle lösen.

Wir betrachten dabei zum Zeitpunkt 0 das nach oben stehende Rotorblatt des schnelleren Windrads und das um $\frac{1}{3}$ Umdrehung nach rechts stehende Rotorblatt des langsameren Windrads.

(1) Beide Rotorblätter sind gegenläufig

Zeit (in s)	Umdrehung des 1. Rotorblatts	Umdrehung des 2. Rotorblatts	Ergebnis
0	0	$\frac{1}{3}$	$0 < \frac{1}{3}$
1	$\frac{1}{3}$	$\frac{1}{6}$	$\frac{1}{3} > \frac{1}{6}$
$\frac{1}{2}$	$\frac{1}{6}$	$\frac{1}{4}$	$\frac{1}{6} < \frac{1}{4}$
$\frac{3}{4}$	$\frac{1}{4}$	$\frac{5}{24}$	$\frac{1}{4} > \frac{5}{24}$
$\frac{2}{3}$	$\frac{2}{9}$	$\frac{2}{9}$	richtig

Nach $\frac{2}{3}$ Sekunden sind die beiden Rotorblätter übereinander, also sind auch alle drei Rotorblätter übereinander.

b) (2) Beide Rotorblätter laufen in dieselbe Richtung

Zeit (in s)	Umdrehung des 1. Rotorblatts	Umdrehung des 2. Rotorblatts	Ergebnis
0	0	$\frac{1}{3}$	$0 < \frac{1}{3}$
1	$\frac{1}{3}$	$\frac{3}{6} = \frac{1}{2}$	$\frac{1}{3} < \frac{1}{2}$
2	$\frac{2}{3}$	$\frac{4}{6} = \frac{2}{3}$	richtig

Nach 2 Sekunden sind die Rotorblätter wieder übereinander.

89

4. c) Für $n > 1$ erhält man:
Anzahl der Würfel mit drei blauen Seiten: 8
Anzahl der Würfel mit zwei blauen Seiten: $8(n-2) = 12n - 24$
Anzahl der Würfel mit einer blauen Seite: $6(n-2)^2 = 6n^2 - 24n + 24$
Anzahl der Würfel mit keiner blauen Seite: $(n-3)^3 = n^3 - 6n^2 + 12n - 8$
Man erhält folgende Werte für $n = 2$ bis 10:

	Anzahl der Würfel mit … blauen Seiten				Gesamtanzahl
n	3	2	1	0	
2	8	0	0	0	8
3	8	12	6	1	27
4	8	24	24	8	64
5	8	36	54	27	125
6	8	48	96	64	216
7	8	60	150	125	343
8	8	72	216	216	512
9	8	84	294	343	729
10	8	96	384	512	1 000

2.8 Auflösen von zwei Klammern in einem Produkt

90

Einstieg:

a) Vorher: $A = 24\,m \cdot 16\,m = 384\,m^2$
Nachher: $A = (24\,m + 2\,m) \cdot (16\,m + 3\,m) = 26\,m \cdot 19\,m = 494\,m^2$
oder: $A = 24\,m \cdot 16\,m + 24\,m \cdot 3\,m + 2\,m \cdot 16\,m + 2\,m \cdot 3\,m$
$= 384\,m^2 + 72\,m^2 + 32\,m^2 + 6\,m^2$
$= 494\,m^2$

b) $(a+b)(c+d) = a \cdot c + a \cdot d + b \cdot c + b \cdot d$

c) Durch Anwenden von Rechengesetzen:
$(a+b)(c+d) = (a+b) \cdot e$ $\quad (c + d = e)$
$= a \cdot e + b \cdot e$ $\quad$ (Distributivgesetz)
$= a \cdot (c+d) + b \cdot (c+d)$ $\quad (e = c + d)$
$= a \cdot c + a \cdot d + b \cdot c + b \cdot d$ $\quad$ (Distributivgesetz)

91

2. a) Die Flächeninhalte der Teilflächen werden addiert.
Flächeninhalte sind immer positiv.

b)

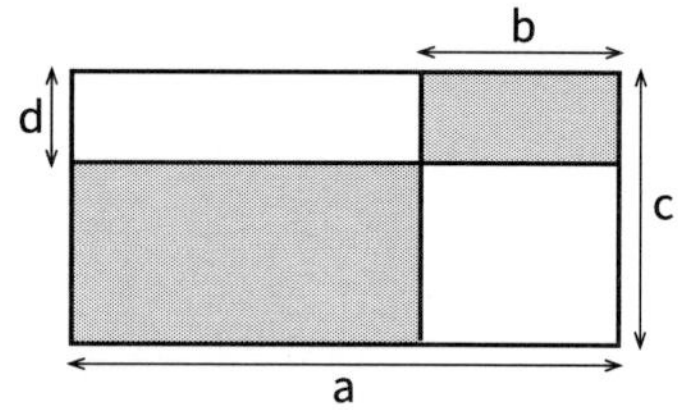

91

3. a) $xy+4x+7y+28$
b) $ab-3a+9b-27$
c) $ab-8a-b+8$
d) $ax+bx+ay+by$
e) $ux+vx-uy-vy$
f) $ux-vx-uy+vy$
g) $-2x-ax+2y+ay$
h) $-ax+ay-bx+by$
i) $-u-v-ru-rv$

4. a) Anton berechnet zuerst ein großes Rechteck und subtrahiert dann den ergänzten Teil.
Vivien berechnet zwei schmale Rechtecke und subtrahiert den überlappenden Teil, der doppelt berechnet wurde.
b) $A=ab-ab+ac+cb-cc=ac+bc-cc$

5. a) $10a-a^2-10b+ab$
b) $6a-2ac+3b-bc$
c) $8rs-16rt+s^2-2st$
d) $54xz+27x-24yz-12y$
e) $40ac-56ad-15bc+21bd$
f) $3x^2-16xy+5y^2$
g) $-3a^2+9a+18ab-54b$
h) $-a^2+3a-ab^2+3b^2$
i) $\frac{2}{5}-\frac{7}{5}r+r^2$
j) $\frac{1}{64}-t^2$
k) $3a^2+35\frac{5}{6}ab-2b^2$
l) $\frac{1}{2}un+uv-\frac{1}{4}vn-\frac{1}{2}v^2$

6. –

7. –

8. a) $x^2+6{,}7x-2{,}1$
b) $a^2+3a-88$
c) $36+5x-x^2$
d) $-8a^2+4{,}2a-0{,}45$
e) $4ax+a-28x^2-7x$
f) $a^2+ab-2b^2$
g) $-x^2-3xy-2y^2$
h) $2a^2+23ab+63b^2$
i) $r^2+rs-2s^2$

9. a) $z^2+10z+zt+3t+21$
b) $ca^2+da^2-a^2-ac-ad+a$
c) $-r^2-ur+vr+rs^2+us^2-vs^2$
d) $-a^2-4a+2ab-b^2+4b$
e) $-rx+sx+tx-ry+sy+ty$
f) $au+bu-cu-av-bv+cv$
g) $14a^2+24ab-8b^2$
h) $12x^2-29xy+14y^2$
i) $6x^3+11x^2-12x-5$

92

10. $(2x+3)(4-3x)=-6x^2-x+12$
$(2x+3)(x-y)=2x^2-2xy+3x-3y$
$(2x+3)(2y-4)=4xy-8x+6y-12$
$(2x+3)(2y-3x)=4xy-6x^2+6y-9x$
$(x+y)(4-3x)=4x-3x^2+4y-3xy$
$(x+y)(x-y)=x^2-y^2$
$(x+y)(2y-4)=2xy-4x+2y^2-4y$
$(x+y)(2y-3x)=-xy-3x^2+2y^2$
$(7-y)(4-3x)=28-21x-4y+3xy$
$(7-y)(x-y)=7x-7y-xy+y^2$
$(7-y)(2y-4)=18y-28-2y^2$
$(7-y)(2y-3x)=14y-21x-2y^2+3xy$

92

11. Die Terme sind alle drei wertgleich zum Term $a \cdot b + b \cdot c - 2 \cdot a \cdot c$.
Dieser Term beschreibt den Flächeninhalt der abgebildeten Figur.
Damit beschreiben also alle drei Terme den Flächeninhalt.

12. a) $6x^2 + 5xy$
b) $-2x^2 + 54y^2$
c) $8 + 11x^2$
d) $-a^2 - 11ab + 7b^2$
e) $24xy - x^2 - 15y^2$
f) $4 + x^3 + 2x^2y - xy^2 - y^3$

13. Durch Ausklammern und Zusammenfassen erhält man:
(1) $(3x + 2)(2x - 4) + 8(x + 2) = 6x^2 + 8$
(2) $3x(2x - 4) - 10 = 6x^2 - 12x - 10$
(3) $(3x^2 - 2x - 1)(2x + 5) = 6x^3 + 11x^2 - 12x - 5$
(4) $6(x^2 + 1) + 2 = 6x^2 + 8$
(5) $6x(x^2 - 2) - (11x^2 + 5) = 6x^3 - 11x^2 - 12x - 5$
(6) $2x^2 + (2x + 3)(2x - 3) - 12(x + 1) + 11 = 6x^2 - 12x - 10$
(7) $2x(7x + 17) - 24 = 14x^2 + 34x - 24$
(8) $(7x + 4)(7x - 2) + (-2{,}5 + 4) \cdot (-4) = 49x^2 + 14x - 14$
Wertgleich zueinander sind die Terme (1) und (4); (2) und (6); (3) und (5).

14. a) $L = \{1\}$
b) $L = \{-2\}$
c) $L = \mathbb{Q}$
d) $L = \{2\}$
e) $L = \{10\}$
f) $L = \{1\}$
g) $L = \left\{\frac{13}{7}\right\}$
h) $L = \{2\}$
i) $L = \{-2\}$
j) $L = \{1\}$
k) $L = \{117\}$
l) $L = \{3\}$
m) $L = \{0\}$

15. Richtig:

$$\begin{aligned} x^2 - (x + 1)(x - 3) &= 7 \\ x^2 - (x^2 - 3x + x - 3) &= 7 \\ x^2 - x^2 + 3x - x + 3 &= 7 \\ 2x + 3 &= 7 \quad &|-3 \\ 2x &= 4 \quad &|:2 \\ x &= 2 \end{aligned}$$

$L = \{2\}$

2.9 Binomische Formeln

94

1. a) (1) $A = (12 + 3)^2 = 225$ $\qquad A = 12^2 + 3 \cdot 12 + 3 \cdot 12 + 3^2 = 225$
Die Fläche ist $225\,m^2$ groß.
(2) Die Fläche $(a + b)^2$ setzt sich aus den Flächen a^2, $a \cdot b$, $a \cdot b$ und b^2 zusammen, also gilt: $(a + b)^2 = a^2 + 2ab + b^2$.
(3) Größen, also hier Längen, sind immer positiv.
Für rationale Zahlen p, q gilt:

$$\begin{aligned} (p + q)^2 = (p + q)(p + q) &= p \cdot (p + q) + q \cdot (p + q) \\ &= p^2 + pq + qp + q^2 \\ &= p^2 + 2pq + q^2 \end{aligned}$$

b) $(a - b)^2 = a^2 - 2ab + b^2$

94

2. a) $(x+y)^2 = x^2 + 2xy + y^2$
$(x-y)^2 = x^2 - 2xy + y^2$
$(x+y)(x-y) = x^2 - y^2$

b) $(p+q)^2 = p^2 + 2pq + q^2$
$(p-q)^2 = p^2 - 2pq + q^2$
$(p+q)(p-q) = p^2 - q^2$

c) $(\text{klim} + \text{bim})^2 = (\text{klim})^2 + 2(\text{klim})(\text{bim}) + (\text{bim})^2$
$(\text{klim} - \text{bim})^2 = (\text{klim})^2 - 2(\text{klim})(\text{bim}) + (\text{bim})^2$
$(\text{klim} + \text{bim})(\text{klim} + \text{bim}) = (\text{klim})^2 - (\text{bim})^2$

3. a) $x^2 + 10x + 25$
b) $49 + 14x + x^2$
c) $u^2 + 2uv + v^2$
d) $p^2 + 2pq + q^2$
e) $x^2 - 12x + 36$
f) $81 - 18x + x^2$
g) $v^2 - 2vw + w^2$
h) $r^2 - 2rs + s^2$
i) $x^2 - 64$
j) $u^2 - 25$
k) $9 - r^2$
l) $x^2 - y^2$
m) $x^2 - 1{,}6x + 0{,}64$
n) $9x^2 - 12x + 4y^2$
o) $0{,}04x^2 - 0{,}4xy + y^2$
p) $\frac{1}{4}x^2 + \frac{2}{3}xy + \frac{4}{9}y^2$

4. Vgl. 1. Binomische Formel;
Gegenbeispiel für: $a = 1$, $b = 2$: $(1+2)^2 = 9 \neq 1 + 4 = 5$

5. a) $(a-b)^2 = a^2 - 2ab + b^2$
b) $(a-b)^2 = a^2 - 2ab + b^2$
c) richtig
d) richtig
e) richtig
f) $(p+q)(p-q) = p^2 - q^2$
g) $(r+s)^2 = r^2 + 2rs + s^2$
h) $(r-s)^2 = r^2 - 2rs + s^2$
i) richtig
j) $(u+v)(v-u) = v^2 - u^2$

6. a) $4x^2 + 12x + 9$
b) $9x^2 + 12xy + 4y^2$
c) $0{,}25x^2 - 3x + 9$
d) $2{,}25 + 3x + x^2$
e) $x^2 - 1{,}6x + 0{,}64$
f) $a^2 - 10{,}24$
g) $0{,}04x^2 - 0{,}4xy + y^2$
h) $x^2 + 5xy + 6{,}25y^2$
i) $x^2 - 0{,}01y^2$
j) $\frac{16}{25} - \frac{8}{5}y + y^2$
k) $\frac{1}{4}x^2 + \frac{2}{3}xy + \frac{4}{9}y^2$
l) $\frac{1}{9}x^2 - y^2$

7. a) $16 - 8x + x^2$
b) $x^2 - 6x + 9$
c) $4 + 4x + x^2$
d) $1 + 2x + x^2$
e) $r^2 - 2rs + s^2$
f) $r^2 + 2rs + s^2$
g) $r^2 - 2rs + s^2$
h) $r^2 + 2rs + s^2$
i) $36x^2 - 12xy + y^2$
j) $16x^2 - 24xy + 9y^2$
k) $25x^2 + 70xy + 49y^2$
l) $9x^2 - 24xy + 16y^2$
m) $9a^2 - 12ab + 4b^2$
n) $a^2 - 16b^2$
o) $64u^2 - 49v^2$
p) $-36u^2 + 25v^2$

95

8. a) $9x^4 + 24x^2y + 16y^2$
b) $16a^6 - 24a^3b + 9b^2$
c) $p^4 - q^4$
d) $4x^6 - 12x^4y + 9x^2y^2$
e) $16c^4 + 16c^3d + 4c^2d^2$
f) $4r^2s^2 - 9s^4$
g) $\frac{1}{9}a^4b^2 - \frac{1}{6}a^3b^3 + \frac{1}{16}a^2b^4$
h) $\frac{1}{16}u^4 + \frac{3}{2}u^3v + 9u^2v^2$
i) $\frac{1}{4}u^4 - u^2p^3 + p^6$

9. a) $16a^2 - 81$
b) $-16a^2 + 81$
c) $36a^2 - 97a + 36$
d) $-16a^2 + 72a - 81$
e) $16a^2 + 72a + 81$
f) $16a^2 - 72a + 81$

10. $(a - b)^2 = a^2 - 2ab + b^2$

11. $(a + b)^2 - (a - b)^2 = 4ab$

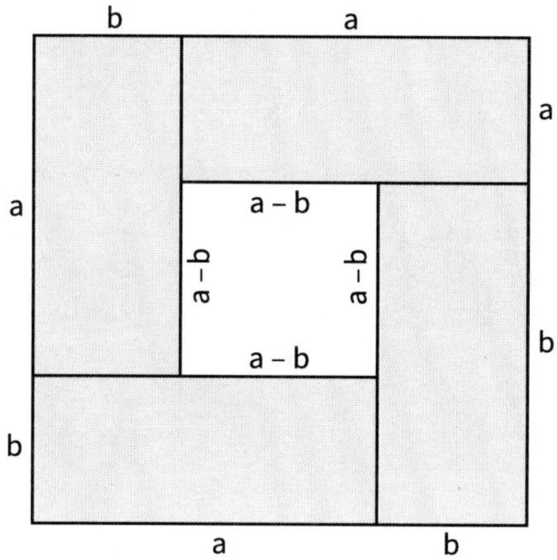

12. –

13. a) $5a^2 + 11ab + 10b^2$
b) $50a^2 + 8ab + 15b^2$
c) $13{,}25a^2 + 10ab + 3{,}25b^2$
d) $13x^2 + 4xy$
e) $0{,}21x^2 + 0{,}46xy - 0{,}07y^2$
f) $\frac{145}{4}a^2 - 6ab + \frac{37}{9}b^2$

14. a) $L = \{-0{,}5\}$
b) $L = \{-7\}$
c) $L = \{1\}$
d) $L = \left\{-\frac{3}{4}\right\}$
e) $L = \left\{\frac{1}{2}\right\}$
f) $L = \{8\}$
g) $L = \{7\}$
h) $L = \{1\}$
i) $L = \left\{\frac{1}{2}\right\}$
j) $L = \{1\}$

15. Z. B.: Wie groß war das ursprüngliche Grundstück?
$(x - 2)^2 = x^2 - 120;\ x = 31$
Das Grundstück war $31\,m \cdot 31\,m = 961\,m^2$ groß.

2.10 Faktorisieren einer Summe oder Differenz

96 **Einstieg:**

a) $(c + d)^2$
b) $(e - 2f)^2$
c) $(g + h)(g - h)$
d) $(2u - 3v)^2$
e) $(3z - 4)^2$
f) $\left(\frac{1}{2}x + \frac{1}{3}y\right)\left(\frac{1}{2}x - \frac{1}{3}y\right)$

2. a) (1) $x^2 + 2xy + y^2 = (x + y)^2$
(2) $u^2 + 10u + 25 = (u + 5)^2$
(3) $4a^2 - 12ab + 9b^2 = (2a - 3b)^2$
(4) $m^2 - 2mn + n^2 = (m - n)^2$
(5) $p^2 + 4p + 4 = (p + 2)^2$
(6) $9u^2 - 24uv + 16v^2 = (3u - 4v)^2$

b) Der gesuchte Flächeninhalt ist y^2.

3. a) $3x + ax + 3y + ay = 3(x + y) + a(x + y) = (3 + a)(x + y)$
b) $28xy - 4x + 21y - 3 = 4x(7y - 1) + 3(7y - 1) = (4x + 3)(7y - 1)$
c) $4ac + 4ad - 3b(c + d) = 4a(c + d) - 3b(c + d) = (4a - 3b)(c + d)$

97 **4.** a) $(u + v)(u - v)$
b) $(r + 11s)(r - 11s)$
c) $(1 + 4a)(1 - 4a)$
d) $(k + 25)(k - 25)$
e) $(x + y)^2$
f) $(r - s)^2$
g) $(x + 7)^2$
h) $(u - v)^2$
i) $(a + 10)^2$
j) $(x - 10)^2$
k) $(a - 1)^2$
l) $(x + 7)^2$
m) $(5 - x)^2$
n) $(6 + b)^2$
o) $(10 - x)^2$
p) $(k - 25)(k + 25)$

5. a) $x^2 - a^2 = (x + a)(x - a)$
b) richtig
c) $4u^2 + 16uv + 16v^2 = (2u + 4v)^2$
d) $\left(\frac{1}{4}p^2 - 2pq + 4q^2\right)^2 = \left(\left(\frac{1}{2}p - 2q\right)^2\right)^2$

6. a) $x^2 + 2xy + y^2 = (x + y)^2$
b) $a^2 + 12a + 36 = (a + 6)^2$
c) $1 - 2r + r^2 = (1 - r)^2$
d) $a^2 + 2ab + b^2 = (a + b)^2$
e) $x^2 - 8x + 16 = (x + (-4))^2$
f) $324 + 36b + b^2 = (18 + b)^2$
g) $a^2 + 6ab + 9b^2 = (a + 3b)^2$
h) $x^2 + 5xy + 6{,}25y^2 = (x + 2{,}5y)^2$
i) $r^2 - 2{,}4rs + 1{,}44s^2 = (r - 1{,}2s)^2$
j) $4x^2 + 12xy + 9y^2 = (2x + 3y)^2$
k) $25a^2 - 70ab + 49b^2 = (5a - 7b)^2$
l) $100r^2 + 180rs + 81r^2 = (10r + 9s)^2$
m) $\frac{1}{4} + a + a^2 = \left(\frac{1}{2} + a\right)^2$
n) $\frac{1}{9}a^2 + 2ab + 9b^2 = \left(\frac{1}{3}a + 3b\right)^2$
o) $1{,}44 + (-4{,}8)a + 4a^2 = (1{,}2 - 2a)^2$
p) $(w + u)(w - u) = w^2 - u^2$

7. –

97

8. a) $7(a^2 + 2ab + b^2) = 7(a + b)^2$
   b) $8(a^2 - 12{,}25^2) = 8(a + 3{,}5)(a - 3{,}5)$
   c) $5(9x^2 - 6xy + y^2) = 5(3x - y)^2$
   d) $24(a^2 + 5ab + 6{,}25b^2) = 24(a - 2{,}5b)^2$
   e) $108\left(a^2 + \frac{7}{3}xy + \frac{49}{36}y^2\right) = 108\left(a + \frac{7}{6}b\right)^2$
   f) $320\left(\frac{49}{16}u^2 - v^2\right) = 320\left(\frac{7}{4}u + v\right)\left(\frac{7}{4}u - v\right)$
   g) $11(a^2 + 4ab + 4b^2) = 11(a + 2b)^2$
   h) $900\left(\frac{16}{9}x^2 - \frac{8}{3}xy + y^2\right) = 900\left(\frac{4}{3}x - y\right)^2$
   i) $500(r^2 - 25s^2) = 500(r + 5s)(r - 5s)$

9. a) $z^2 - 2zw + w^2 = (z - w)^2$
   b) $x^2 - 8x + 16 = (x - 4)^2$
   c) $16p^2 + 8pq + q^2 = (4p + q)^2$
   d) $4c^2 + 12cd + 9d^2 = (2c + 3d)^2$
   e) $25a^2 + 80ab + 64b^2 = (5a + 8b)^2$
   f) $9w^2 - 20vw + \frac{100}{9}v^2 = \left(3w - \frac{10}{3}v\right)^2$
   g) $z^2 + z + \frac{1}{4} = \left(z + \frac{1}{2}\right)^2$
   h) $x^4 + 2x^2 + 1 = (x^2 + 1)^2$
   i) $9u^2v^4 - u^2v^2 + \frac{1}{36}u^2 = \left(3uv^2 - \frac{1}{6}u\right)^2$
   j) $\frac{4}{9}p^2 + p + \frac{9}{16} = \left(\frac{2}{3}p + \frac{3}{4}\right)^2$
   k) $\frac{9}{16}a^2 + ab + \frac{4}{9}b^2 = \left(\frac{3}{4}a + \frac{2}{3}b\right)^2$
   l) $c^4d^2 - \frac{2}{3}c^2d + \frac{1}{9} = \left(c^2d - \frac{1}{3}\right)^2$

10. –

11. Zum Beispiel:
   a) $(p + q)(r + s)$ b) $(a - 2)(b + c)$ c) $(d + 2)(e + 3)$ d) $(u + 2)(2v - 1)$

Im Blickpunkt: Pascal'sches Dreieck – Potenzieren von Summen

98

1. a) $(a + b)^2(a + b)$
   $= (a^2 + 2ab + b^2)(a + b)$
   $= a^3 + a^2b + 2a^2b + 2ab^2 + ab^2 + b^3$
   $= a^3 + 3a^2b + 3ab^2 + b^3$
   b) (1) $p^3 + 3p^2q + 3pq^2 + q^3$
   (2) $a^3 + 6a^2 + 12a + 8$
   (3) $u^3 + 6u^2v + 12uv^2 + 8v^3$
   (4) $8m^3 + 36m^2n + 54mn^2 + 27n^3$
   (5) $27x^6 + 135x^4z + 225x^2z^2 + 125z^3$
   (6) $a^3 - 3a^2b + 3ab^2 - b^3$
   (7) $u^3 - 9u^2 + 27u - 27$
   (8) $8a^3 - 48a^2 + 96a - 64$
   (9) $64p^3 - 144p^2q + 108pq^2 - 27q^3$

98 **2. a)** **(1)** In der jeweiligen Zeile, beginnend mit der 0. Zeile

(2) 1

(3) 1; 4; 6; 4; 1

b) Jede Zeile enthält eine Zahl mehr als die Zeile davor. An der ersten und letzten Stelle steht eine 1. Die anderen Zahlen ergeben sich als Summe der darüber stehenden beiden Zahlen.

1
1 1
1 2 1
1 3 3 1
1 4 6 4 1
1 5 10 10 5 1
1 6 15 20 15 6 1
1 7 21 35 35 21 7 1
1 8 28 56 70 56 28 8 1
1 9 36 84 126 126 84 36 9 1
1 10 45 120 210 252 210 120 45 10 1

c) Man erhält auch immer einen Summanden mehr. Der erste und letzte Vorfaktor ist jeweils eine 1. Die anderen Vorfaktoren sind die Summe der darüber stehenden beiden Vorfaktoren.

d) **(1)** $a^4 + 4a^3b + 6a^2b^2 + 4ab^3 + b^4$

(2) $a^5 + 5a^4b + 10a^3b^2 + 10a^2b^3 + 5ab^4 + b^5$

(3) $a^6 + 6a^5b + 15a^4b^2 + 20a^3b^3 + 15a^2b^4 + 6ab^5 + b^6$

99 **3. a)** $a^8 + 8a^7b + 28a^6b^2 + 56a^5b^3 + 70a^4b^4 + 56a^3b^5 + 28a^2b^6 + 8ab^7 + b^8$

b) $x^6 + 6x^5y + 15x^4y^2 + 20x^3y^3 + 15x^2y^4 + 6xy^5 + y^6$

c) $p^9 + 9p^8q + 36p^7q^2 + 84p^6q^3 + 126p^5q^4 + 126p^4q^5 + 84p^3q^6 + 36p^2q^7 + 9pq^8 + q^9$

d) $a^5 - 5a^4b + 10a^3b^2 - 10a^2b^3 + 5ab^4 - b^5$

e) $x^6 - 6x^5y + 15x^4y^2 - 20x^3y^3 + 15x^2y^4 - 6xy^5 + y^6$

f) $p^9 - 9p^8q + 36p^7q^2 - 84p^6q^3 + 126p^5q^4 - 126p^4q^5 + 84p^3q^6 - 36p^2q^7 + 9pq^8 - q^9$

g) $27a^3 + 27a^2 + 9a + 1$

h) $64x^3 + 96x^2 + 48x + 8$

i) $32c^5 + 240c^4d + 720c^3d^2 + 1\,080c^2d^3 + 810cd^4 + 243d^5$

j) $x^4 - 12x^3y + 54x^2y^2 - 108xy^3 + 81y^4$

k) $1\,024z^5 - 1\,280z^4w + 640z^3w^2 - 160z^2w^3 + 20zw^4 - w^5$

l) $64x^6 - 576x^5y + 2\,160x^4y^2 - 4\,320x^3y^3 + 4\,860x^2y^4 - 2\,916xy^5 + 729y^6$

m) $a^3 + 3a^2b^2 + 3ab^4 + b^6$

n) $a^8 - 4a^6b^2 + 6a^4b^4 - 4a^2b^6 + b^8$

o) $32p^5 - 240p^4q^2 + 720p^3q^4 - 1\,080p^2q^6 + 810pq^8 - 243q^{10}$

4. Die n-te Summe beträgt 2^n. Also ist in der elften Zeile die Summe 2 048.

5. Man erhält wieder die Zahlen des Pascal'schen Dreiecks.

99

6. Ab der 4. Zeile kommen bis zur n-ten Zeile gegenüber der (n – 1)-ten Zeile immer (n – 2) Rauten hinzu. Bis zur n-ten Zeile erhält man also $1 + 2 + 3 + \ldots + (n-3) + (n-2)$ Rauten.
In der 102. Zeile erhält man als Anzahl $1 + 2 + 3 + \ldots + 99 + 100 = 50 \cdot 101 = 5\,050$, also 5 050 Rauten.

7. a)

b) Die Summe aus zwei ungeraden Zahlen ist gerade.
Die Summe aus zwei geraden Zahlen ist gerade.
Die Summe aus einer ungeraden Zahl und einer geraden Zahl ist ungerade.
Unterhalb zweier gefärbter Felder ist also ein ungefärbtes Feld.
Unterhalb zweier ungefärbter Felder ist also ein ungefärbtes Feld.
Unterhalb eines ungefärbten und eines gefärbten Feldes liegt ein gefärbtes Feld.

c) Alle Steine gefärbt: z. B.: 1. Zeile, 2. Zeile, 4. Zeile; 8. Zeile; 16. Zeile; …, also alle 2^n-ten Zeilen.
Alle Steine nicht gefärbt: ist nicht möglich, weil alle Zeilen mit einer 1 beginnen und enden. Dann wären auch alle folgenden Zeilen ungefärbt (s. Teilaufgabe b).

d) Von links nach rechts zwei gefärbte, zwei ungefärbte, zwei gefärbte Felder.

2.11 Mischungsaufgaben

100 **Einstieg:**

150 l mit 100 % enthält 150 l Fruchtsaft und Fruchtfleisch.
120 l mit 10 % enthält 12 l Fruchtsaft und Fruchtfleisch.
Bei 270 l der Mischung ist der Anteil an Fruchtsaft und Fruchtfleisch also:
$\frac{162}{270} = \frac{3}{5} = 0{,}6 = 60\,\%$
Man kann auch eine Tabelle erstellen:

	Menge (in l)	Anteil Fruchtsaft und Fruchtfleisch	Fruchtsaftgehalt
Apfelsaft	150	100 %	150
Apfelsaftgetränk	120	10 %	12
Mischung	270	x	162

Gesucht ist der Anteil x an Fruchtsaft und Fruchtfleisch in der Mischung.
Man erhält die Gleichung:
$(150 + 120) \cdot x = 150 \cdot 1 + 120 \cdot 0{,}1$, also $x = 0{,}6$.
Die Mischung enthält 60 % Fruchtsaft und Fruchtfleisch, also mehr als die geforderten 50 %.

101 **1.** x: Volumen des 50 %igen Nektars (in l)

	Volumen (in l)	Anteil des reinen Saftes als Bruch	Volumen des reinen Saftes (in l)
90 %iger Nektar	5 000	$\frac{90}{100}$	4 500
50 %iger Nektar	x	$\frac{50}{100}$	$x \cdot 0{,}5$
zusammen	5 000 + x	$\frac{75}{100}$	$(5000 + x) \cdot 0{,}75$ $= 4500 + 0{,}5x$

Da 75 % näher an 90 % als an 50 % liegt, wird man weniger als 5 000 l hinzugießen müssen. 50 % und 90 % werden durch 75 % im Verhältnis 5 : 3 geteilt. Man wird also 5 Anteile 90 %igen Nektar und 3 Anteile 50 %igen Nektar benötigen, also 3 000 l vom 50 %igen Nektar.
Die genaue Rechnung ergibt:
Gleichung: $(5000 + x) \cdot 0{,}75 = 4500 + 0{,}5x$ *Lösung:* $x = 3000$

2.

	Masse (in kg)	Zinkanteil	Zink (in kg)
CuZn 30	240	30 %	72
CuZn 40	120	40 %	48
Mischung	360	x	120

Gleichung: $240 \cdot 0{,}3 + 120 \cdot 0{,}4 = 360 \cdot x$
$x = 0{,}\overline{3}$
Antwort: Das neue Messing hat einen Zinkanteil von $33\frac{1}{3}\,\%$.

101 3. x: Anteil des Fruchtsafts in der zweiten Sorte
Gleichung: $500 \cdot 0{,}7 + 800 \cdot x = 1\,300 \cdot 0{,}6$ *Lösung:* $x = 0{,}5375$
Antwort: Die zweite Sorte enthält 53,75 % Fruchtsaft.

4. x: Preis für 1 kg der anderen Sorte (in €)
Gleichung: $20 \cdot 10{,}50 + 6 \cdot x = 26 \cdot 12{,}00$ *Lösung:* $x = 17{,}00$
Antwort: 1 kg der anderen Sorte kostet 17,00 €.

5. a) Die Kühlflüssigkeit muss 2 l Frostschutzmittel enthalten.
x: Menge der abgelassenen Kühlflüssigkeit (in l)
Gleichung: $x + \left(\frac{5}{3} - \frac{1}{3}x\right) = 2$; $x = 0{,}5$
Antwort: Es muss 0,5 l Kühlflüssigkeit abgelassen werden.
b) Die Kühlflüssigkeit muss 2,5 l Frostschutzmittel enthalten.
x: Menge der ausgelassenen Kühlflüssigkeit (in l)
Gleichung: $x + \left(\frac{5}{3} - \frac{1}{3}x\right) = 2{,}5$; $x = 1{,}25$
Antwort: Es muss 1,25 l Kühlflüssigkeit abgelassen werden.

6. a) x: Gewicht der 15 %igen Essigsäure (in g)
Gleichung: $400 \cdot 0{,}6 + x \cdot 0{,}15 = (400 + x) \cdot 0{,}5$
Lösung: $x = 114\frac{2}{7} \approx 114{,}3$
Antwort: Man benötigt ungefähr 114,3 g der 15 %igen Essigsäure.
b) x: Konzentration der Essigsäure
Gleichung: $400 \cdot 0{,}6 + 200 \cdot x = 600 \cdot 0{,}5$
Lösung: $x = 0{,}3$
Antwort: Die Essigsäure muss 30 %ig sein.

2.12 Formeln – Gleichungen mit Parametern

2.12.1 Umformen von Formeln

102 **Einstieg:**

a) (1)

$$O = 4ah + 2a^2$$
$$168\,\text{cm}^2 = 4 \cdot 6\,\text{cm} \cdot h + 2 \cdot (6\,\text{cm})^2$$
$$168\,\text{cm}^2 = 24\,\text{cm} \cdot h + 72\,\text{cm}^2 \quad |-72\,\text{cm}^2$$
$$96\,\text{cm}^2 = 24\,\text{cm} \cdot h \quad |:24\,\text{cm}$$
$$4\,\text{cm} = h$$

Der Quader ist 4 cm hoch.

(2)

$$O = 4ah + 2a^2$$
$$166{,}32\,\text{cm}^2 = 4 \cdot 4{,}2\,\text{cm} \cdot h + 2 \cdot (4{,}2\,\text{cm})^2$$
$$166{,}32\,\text{cm}^2 = 16{,}8\,\text{cm} \cdot h + 35{,}28\,\text{cm}^2 \quad |-35{,}28\,\text{cm}^2$$
$$131{,}04\,\text{cm}^2 = 16{,}8\,\text{cm} \cdot h \quad |:16{,}8\,\text{cm}$$
$$7{,}8\,\text{cm} = h$$

Der Quader ist 7,8 cm hoch.

102 b) $O = 4ah + 2a^2 \quad |-2a^2$

$O - 2a^2 = 4ah \quad |:(4a)$

$\frac{O - 2a^2}{4a} = h$

$h = \frac{O - 2a^2}{4a}$

2. –

103 **3.** $a = \frac{V}{bc}$ $\left[b = \frac{V}{ac};\ c = \frac{V}{ab}\right]$

(1) $a = 37{,}5\,m$ (2) $b \approx 45{,}7\,cm$

4. $a = \frac{O - 2bc}{2b + 2c}$ $\left[b = \frac{O - 2ac}{2a + 2c};\ c = \frac{O - 2ab}{2a + 2b}\right]$

a) $c = 4{,}1\,cm$ **b)** $b = 2{,}9\,cm$ **c)** $c = 6{,}0\,cm$

5. Für die Gesamtkantenlänge k gilt:

$k = 4a + 4b + 4c = 4(a + b + c)$

$a = \frac{k - 4b - 4c}{4}$ $\left[b = \frac{k - 4a - 4c}{4};\ c = \frac{k - 4a - 4b}{4}\right]$

6. a)

Einkauf (in €)	Bonuspunkte	Bonuspunkte (gerundet)
19,95	1,49625	1
37,35	2,80125	2
259,00	19,425	19
79,53	5,96475	5

b) Formel für die ungerundeten Bonuspunkte B für den Einkauf E (in €):

$B = 0{,}075 \cdot E$

c)

Einkauf (in €)	Bonuspunkte	Bonuspunkte (gerundet)
32,56	2,442	2
49,87	3,74025	3
197,45	14,80875	14
299,00	22,425	22
275,89	20,69175	20

d) Sie muss noch für 173,34 € einkaufen.

e) $E = \frac{B}{0{,}075}$

7. a) $298{,}00\,€ : 1{,}19 = 250{,}42\,€$

b) $P_o = P_m : 1{,}19$;

P_o: Preis ohne Mehrwertsteuer; P_m: Preis mit Mehrwertsteuer

c)

P_m (in €)	P_o (in €)
239,00	200,84
199,95	168,03
159,00	133,61
395,00	331,93
99,99	84,03

2.12.2 Lösen von Gleichungen mit Parametern

104 **Einstieg:**

a) (1) $L = \{1\}$ (3) $L = \{9\}$ (5) $L = \{25\}$
(2) $L = \{4\}$ (4) $L = \{16\}$ (6) $L = \{36\}$

b) $(x + t)^2 - x(x + 2t) = x$ $L = \{t^2\}$

2. a) $L = \left\{\frac{a}{2}\right\}$ c) $L = \{10a\}$ e) $L = \{-4a\}$ g) $L = \left\{-\frac{4}{3}a\right\}$

b) $L = \{4a\}$ d) $L = \{-c\}$ f) $L = \{a\}$ h) $L = \left\{\frac{4-4a}{7}\right\}$

Im Blickpunkt: Trapez-Formeln erforschen

105 (1) $A = \frac{(a+c)\cdot h}{2}$

(2) $A = \frac{a\cdot h}{2} + \frac{c\cdot h}{2} = \frac{(a+c)\cdot h}{2}$

(3) $A = c\cdot h + \frac{(a-c)\cdot h}{2} = \frac{2\cdot c\cdot h}{2} + \frac{a\cdot h}{2} - \frac{c\cdot h}{2} = \frac{a\cdot h}{2} + \frac{c\cdot h}{2} = \frac{(a+c)\cdot h}{2}$

(4) $A = a\cdot h + \frac{(a-c)\cdot h}{2} = \frac{2\cdot a\cdot h}{2} - \frac{a\cdot h}{2} + \frac{c\cdot h}{2} = \frac{a\cdot h}{2} + \frac{c\cdot h}{2} = \frac{(a+c)\cdot h}{2}$

2.13 Gleichungen vom Typ $T_1 \cdot T_2 = 0$

106 **Einstieg:**

a) $L = \{-1; +3\}$; $L = \{2; 7\}$; $L = \{-3; 15\}$

b) Mindestens eine Klammer muss gleich 0 sein.

107 1. a) $L = \{4; 9\}$ f) $L = \{0; 0{,}1\}$ k) $L = \{-1; -3\}$

b) $L = \{8; -1\}$ g) $L = \{2; -4\}$ l) $L = \{-7; 7\}$

c) $L = \{1{,}5; 2\}$ h) $L = \{0; -5\}$ m) $L = \left\{0; -\frac{12}{5}\right\}$

d) $L = \{-1{,}1; -6{,}6\}$ i) $L = \left\{\frac{1}{2}; -3\right\}$ n) $L = \left\{0; \frac{3}{2}\right\}$

e) $L = \{0; 10\}$ j) $L = \{-3; 7\}$ o) $L = \{0; 5\}$

2. *Beispiele:*

a) $(x-4)(x-8) = 0$ c) $(x+2)(x+5) = 0$ e) $\left(x - \frac{3}{4}\right)\left(x + \frac{1}{2}\right) = 0$

b) $(x+7)(x-3) = 0$ d) $(x-6)x = 0$

3. Tina: richtig
Sarah: richtig
Tobias: richtig
Tom: $L = \{3\}$
Urs: $(x-3)^2 = (x-3)(x-3)$; $L = \{3\}$ (siehe Tobias)

107 4. a) $L=\{0; 7\}$ d) $L=\{-3; 3\}$ g) $L=\{-2; 2\}$ j) $L=\left\{0; -\frac{5}{3}\right\}$

b) $L=\{0; -5\}$ e) $L=\{-8; 8\}$ h) $L=\{-1; 1\}$ k) $L=\left\{0; \frac{1}{7}\right\}$

c) $L=\{0; 4\}$ f) $L=\{-5; 5\}$ i) $L=\{-2; 2\}$ l) $L=\left\{0; -\frac{3}{2}\right\}$

5. a) $L=\{2\}$ c) $L=\{-12\}$ e) $L=\{0; 7\}$
b) $L=\{-5\}$ d) $L=\{0{,}1\}$ f) $L=\{0; -2\}$

6. a) $(3x-21)(5x-25)=0$ d) $(-7x+7)\,8x=0$
b) $\big(2x+(-16)\big)(4x-12)=0$ e) $(10x-1)(x+6)=0$
c) $(7x-0)(3x+9)=0$ f) $(2x+8)(x+4)=0$

Das kann ich noch!

A) Alter von Fabian: x
Alter von Anna: x – 8
Alter von Jolien: x – 6
Gleichung:

$$x+(x-8)+(x-6)=46$$
$$3x-14=46 \quad |+14$$
$$3x=60 \quad |:3$$
$$x=20$$

Fabian ist 20 Jahre alt, Anna ist 12 Jahre alt und Jolien 14 Jahre alt.

2.14 Aufgaben zur Vertiefung

108 1. a) Man erhält alle geraden Zahlen.
b) (1) $2n-1$ (2) $2n+1$
c) $(n+1)^2-n^2=2n+1$ Dies sind alle ungeraden Zahlen ab 3.

2. a) (1) Die Anzahl der Punkte sind ein Vielfaches von 4.
(2) Bei n Punkten pro Seite sind es insgesamt $(n-1)\cdot 4$ Punkte.
b) Bei n Punkten pro Seite sind es insgesamt $(n-1)\cdot 3$ Punkte.

3. a) Das Produkt aus einer natürlichen Zahl n und der übernächsten natürlichen Zahl $(n+2)$ ist n^2+2n.
b) Summe der Quadrate: $n^2+(n+1)^2=n^2+n^2+2n+1=2n^2+2n+1$
Doppeltes Produkt: $2\cdot\big(n\cdot(n+1)\big)=2\cdot(n^2+n)=2n^2+2n$

108

4. a) $(a+b+c)^2 = (a+b+c)(a+b+c)$
$= a^2 + ab + ac + ab + b^2 + bc + ac + bc + c^2$
$= a^2 + b^2 + c^2 + 2ab + 2ac + 2bc$

b) Für rationale Zahlen r, s und t gilt:
$(r+s+t)^2 = (r+s+t)(r+s+t)$
$= r\cdot(r+s+t) + s\cdot(r+s+t) + t\cdot(r+s+t)$
$= r^2 + rs + rt + rs + s^2 + st + rt + st + t^2$
$= r^2 + s^2 + t^2 + 2rs + 2rt + 2st$

c) (1) $a^2 + b^2 + c^2 - 2ab + 2ac - 2bc$
(2) $a^2 + b^2 + c^2 + 2ab - 2ac - 2bc$
(3) $16a^2 + 4b^2 + 9c^2 + 16ab + 24ac + 12bc$
(4) $49a^2 + 4b^2 + 64c^2 - 28ab - 112ac + 32bc$
(5) $p^4 - 6p^3 + 11p^2 - 6p + 1$
(6) $4a^4 + b^4 + 9c^2 + 4a^2b^2 + 12a^2c + 6b^2c$

d) –

5. a) (1) blau: $2a^2 - \frac{a^2}{2} - \frac{2a^2}{2} - \frac{\frac{1}{4}a^2}{2} = \frac{3}{8}$
(2) silber: $2a^2 - \frac{3a^2}{8} = \frac{13}{8}a^2$

b) (1) blau: $A = 1{,}5\,cm^2$ silber: $A = 7{,}5\,cm^2$
(2) blau: $A = \frac{75}{8}\,cm^2 = 9{,}375\,cm^2$ silber: $A = \frac{325}{8}\,cm^2 = 40{,}625\,cm^2$
(3) blau: $A = 337{,}5\,cm^2$ silber: $A = 1\,462{,}5\,cm^2$

3. Dreiecke und Vierecke

111 **Einstiegsseite:**

- Die Seitenlängen der Vielecke bzw. Seitenlängen und Winkel. Winkel alleine reichen nicht.
- Da alle Vielecke einen, zwei oder vier rechte Winkel besitzen, reicht beim rechtwinkligen Dreieck die Länge zweier Seiten, bei den Rechtecken die Länge und die Breite, beim Trapez die Längen der drei den rechten Winkeln anliegenden Seiten.
- Rechtecke kann man einfach umdrehen, Dreiecke und Trapeze in der Regel nicht.

Lernfeld: Passgenaue Figuren

112 **1. Auftrag: Konstruktion von Dreiecken**

- Bei Angabe von mindestens drei Angaben (egal ob Winkel oder Seitenlänge) ist die Zeichnung eines Dreiecks möglich. Das Dreieck stimmt mit den eigenen Angaben überein, wenn drei Seitenlängen, oder zwei Seiten und der eingeschlossene Winkel oder zwei Seiten und der Winkel, der der längeren Seite gegenüber liegt, oder eine Seite und zwei Winkel gegeben sind.
- Eine Zeichnung ist nicht möglich, wenn die Winkelsumme 180° übersteigt oder eine Seitenlänge zu kurz ist.

2. Auftrag: Passt genau oder nicht?

Hier sollen erste Erfahrungen mit passgenauen Dreiecken gemacht werden. Der Nachweis kann auch gut mit Transparentpapier erfolgen. Vermutlich werden verschiedene „Kongruenzsätze“ entdeckt werden (drei Stücke müssen übereinstimmen). Bei den Vierecken ergibt sich dann die (überraschende) Erkenntnis, dass mehr als vier Stücke paarweise übereinstimmen müssen. Dies wird später bei der Konstruktion von Vierecken wieder aufgegriffen.

- D1 und D7, D5 und D6, D3 und D4, D2 bleibt übrig.
- Keine Lösungen.

3. Auftrag: Winkel in großen Figuren

Hier soll intuitiv mit dem Kongruenzsatz sss umgegangen werden: wenn die drei Seiten paarweise übereinstimmen, dann auch die Winkel. Diese Erkenntnis ergibt sich besonders gut, wenn verschiedene Gruppen beim Zeichnen auch verschiedene Maßstäbe nehmen. Eventuell wird auch die Umkehrung problematisiert.

- Keine Lösungen
- Keine Lösungen

3.1 Kongruente Figuren

113 **Einstieg:**
Die Karte oben links gehört zur Karte oben rechts, die Karte unten links gehört zur Karte unten rechts und die beiden mittigen Karten gehören zusammen.

114 2. (1)

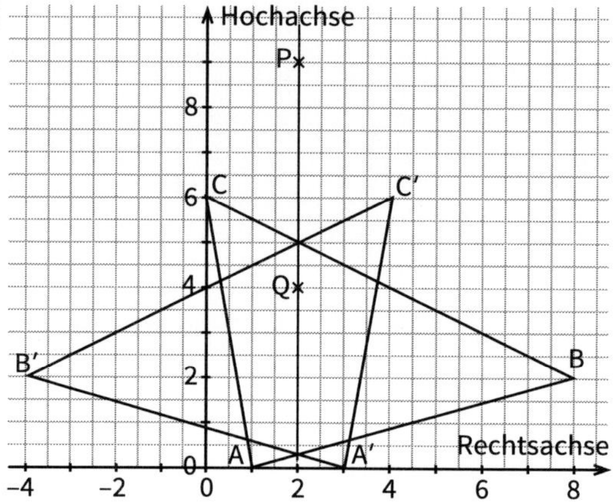

(2)

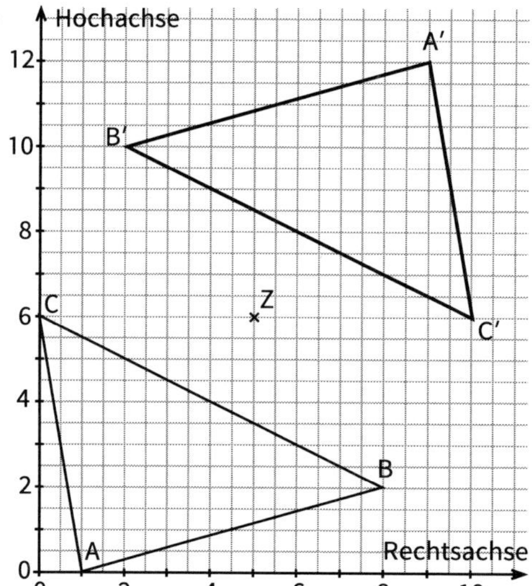

114 **2.** (3)

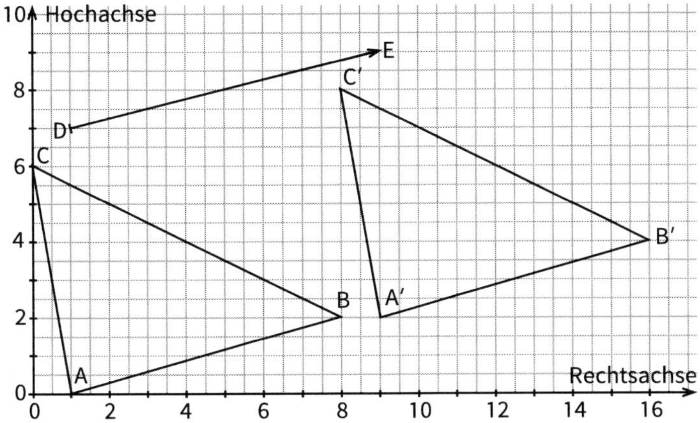

(4)

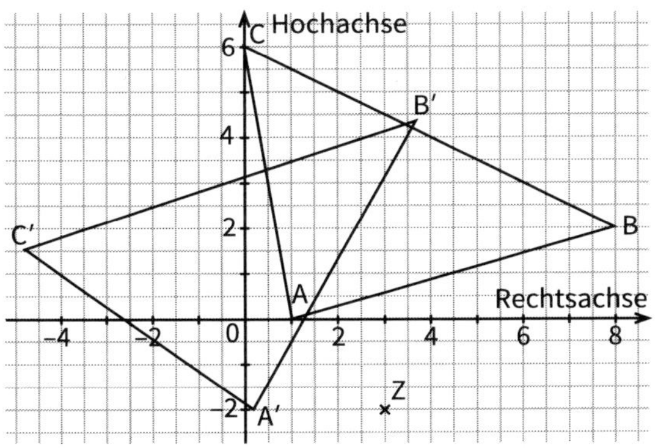

Da sich bei Spiegelungen an einer Geraden bzw. an einem Punkt sowie bei Verschiebungen und Drehungen die Länge von Seiten und die Größe von Winkeln nicht ändern, ist das Bilddreieck kongruent zum gegebenen Dreieck. Bei der Spiegelung an einer Geraden muss man jedoch das Bilddreieck A'B'C' umklappen, wenn man es mit dem Dreieck ABC zur Deckung bringen will.

3. Druckfehler: Im Bild müssen die Schuhabdrücke von Susi Kittchen entfernt werden.
Susi Kittchen gehört nicht zu den Tätern.

115 **4.** **a)** ABC ≅ PQR (a = p, b = q, c = r)

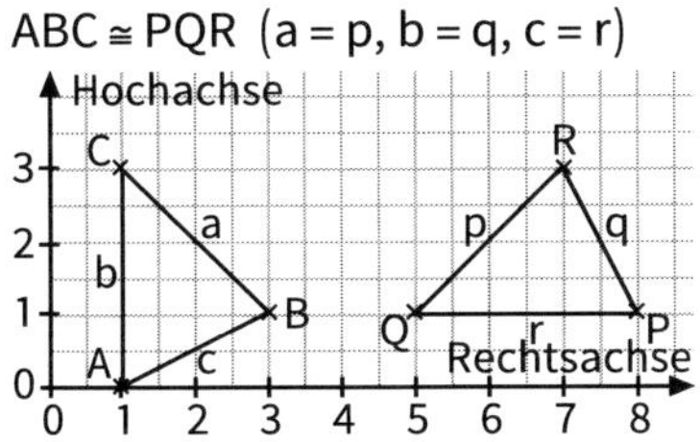

b) ABC ≅ PQR (a = q, b = r, c = p)

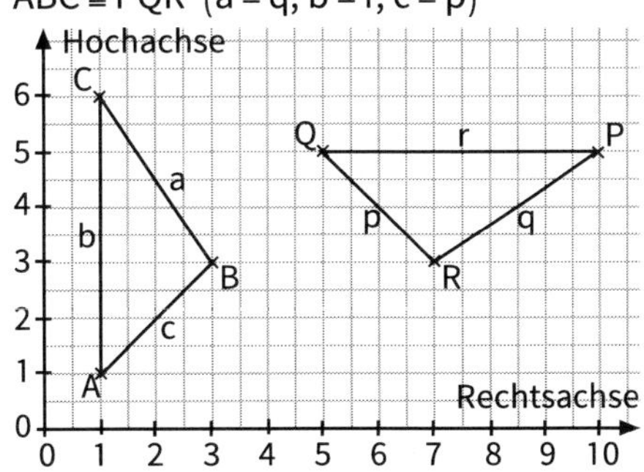

115

4. c) ABC ≅ PQR (a = q, b = p, c = r)

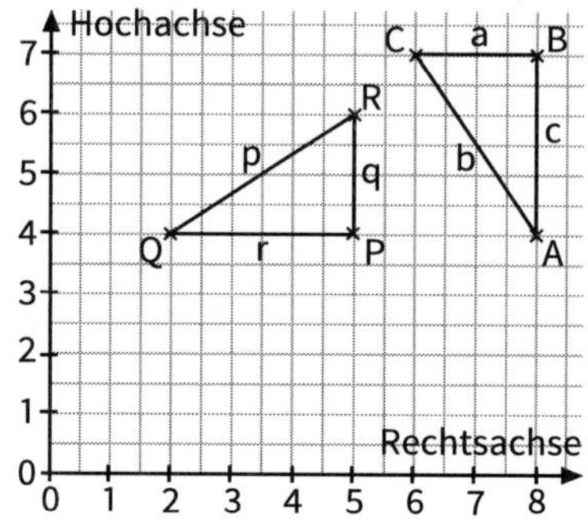

d) ABC ≇ PQR

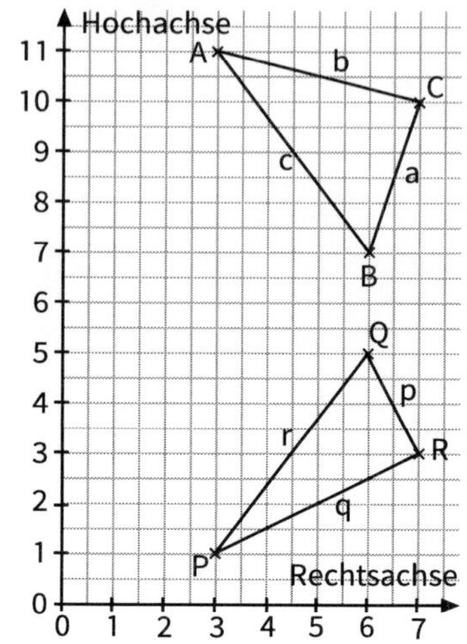

5. a)

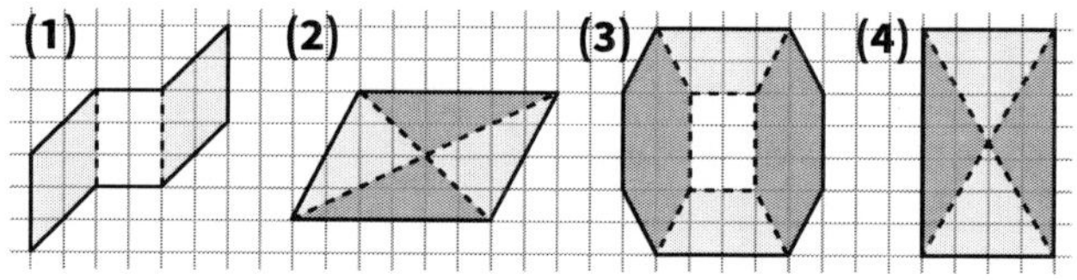

b) –

6. a) Radien gleich lang
b) Seiten gleich lang
c) Seiten jeweils gleich lang

7. a) Falsch; Gegenbeispiel siehe rechts.
b) Das gilt für alle regelmäßigen Vielecke und für Kreise.

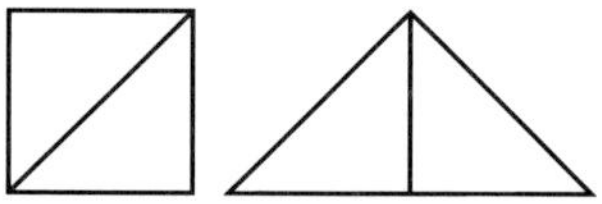

8. a) ABCD ≅ EFGH   ABFE ≅ DCGH   BCGF ≅ ADHE
Bei einem Würfel sind alle Seitenflächen kongruent zueinander.
b) ABS ≅ BCS ≅ CDS ≅ DAS

9. *Beispiele:*

a) (1)

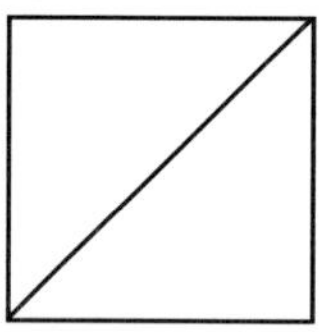

(2)

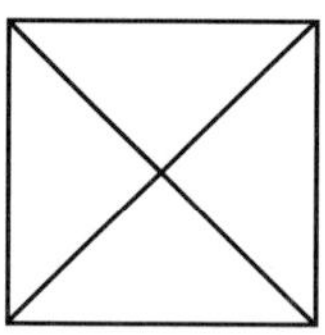

(3)

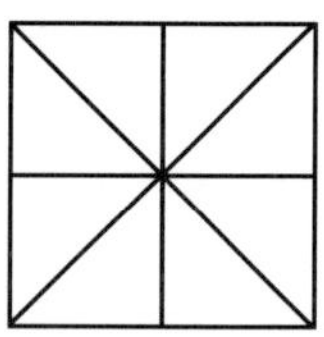

115 9. b) (1)

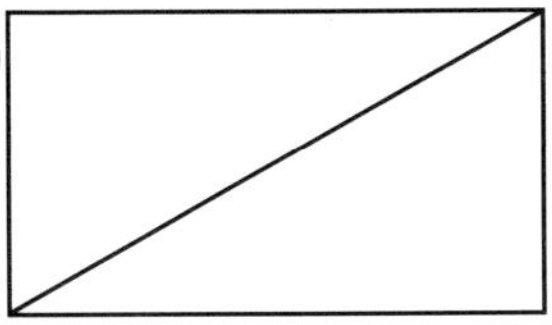

(3)

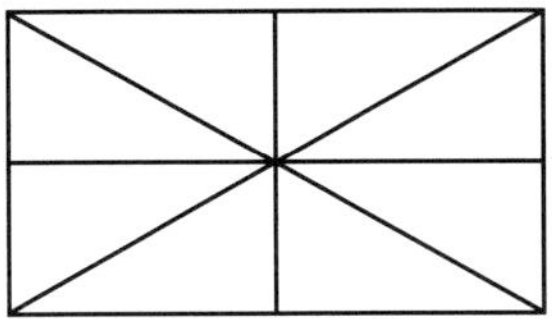

(2)

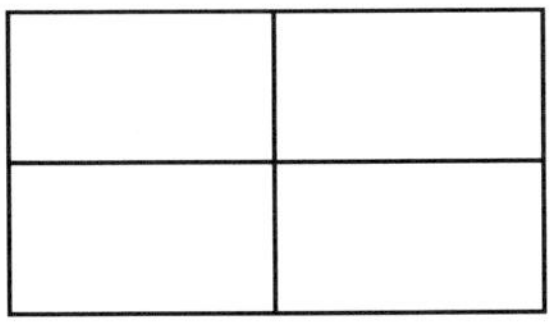

10. a)

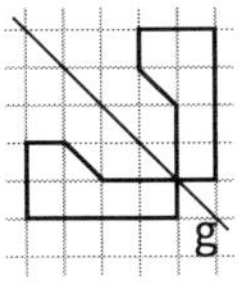

b)

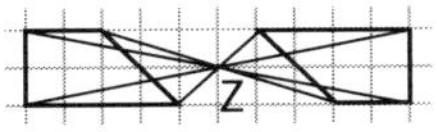

c)

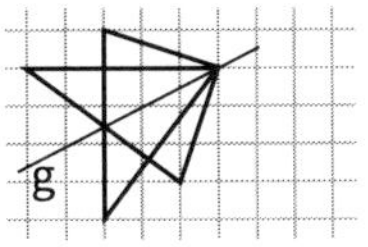

d)

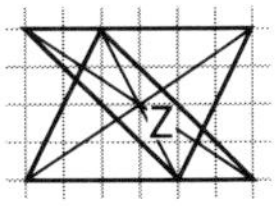

Im Blickpunkt: Optische Täuschungen: Schau genau hin – miss nach

116 1. Die inneren Figuren sind jeweils gleich groß.

2. a) Die untere Figur erscheint größer.
   b) Beide Figuren sind kongruent zueinander.
   c) Sie erscheinen beide gleich groß.
   d) Die unterste Fläche erscheint am größten.

3. Die Parallelogramme haben gleich lange Seiten.

4. –

3.2 Dreieckskonstruktionen – Kongruenzsätze

117 **Einstieg 1:**
Bei mindestens drei Angaben (egal ob Winkel oder Seitenlänge) ist die Zeichnung eines Dreiecks möglich. Das Dreieck stimmt mit den eigenen Angaben überein, wenn drei Seitenlängen oder zwei Seiten und der eingeschlossene Winkel, oder zwei Seiten und der Winkel, der der längeren Seite gegenüber liegt, oder eine Seite und zwei Winkelgrößen gegeben sind.

Einstieg 2:
Es gelingt nur in zwei Fällen, ein Dreieck zu konstruieren, das nicht kongruent zum Ausgangsdreieck ist:
Zum einen, wenn man zwei Seiten und einen Winkel gegeben hat und dieser Winkel gegenüber der kürzeren Seite liegt. Zum anderen, wenn alle drei Winkel gegeben sind, aber keine Seitenlänge.

120 3. a) *Konstruktionsbeschreibung:*
(1) Zeichne $\overline{AB}$ mit $c = 6{,}9\,cm$.
(2) Trage an $\overline{AB}$ in A den Winkel $\alpha = 26°$ an.
(3) Trage an $\overline{AB}$ in B den Winkel $\beta = 45°$ an.
Der Schnittpunkt der Schenkel von α und β ist der Eckpunkt C.
Wir erhalten das Dreieck ABC mit $\gamma = 109°$, $a \approx 3{,}2\,cm$, $b \approx 5{,}2\,cm$
b) Siehe Merksatz im Schülerbuch unter der Aufgabe.
c) Man berechnet den fehlenden Winkel mit Hilfe des Winkelsummensatzes.

121 4. c muss kleiner als die Summe der Seitenlängen von a und b sein, da sich sonst die Kreise um die Endpunkte von c mit den Radien a bzw. b nicht schneiden, also muss c kürzer als 11 cm sein.
Ebenso muss c größer als die Differenz von a und b sein, also länger als 3 cm.

5. $\alpha \approx 30°$, $\beta \approx 45°$, $\gamma \approx 105°$

6. $\alpha = 59°$, $\beta = 35°$, $\gamma = 86°$

7. $2{,}4\,cm + 1{,}8\,cm = 4{,}2\,cm < 4{,}4\,cm$
Das Dreieck kann nicht gezeichnet werden, denn es muss $a + b > c$ gelten.

8. a) $\alpha \approx 36°$, $\beta \approx 44°$, $\gamma \approx 100°$
b) Kein Dreieck; $b + c = a$
c) Kein Dreieck; $a + c < b$
d) $\alpha \approx 104°$, $\beta \approx 46°$, $\gamma \approx 29°$
e) $\alpha \approx 124°$, $\beta \approx 15°$, $\gamma \approx 41°$
f) Kein Dreieck; $a + b < c$
g) Kein Dreieck; $a + c = b$
h) $\alpha = 116°$, $\beta \approx 44°$, $\gamma \approx 20°$
i) Kein Dreieck; $b + c = a$

122 9. a) $c \approx 5{,}1\,cm$, $\alpha \approx 57°$, $\beta \approx 65°$, $\gamma \approx 58°$;
ungefähre Koordinaten des dritten Eckpunktes: $C(3\,|\,7)$
b) $a \approx 5{,}8\,cm$, $\alpha \approx 84°$, $\beta \approx 37°$, $\gamma \approx 59°$;
ungefähre Koordinaten des dritten Eckpunktes: $A(8{,}0\,|\,4{,}5)$
c) $b \approx 5{,}8\,cm$, $\alpha \approx 20°$, $\beta \approx 49°$, $\gamma \approx 111°$;
ungefähre Koordinaten des dritten Eckpunktes: $B(3{,}4\,|\,-1{,}0)$
d) $c \approx 5{,}1\,cm$, $\alpha \approx 34°$, $\beta \approx 93°$, $\gamma \approx 53°$;
ungefähre Koordinaten des dritten Eckpunktes: $C(6{,}5\,|\,7{,}6)$

10. $\alpha \approx 28°$

11. a) Dreieck: nein, Rechteck: ja
b) Weil das Tor sonst nur aus einzelnen Rechtecken bestehen würde. Dann wäre es instabil, vgl. Teilaufgabe a).
c) Sind sie nicht, weil die Winkel unterschiedlich groß sein können. Z. B. müssen ein Quadrat und eine Raute mit gleicher Seitenlänge nicht kongruent zueinander sein.

122 **12.** Kreis um A mit $r = 8\,cm$; Schnittpunkt mit dem freien Schenkel ergibt den Eckpunkt C. $a \approx 8{,}2\,cm$; $\beta \approx 66{,}5°$, $\gamma \approx 43{,}5°$

13. a) (1) Zeichne $\overline{AC}$ mit $b = 5{,}5\,cm$.
(2) Trage in C den Winkel γ an.
(3) Zeichne Kreis um C mit Radius a; bezeichne den Schnittpunkt des Kreises mit dem Schenkel von γ mit B.
(4) Zeichne das Dreieck ABC.
$c \approx 7{,}5\,cm$, $\alpha \approx 26°$, $\beta \approx 44°$

b) Folgende Seiten und Winkel können gegeben sein: a, b, γ; b, c, α; a, c, β
Der Winkel muss kleiner als 180° sein.

14. a) $a \approx 9{,}0\,cm$, $\beta \approx 49°$, $\gamma \approx 31°$
b) $b \approx 5{,}8\,cm$, $\alpha \approx 30°$, $\gamma \approx 95°$
c) $c \approx 4{,}8\,cm$, $\alpha \approx 58°$, $\beta \approx 41°$
d) $b \approx 8{,}3\,cm$, $\alpha \approx 39°$, $\gamma \approx 15°$

123 **15.** $|BC| \approx 8{,}3\,km$

16. (1) Die Dreiecke stimmen in zwei Seiten und dem eingeschlossenen Winkel überein, sind also zueinander kongruent.
(2) Die Dreiecke stimmen in zwei Seiten und dem eingeschlossenen Winkel überein, sind also zueinander kongruent.

17. Es gibt hier drei Fälle: Der Kreis um B mit dem Radius $\overline{BC}$ schneidet den zweiten Schenkel des Winkels α nicht, er berührt den Schenkel in einem Punkt oder schneidet ihn in zwei Punkten. Man erhält also entweder kein Dreieck, genau ein Dreieck oder sogar zwei nicht zueinander kongruente Dreiecke.

18. *Konstruktionsbeschreibung:*
(1) Zeichne $\overline{BC}$ mit $a = 5\,cm$.
(2) Trage in B den Winkel $\beta = 65°$ an.
(3) Zeichne um C einen Kreis mit dem Radius $b = 7{,}5\,cm$; bezeichne den Schnittpunkt des Kreises mit einem freien Schenkel von β mit C.
(4) Zeichne das Dreieck ABC.
$c \approx 8{,}1\,cm$, $\alpha \approx 37°$, $\gamma \approx 78°$

19. a) $a \approx 5{,}6\,cm$, $\alpha \approx 44°$, $\beta \approx 49°$
b) $c \approx 3{,}6\,cm$, $\beta \approx 38°$, $\gamma \approx 32°$

20. (1) *1. Lösung:* $b \approx 10{,}0\,cm$, $\beta \approx 86°$, $\gamma \approx 64°$
2. Lösung: $b \approx 5{,}6\,cm$, $\beta \approx 34°$, $\gamma \approx 116°$
(2) Zeichnerisch erhält man genau eine Lösung:
$b \approx 7{,}5\,cm$, $\beta \approx 56°$, $\gamma \approx 90°$
(3) Es gibt keine Lösung, da der Kreis um B mit dem Radius $a = 5\,cm$ den anderen Schenkel von α nicht schneidet.

123

21. *Zum Beispiel:*
1. Dreieck: $c \approx 8{,}7\,\text{cm}$, $\alpha \approx 53°$, $\gamma \approx 92°$
2. Dreieck: $c \approx 2{,}8\,\text{cm}$, $\alpha \approx 127°$, $\gamma \approx 18°$

22. Man erhält zwei Lösungen:
$|AB| \approx 900\,\text{m}$ oder $|AB| \approx 105\,\text{m}$
Aus dem Bild erkennt man, dass nur 900 m infrage kommt.

124

23. $c \approx 3\,\text{cm}$, $\beta = 47°$, $\gamma = 43°$

24. –

25. Er muss in B noch den Winkel $\beta = 20°$ antragen. Der Schnittpunkt der Schenkel von α und β ist der Eckpunkt C. $\gamma = 50°$, $a \approx 8{,}6\,\text{cm}$, $b \approx 3{,}1\,\text{cm}$

26. a) *Konstruktionsbeschreibung:*
(1) Zeichne $\overline{AC}$ mit $b = 4\,\text{cm}$.
(2) Trage in A den Winkel $\alpha = 40°$ an.
(3) Trage in C den Winkel $\gamma = 65°$ an; bezeichne den Schnittpunkt der beiden Schenkel mit B.
(4) Zeichne das Dreieck ABC.
$\beta = 75°$, $a \approx 2{,}7\,\text{cm}$, $c \approx 3{,}8\,\text{cm}$

b) Es können folgende Daten gegeben sein:
a, β, γ oder b, α, γ oder c, α, β.
Für die gegebenen Winkel gilt, dass ihre Summe kleiner als 180° sein muss.

27. a) $a \approx 12{,}0\,\text{cm}$, $b \approx 6{,}4\,\text{cm}$, $\gamma = 40°$
b) $a \approx 2{,}9\,\text{cm}$, $c \approx 3{,}5\,\text{cm}$, $\beta = 86°$
c) $b \approx 8{,}8\,\text{cm}$, $c \approx 5{,}3\,\text{cm}$, $\alpha = 56°$
d) $a \approx 6{,}8\,\text{cm}$, $b \approx 10{,}0\,\text{cm}$, $\gamma = 30°$

28. $|AC| \approx 1{,}7\,\text{km}$; $|BC| \approx 2{,}3\,\text{km}$

29. (1) Die Dreiecke sind zueinander kongruent, weil sie in einer Seite und den beiden anliegenden Winkeln $(\gamma_1 = 37°)$ übereinstimmen.
(2) Die Dreiecke sind nicht zueinander kongruent, da die der gegebenen Seiten anliegenden Winkel unterschiedlich groß sind $(\alpha_1 = 49°)$.

30. Er muss den Abstand h von dem Eckpunkt C bis zur Seite $\overline{AB}$ bestimmen.
$\gamma = 67°$, $|BC| \approx 38{,}4\,\text{m}$, $|AC| \approx 33{,}8\,\text{m}$; $h \approx 29{,}8\,\text{m}$

125

31. –

125

32. a) $c \approx 5{,}0\,\text{cm}$, $\alpha \approx 66°$, $\beta \approx 47°$ (sws)
b) $b \approx 11{,}2\,\text{cm}$, $\alpha \approx 32°$, $\beta \approx 95°$ (Ssw)
c) Kein Dreieck; $b + c < a$
d) $\alpha = 80°$, $b \approx 3{,}8\,\text{cm}$, $c \approx 3{,}1\,\text{cm}$ (wsw)
e) $\alpha \approx 102°$, $\beta \approx 44°$, $\gamma \approx 34°$ (sss)
f) $\gamma = 75°$, $a \approx 3{,}8\,\text{cm}$, $b \approx 4{,}8\,\text{cm}$ (wsw)
g) Kein Dreieck; $\alpha + \gamma > 180°$
h) $a \approx 4{,}8\,\text{cm}$, $\gamma \approx 40°$, $\beta \approx 104°$ (sws)
i) $\alpha \approx 53°$, $\beta \approx 37°$, $\gamma \approx 90°$ (sss)
j) $\alpha \approx 26°$, $\gamma \approx 107°$, $c \approx 6{,}5\,\text{cm}$ (Ssw)
k) Kein Dreieck; Kreisbogen um B mit dem Radius $a = 4{,}2\,\text{cm}$ schneidet nicht den Schenkel von α.
l) $\alpha \approx 90°$, $\beta \approx 55°$, $\gamma \approx 35°$ (sss)
m) $b \approx 1{,}2\,\text{cm}$, $\alpha \approx 43°$, $\beta \approx 8°$ (Ssw)
n) $\alpha = 93°$, $a \approx 15{,}0\,\text{cm}$, $c \approx 13{,}4\,\text{cm}$ (wsw)
o) $b \approx 4{,}8\,\text{cm}$, $\alpha \approx 63°$, $\gamma \approx 39°$ (sws)
p) Kein Dreieck; $\beta + \gamma > 180°$
q) $\gamma = 90°$, $c \approx 6{,}4\,\text{cm}$, $b \approx 3{,}8\,\text{cm}$ (wsw)
r) $\beta = 55°$, $a \approx 5{,}3\,\text{cm}$, $c \approx 2{,}3\,\text{cm}$ (wsw)

33. Die Winkelsumme muss 180° sein. Die Lösungsdreiecke sind nur kongruent zueinander, wenn zwei entsprechende Seiten gleich lang sind.

34. a) $|AB| \approx 7{,}1\,\text{km}$
b) Der zweite Winkel im Dreieck ist dann der Nebenwinkel zu dem gemessenen Winkel, also $180° - 108° = 72°$ groß. Der Winkel beim Leuchtturm ist 31° groß. Die Strecke zwischen den Messpunkten ist 9,75 km lang. Die Geschwindigkeit des Schiffes beträgt $19{,}5\,\frac{\text{km}}{\text{h}}$.
c) $\alpha \approx 102°$, $\beta \approx 33°$, $\gamma \approx 45°$

35. Man kann die Dreiecke nur eindeutig nachzeichnen, wenn durch die Vorgabe der Strecke einer der Kongruenzsätze gilt.

125 **36.**

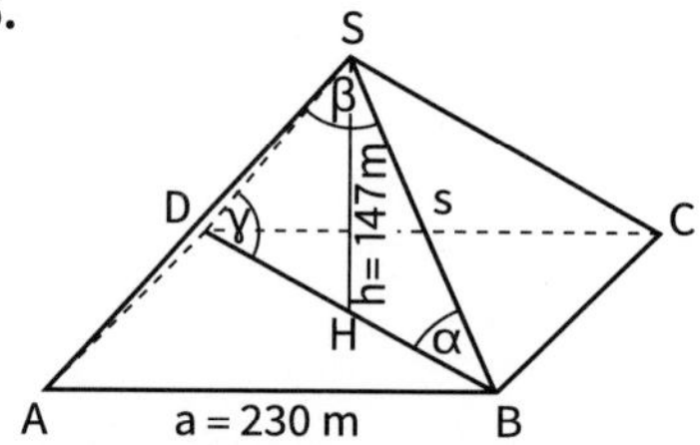

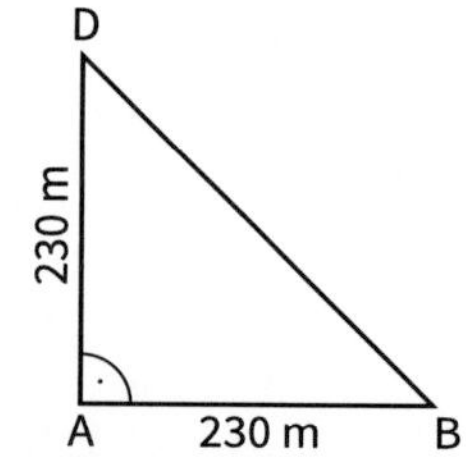

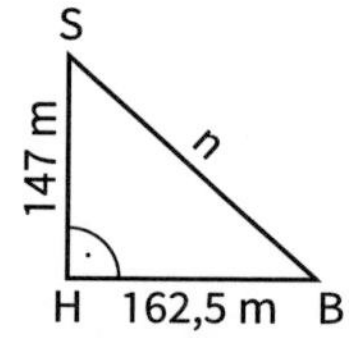

Wir bestimmen zunächst zeichnerisch die Länge der Diagonalen d der Grundfläche der Pyramide, also die Länge der Strecke $\overline{BD}$ im rechtwinkligen Dreieck ABD mit $|AB| = |AD| = 230\,m$.
Wir erhalten $|BD| \approx 325\,m$.
$|BD|$ ist die Basis im gleichschenkligen Dreieck DBS. Der Eckpunkt S liegt senkrecht über dem Mittelpunkt H der Strecke $\overline{BD}$.
Wir zeichnen das rechtwinklige Dreieck HBS mit $|HS| = 147\,m$ und $|HB| = 325\,m : 2 = 162{,}5\,m$.
Wir erhalten $s \approx 219\,m$, $\alpha \approx 42°$, $\beta \approx 42°$, $\gamma \approx 96°$.

126 **37.** Wir bestimmen fehlende Längen zeichnerisch.

a)

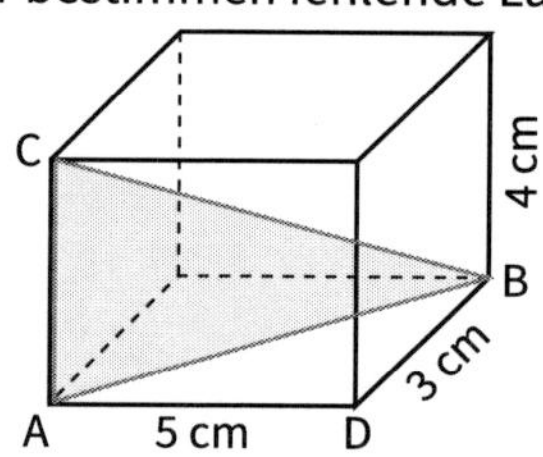

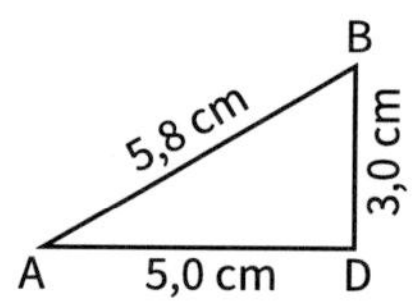

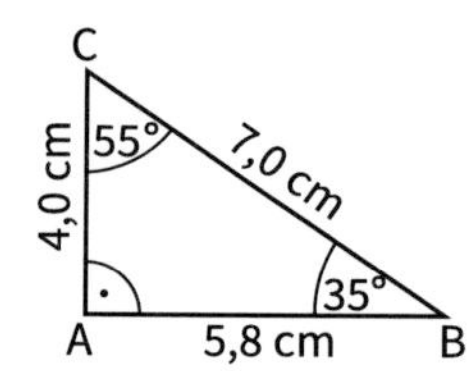

Wir zeichnen das rechtwinklige Dreieck ADB und erhalten $|AB| \approx 5{,}8\,cm$. Nun zeichnen wir das rechtwinklige Dreieck ABC und erhalten die im rechten Bild angegebenen Maße.

b)

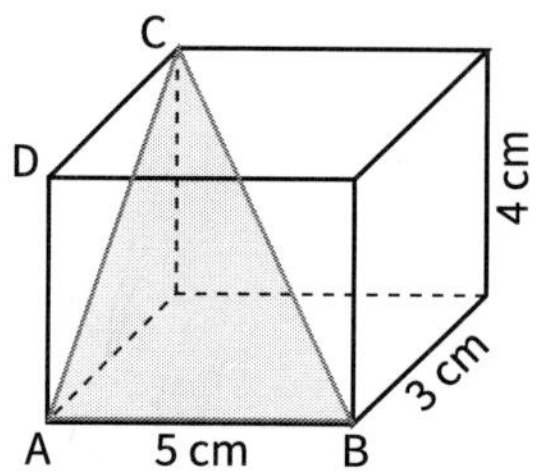

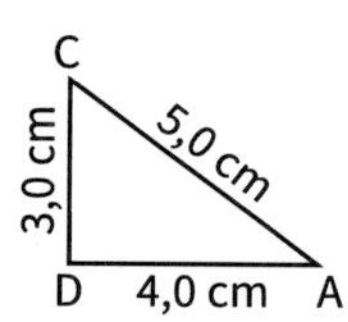

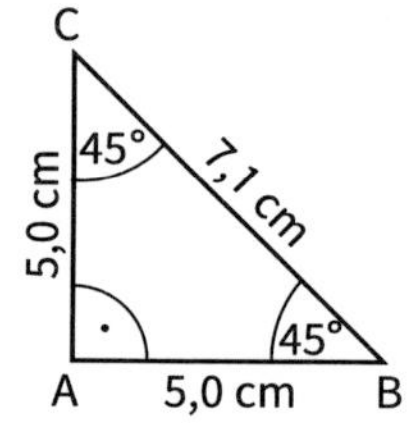

Wir zeichnen das rechtwinklige Dreieck ACD und erhalten $|AC| = 5{,}0$. Nun zeichnen wir das rechtwinklige Dreieck ABC und erhalten die im rechten Bild angegebenen Maße.

126 **37. c)**

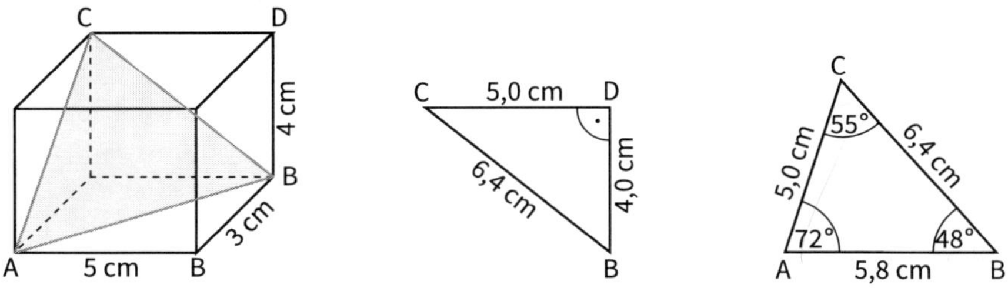

Die Längen der Seiten $\overline{AB}$ und $\overline{AC}$ haben wir in den Teilaufgaben a) und b) bestimmt: $|AB| \approx 5{,}8\,cm$ und $|AC| = 5{,}0\,cm$.
Die Länge der Seite $\overline{BC}$ bestimmen wir im rechtwinkligen Dreieck BDC und erhalten $|BC| \approx 6{,}4\,cm$.
Wir können nun das Dreieck ABC aus den drei Seitenlängen konstruieren und erhalten die im rechten Bild angegebenen Maße.

38. a) Man bestimmt die Länge zeichnerisch wie z. B. die Länge der Strecke $\overline{BC}$ in Aufgabe 37 a). Für ein Postpaket der Größe L darf der Stab höchstens 60,4 cm lang sein.

b) –

39. Der Fluss ist 47 m breit.

40. Der Drachen fliegt etwa 16,58 m hoch.

41. a) $\delta = 58°$ **b)** $\delta = 81°$

42. AD ist Symmetrieachse des Dreiecks.
$|BD| = |DC|$ (nach Voraussetzung)
$\beta = \gamma$ (nach Voraussetzung)
Da AD Symmetrieachse ist, sind die Winkel bei D beide 90° groß.
Die Dreiecke ABD und ADC sind nach dem Kongruenzsatz wsw zueinander kongruent.

3.3 Konstruktion von Vierecken

127 **Einstieg:**

Die Aussage: „Um ein Dreieck zu konstruieren, reichen drei geeignete Stücke.“, ist richtig.
Die Aussage: „Um ein Viereck zu konstruieren, reichen vier geeignete Stücke.“, ist falsch, denn konstruiert man ein beliebiges Viereck aus vier gegebenen Seitenlängen, so ist das Viereck nicht stabil, d. h., man kann die Winkel verändern.
Die Aussage: „Manchmal genügt für ein Viereck auch nur ein Stück.“, ist richtig, denn zum Konstruieren eines Quadrats benötigt man nur eine Seitenlänge.

128 **2.** Aufgrund der Symmetrie kennt man jeweils auch die Symmetriepartner der gegebenen Stücke. Dadurch kommt man mit weniger Stücken aus. Beim Quadrat und beim Rechteck sind zusätzlich die Winkel immer rechte Winkel, müssen also nicht noch angegeben werden.
Beim Quadrat benötigt man eine Seitenlänge, insgesamt also ein Stück.
Beim Rechteck benötigt man die Seitenlängen zweier benachbarten Seiten, insgesamt also zwei Stücke.
Bei der Raute benötigt man eine Seitenlänge und die Größe eines Winkels, insgesamt also zwei Stücke.
Beim Parallelogramm benötigt man die Seitenlängen zweier anliegender Seiten und die Größe eines Winkels, insgesamt also drei Stücke.
Beim gleichschenkligen Trapez benötigt man die Seitenlängen der beiden zueinander parallelen Seiten und die Länge eines Schenkels bzw. die Größe eines Winkels, insgesamt also drei Stücke.
Beim Drachenviereck benötigt man die Seitenlängen der beiden benachbarten Seiten sowie den Winkel zwischen diesen beiden Seiten, insgesamt also mindestens drei Stücke. (Die Größe eines anliegenden Winkels reicht nicht.)

129 **3.** Mit diesen vier Größen ist das Viereck nicht eindeutig bestimmt.

4. a) (1) Zeichne die Strecke $\overline{AB}$ mit $a = 6\,cm$.
(2) Zeichne um B einen Kreis mit dem Radius $b = 3{,}5\,cm$ und um A einen Kreis mit dem Radius $e = 4{,}5\,cm$; ein Schnittpunkt der beiden Kreise ist der Punkt C.
(3) Trage in A an $\overline{AB}$ den Winkel $\alpha = 53°$ an; trage auf dem freien Schenkel von A aus eine Strecke der Länge $d = 3\,cm$ ab; der Endpunkt ist der Punkt D.

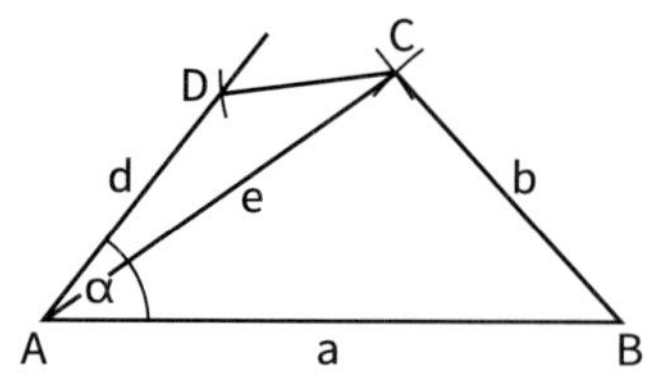

Man erhält das Viereck ABCD mit:
$a = 6\,cm$, $b = 3{,}5\,cm$, $c \approx 1{,}9\,cm$, $d = 3\,cm$,
$\alpha = 53°$, $\beta \approx 48°$, $\gamma \approx 125°$, $\delta \approx 134°$,
$e = 4{,}5\,cm$, $f \approx 4{,}8\,cm$

b) (1) Zeichne die Strecke $\overline{AB}$ mit $a = 6{,}5\,cm$.
(2) Trage an $\overline{AB}$ in A den Winkel $\alpha = 50°$ an; trage auf dem freien Schenkel von A aus eine Strecke der Länge $d = 2{,}5\,cm$ ab; der Endpunkt ist der Punkt D.

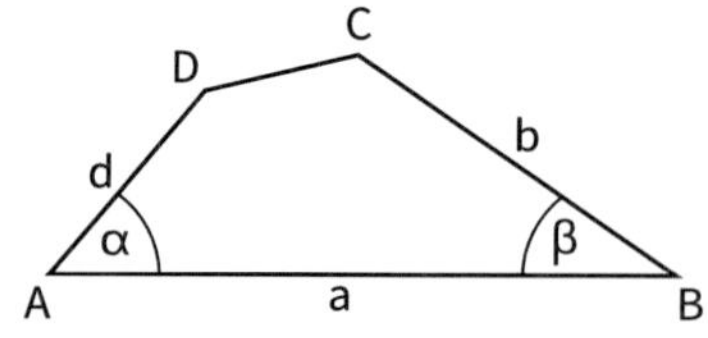

(3) Trage an $\overline{BA}$ in B den Winkel $\beta = 35°$ an; trage auf dem freien Schenkel von B aus eine Strecke der Länge $b = 4\,cm$ ab; der Endpunkt ist der Punkt C.

Man erhält das Viereck ABCD mit:
$a = 6{,}5\,cm$, $b = 4\,cm$, $c \approx 1{,}7\,cm$, $d = 2{,}5\,cm$, $\alpha = 50°$, $\beta = 35°$, $\gamma \approx 132°$,
$\delta \approx 143°$, $e \approx 4\,cm$, $f \approx 5{,}3\,cm$

129 **4. c)** (1) Zeichne die Strecke $\overline{AB}$ mit $a = 5{,}6\,\text{cm}$.

(2) Zeichne um B einen Kreis mit dem Radius $b = 2{,}5\,\text{cm}$ und um A einen Kreis mit dem Radius $e = 4\,\text{cm}$; ein Schnittpunkt der beiden Kreise ist der Punkt C.

(3) Zeichne um C einen Kreis mit dem Radius $c = 3\,\text{cm}$ und um A einen Kreis mit dem Radius $d = 6{,}7\,\text{cm}$; ein Schnittpunkt der beiden Kreise ist der Punkt D.

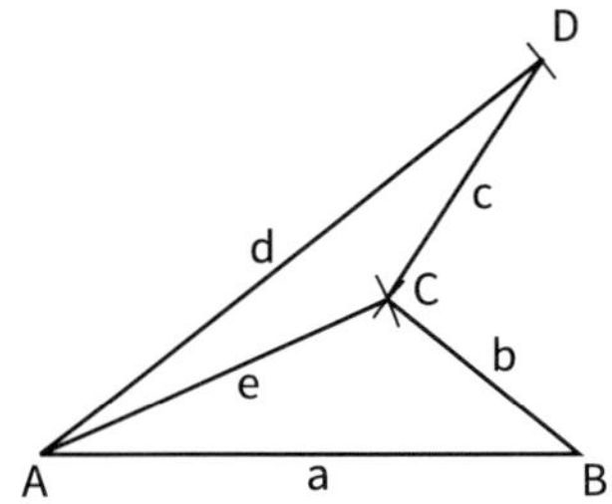

Man erhält das Viereck ABCD mit:
$a = 5{,}6\,\text{cm}$, $b = 2{,}5\,\text{cm}$, $c = 3\,\text{cm}$, $d = 6{,}7\,\text{cm}$, $\alpha \approx 38°$, $\beta \approx 39°$, $\gamma \approx 263°$, $\delta \approx 20°$, $e = 4\,\text{cm}$, $f \approx 4{,}1\,\text{cm}$

d) (1) Zeichne die Strecke $\overline{BC}$ mit $b = 6\,\text{cm}$.

(2) Trage an $\overline{CB}$ in C den Winkel $\gamma = 50°$ an; trage auf dem freien Schenkel von C aus eine Strecke der Länge $c = 4{,}2\,\text{cm}$ ab; der Endpunkt ist der Punkt D.

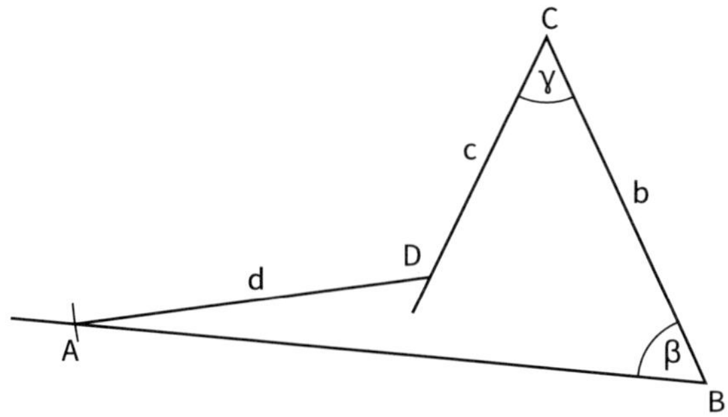

(3) Zeichne um D einen Kreis mit dem Radius $d = 5{,}5\,\text{cm}$.

(4) Trage an $\overline{BC}$ in B den Winkel $\beta = 60°$ an; der Schnittpunkt des freien Schenkels mit dem Kreis aus (3) ist der Punkt A.

Man erhält das Viereck ABCD mit:
$a \approx 9{,}8\,\text{cm}$, $b = 6\,\text{cm}$, $c = 4{,}2\,\text{cm}$, $d = 5{,}5\,\text{cm}$, $\alpha \approx 13°$, $\beta \approx 60°$, $\gamma \approx 50°$, $\delta \approx 237°$, $e \approx 8{,}6\,\text{cm}$, $f \approx 4{,}6\,\text{cm}$

e) Man kann den vierten Winkel mithilfe des Winkelsummensatzes berechnen: $\delta = 50°$

(1) Zeichne die Strecke $\overline{AD}$ mit $d = 6{,}7\,\text{cm}$.

(2) Trage an $\overline{DA}$ in D den Winkel $\delta = 50°$ an; trage auf dem freien Schenkel von D aus eine Strecke der Länge $c = 3{,}5\,\text{cm}$ ab; der Endpunkt ist der Punkt C.

(3) Trage an $\overline{AD}$ in A den Winkel $\alpha = 110°$ und an $\overline{CD}$ in C den Winkel $\gamma = 120°$ an. Der Schnittpunkt der beiden freien Schenkel der Winkel ist der Punkt B.

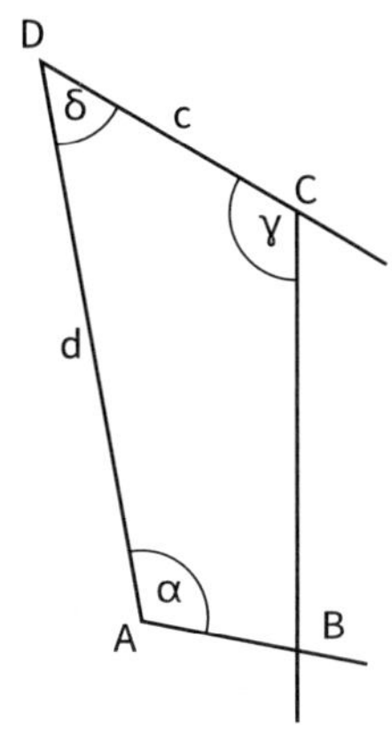

Man erhält das Viereck ABCD mit:
$a \approx 1{,}9\,\text{cm}$, $b \approx 5{,}2\,\text{cm}$, $c = 3{,}5\,\text{cm}$, $d = 6{,}7\,\text{cm}$, $\alpha = 110°$, $\beta = 80°$, $\gamma = 120°$, $\delta = 50°$, $e \approx 5{,}2\,\text{cm}$, $f \approx 7{,}6\,\text{cm}$

129 **4. f)** (1) Zeichne die Strecke $\overline{CD}$ mit $c = 4\,cm$.

(2) Trage an $\overline{CD}$ in C den Winkel $\alpha = 75°$ an und zeichne um D einen Kreis mit dem Radius $f = 5\,cm$; der Schnittpunkt des freien Schenkels mit dem Kreis ist der Punkt B.

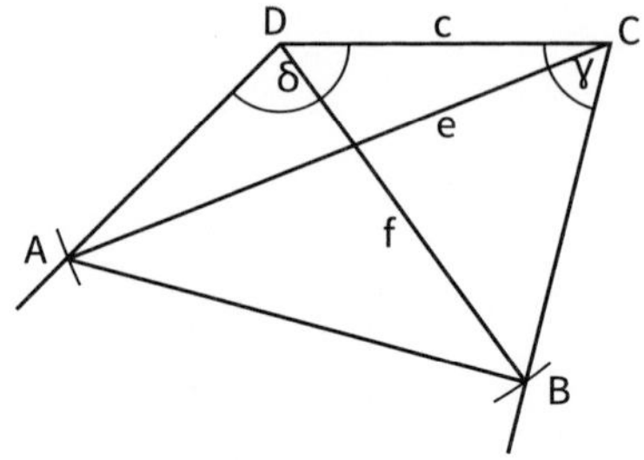

(3) Trage an $\overline{DC}$ in D den Winkel $\delta = 135°$ an und zeichne um C einen Kreis mit dem Radius $e = 7\,cm$; der Schnittpunkt des freien Schenkels mit dem Kreis ist der Punkt A.

Man erhält das Viereck ABCD mit:
$a \approx 5{,}7\,cm$, $b \approx 4{,}2\,cm$, $c = 4\,cm$, $d \approx 3{,}6\,cm$, $\alpha \approx 61°$, $\beta \approx 89°$, $\gamma = 75°$, $\delta = 135°$, $e = 7\,cm$, $f = 5\,cm$

5. a) (1) Zeichne die Strecke $\overline{BC}$ mit $b = 5{,}3\,cm$.

(2) Zeichne um C einen Kreis mit dem Radius $c = 3{,}1\,cm$ und um B einen Kreis mit dem Radius $f = 6{,}4\,cm$; ein Schnittpunkt der beiden Kreise ist der Punkt D.
(Der andere Schnittpunkt kommt als Eckpunkt nicht infrage.)

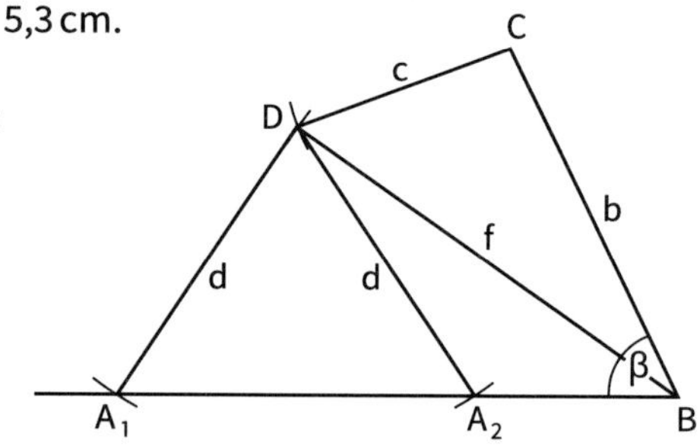

(3) Trage an $\overline{BC}$ in B den Winkel $\beta = 64°$ an und zeichne um D einen Kreis mit dem Radius $d = 4{,}4\,cm$; die beiden Schnittpunkte des freien Schenkels mit dem Kreis sind die beiden Punkte A_1 und A_2.

Man erhält die beiden Vierecke A_1BCD und A_2BCD mit:
$a_1 \approx 7{,}6\,cm$, $b_1 = 5{,}3\,cm$, $c_1 = 3{,}1\,cm$, $d_1 = 4{,}4\,cm$, $\alpha_1 \approx 57°$, $\beta_1 \approx 64°$, $\gamma_1 \approx 96°$, $\delta_1 \approx 143°$, $e_1 \approx 7{,}1\,cm$, $f_1 = 6{,}4\,cm$
bzw.
$a_2 \approx 2{,}8\,cm$, $b_2 = 5{,}3\,cm$, $c_2 = 3{,}1\,cm$, $d_2 = 4{,}4\,cm$, $\alpha_2 \approx 123°$, $\beta_2 \approx 64°$, $\gamma_2 \approx 96°$, $\delta_2 \approx 77°$, $e_2 \approx 4{,}8\,cm$, $f_2 = 6{,}4\,cm$

b) (1) Zeichne die Strecke $\overline{AB}$ mit $a = 5{,}6\,cm$.

(2) Trage an $\overline{AB}$ in A den Winkel $\alpha = 74°$ an; trage auf dem freien Schenkel von A aus eine Strecke der Länge $d = 3{,}8\,cm$ ab; der Endpunkt ist der Punkt D.

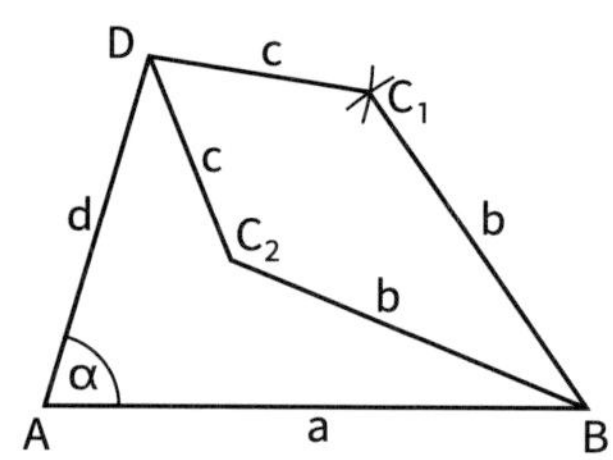

(3) Zeichne um B einen Kreis mit dem Radius $b = 4{,}0\,cm$ und um D einen Kreis mit dem Radius $c = 2{,}3\,cm$; die beiden Kreise schneiden sich in den Punkten C_1 und C_2.

129 **5. b)** Man erhält die beiden Vierecke ABC_1D und ABC_2D mit:
$a_1 = 5{,}6\,cm$, $b_1 = 4{,}0\,cm$, $c_1 = 2{,}3\,cm$, $d_1 = 3{,}8\,cm$, $\alpha_1 = 74°$, $\beta_1 \approx 55°$, $\gamma_1 \approx 134°$, $\delta_1 \approx 97°$, $e_1 \approx 4{,}7\,cm$, $f_1 \approx 4{,}8\,cm$
bzw.
$a_2 = 5{,}6\,cm$, $b_2 = 4{,}0\,cm$, $c_2 = 2{,}3\,cm$, $d_2 = 3{,}8\,cm$, $\alpha_2 = 74°$, $\beta_2 \approx 22°$, $\gamma_2 \approx 226°$, $\delta_2 \approx 38°$, $e_2 \approx 2{,}4\,cm$, $f_2 \approx 5{,}8\,cm$

c) (1) Zeichne die Strecke $\overline{AB}$ mit $a = 6{,}2\,cm$. Trage an $\overline{AB}$ in A den Winkel $\alpha = 58°$ an.
(2) Trage an $\overline{AB}$ in B den Winkel $\beta = 42°$ a n; trage auf dem freien Schenkel von B aus eine Strecke der Länge $b = 3{,}3\,cm$ ab; der Endpunkt ist der Punkt C.
(3) Zeichne um C einen Kreis mit dem Radius $c = 2{,}7\,cm$; der Kreis schneidet den freien Schenkel von α in den Punkten D_1 und D_2.

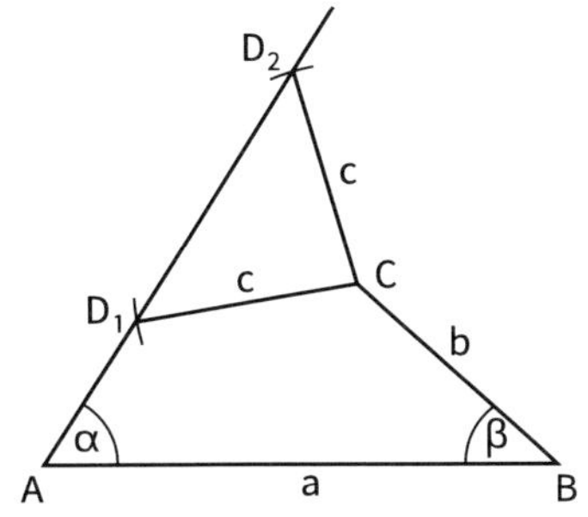

Man erhält die beiden Vierecke $ABCD_1$ und $ABCD_2$ mit:
$a_1 = 6{,}2\,cm$, $b_1 = 3{,}3\,cm$, $c_1 = 2{,}7\,cm$, $d_1 \approx 2{,}1\,cm$, $\alpha_1 = 58°$, $\beta_1 = 42°$, $\gamma_1 \approx 128°$, $\delta_1 \approx 132°$, $e_1 \approx 4{,}3\,cm$, $f_1 \approx 5{,}4\,cm$
bzw.
$a_2 = 6{,}2\,cm$, $b_2 = 3{,}3\,cm$, $c_2 = 2{,}7\,cm$, $d_2 \approx 5{,}7\,cm$, $\alpha_2 = 58°$, $\beta_2 = 42°$, $\gamma_2 \approx 212°$, $\delta_2 \approx 48°$, $e_2 \approx 4{,}3\,cm$, $f_2 \approx 5{,}8\,cm$

6. Wir zeichnen das Grundstück im Maßstab 1:1 000, also 1 cm entsprechen 10 m in der Wirklichkeit.

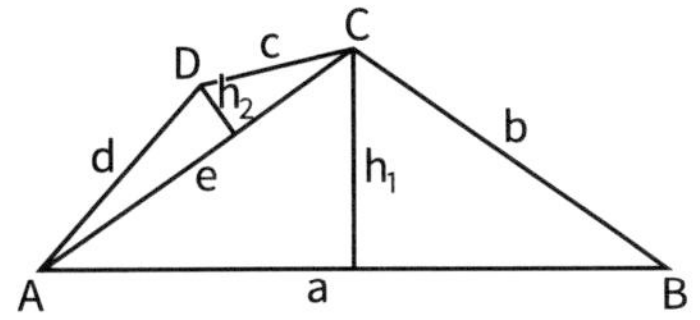

a) Die fehlende Seitenlänge c ist in der Zeichnung ist 1,7 cm lang, das sind in Wirklichkeit 170 m. Der Zaun wird etwa 1 470 m lang.

b) Wir zerlegen das Dreieck durch die Diagonale e in die beiden Teildreiecke ABC und ACD und messen die Länge der Diagonalen e, die zur Seite a gehörende Höhe h_1 und die zur Diagonalen e gehörende Höhe h_2:
$e \approx 4\,cm$, also ungefähr 400 m in der Wirklichkeit.
$h_1 \approx 2{,}3\,cm$, also ungefähr 230 m in der Wirklichkeit.
$h_2 \approx 0{,}6\,cm$, also ungefähr 60 m in der Wirklichkeit.
Für den Flächeninhalt des Vierecks erhalten wir:
$$A \approx \frac{650\,m \cdot 230\,m}{2} + \frac{400\,m \cdot 60\,m}{2} = 86\,780\,m^2 \approx 87\,ha$$

129

7. Das Teildreieck ABCD ist aus den Seitenlängen a und d sowie dem Winkel α eindeutig konstruierbar. Das Teildreieck BCD ist zwar aus den Seitenlängen f, c und d auch eindeutig konstruierbar, aber das Viereck kann auch eine einspringende Ecke haben (siehe Bild).
Das Viereck ist eindeutig konstruierbar, wenn der an der Diagonalgeraden $\overline{BD}$ gespiegelte Bildpunkt von C nicht innerhalb des Dreiecks ABD liegt.

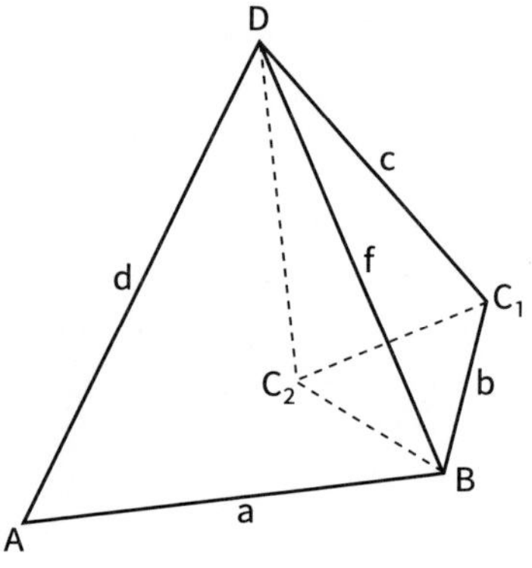

8. Es gibt kein Lösungsviereck, wenn die Dreiecksungleichung für das Dreieck ABC bzw. für das Dreieck ACD nicht erfüllt ist, also mindestens eines dieser Dreiecke nicht konstruierbar ist.
Es gibt nur ein Lösungsviereck, wenn bei Spiegelung an der Diagonalgeraden AC weder der Bildpunkt von B innerhalb des Dreiecks ACD noch der Bildpunkt von D innerhalb des Dreiecks ABC liegt.

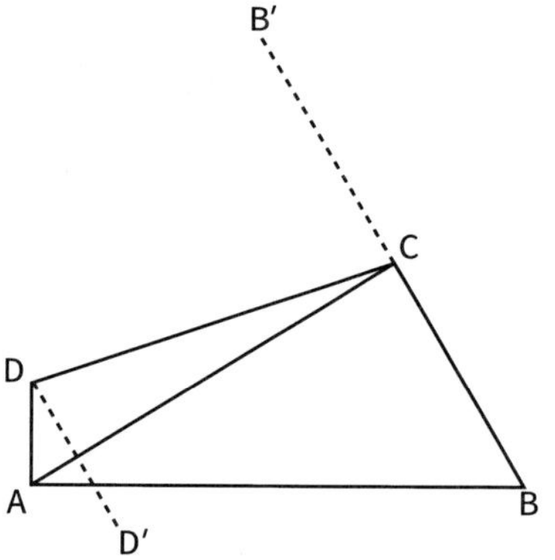

Es gibt zwei Lösungsvierecke, wenn bei Spiegelung an der Diagonalgeraden AC entweder der Bildpunkt von B innerhalb des Dreiecks ACD oder der Bildpunkt von D innerhalb des Dreiecks ABC liegt.

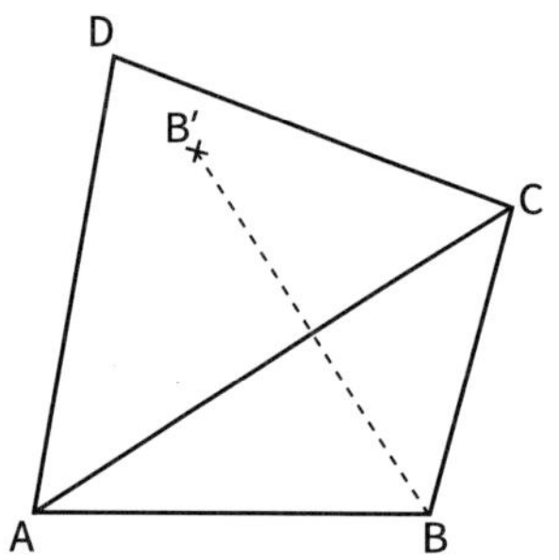

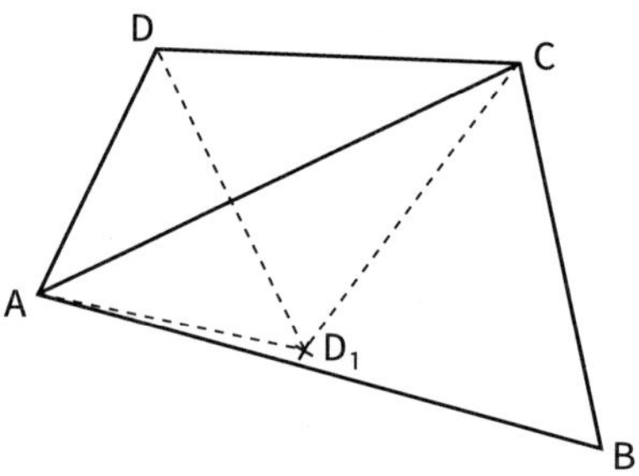

9. Drei verschiedene Möglichkeiten findet man in Aufgabe 5 auf Seite 129 des Schülerbandes.

129 **10. a)** Vermutung: Die Summe der Diagonalenlängen ist kleiner als der Umfang.

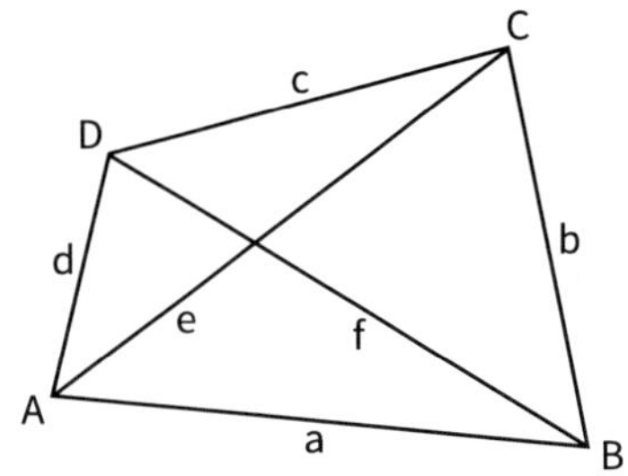

b) Aus der Dreiecksungleichung folgt für die Dreiecke ABC und ACD:
Die Diagonale e ist kürzer als die beiden Seiten a und b zusammen und die Diagonale e ist auch kürzer als die Seiten c und d zusammen: $e < a + b$ und $e < c + d$.
Daraus folgt $e + e < a + b + c + d$
Die doppelte Diagonalenlänge von e ist also kürzer als die Summe aller vier Seitenlängen, also kürzer als der Umfang. Dann ist e auch kürzer als der halbe Umfang.
Aus der Dreiecksungleichung folgt für die Dreiecke DAB und DBC:
Die Diagonale f ist kürzer als die beiden Seiten d und a zusammen und die Diagonale f ist auch kürzer als die Seiten b und c zusammen: $f < d + a$ und $f < b + c$.
Daraus folgt $f + f < a + b + c + d$
Die doppelte Diagonalenlänge von f ist also kürzer als die Summe aller vier Seitenlängen, also kürzer als der Umfang. Dann ist f auch kürzer als der halbe Umfang.
Jede Diagonale für sich ist also kürzer als der halbe Umfang, die Summe der Diagonalenlängen ist damit kürzer als der Umfang.

3.4 Beweisen mithilfe der Kongruenzsätze

130 **Einstieg:**

Es entsteht eine Raute EFGH.
Die Dreiecke AEH, EBF, FCG und GDH sind nach dem Kongruenzsatz sws zueinander kongruent, da je zwei Seiten auf den Rechteckseiten gleich lang sind und diese einen rechten Winkel einschließen.
Damit gilt: $|EF| = |FG| = |GH| = |HE|$

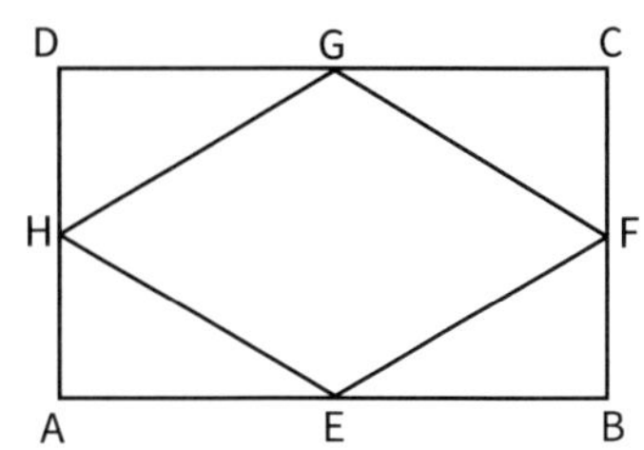

132 **2.** Der Satz ist falsch. Ein Gegenbeispiel ist im Bild rechts angegeben. Die Diagonalen sind gleich lang, aber das Viereck ist kein Parallelogramm.

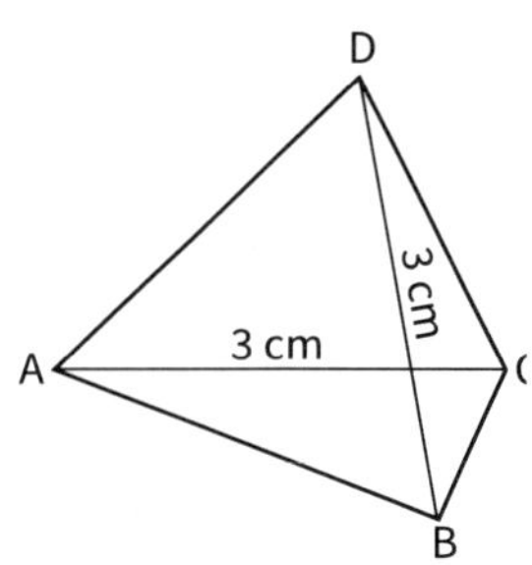

132 **3.** **(1)** *Satz:* Wenn ein Viereck ein Parallelogramm ist, dann sind gegenüberliegende Seiten gleich lang.

Umkehrung des Satzes: Wenn in einem Viereck gegenüberliegende Seiten gleich lang sind, dann ist das Viereck ein Parallelogramm.

Beweis der Umkehrung:

Wir wissen: $|AB| = |CD|$ und $|AD| = |BC|$

Wir wollen zeigen: $AB \parallel CD$ und $AD \parallel BC$

Wir zerlegen das Parallelogramm durch die Diagonalgerade AC in die beiden Teildreiecke ABC und ACD. Diese sind nach dem Kongruenz sss zueinander kongruent, denn:

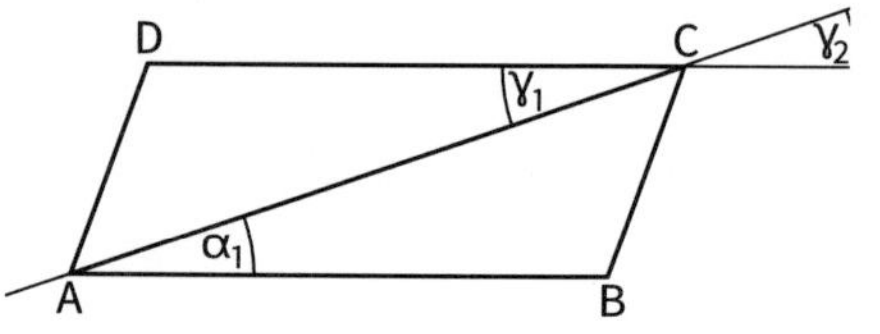

$|AC| = |AC|$ gleiche Strecke in beiden Dreiecken

$|AB| = |CD|$ nach Voraussetzung

$|AD| = |BC|$ nach Voraussetzung

Folglich stimmen beide Dreiecke auch in den übrigen Stücken überein. Es ist also $\alpha_1 = \gamma_1 = \gamma_2$.

Aus der Gleichheit der Winkelgrößen folgt die Parallelität der Geraden AB und DC (Umkehrung des Stufenwinkelsatzes).

Wenn wir das Parallelogramm durch die Diagonalgerade BD in zwei Teildreiecke ABD und BCD zerlegen, sind auch diese zueinander kongruent.

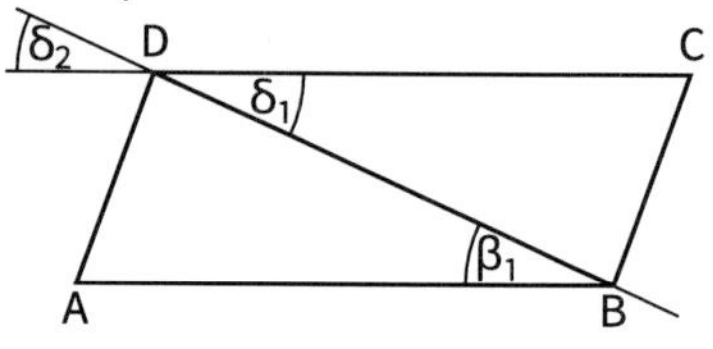

Wie oben gilt $|AC| = |AC|$, $|AD| = |BC|$ und $|AB| = |CD|$.

Dann gilt entsprechend $\beta_1 = \delta_1 = \delta_2$ und daraus folgt die Parallelität der Geraden BC und AD.

Die Umkehrung des Satzes ist also wahr.

(2) *Satz:* Wenn ein Viereck eine Raute ist, dann sind die Diagonalen orthogonal zueinander.

Umkehrung des Satzes: Wenn in einem Viereck die Diagonalen orthogonal zueinander sind, dann ist das Viereck eine Raute.

Die Umkehrung des Satzes ist falsch.

Im Bild rechts sind die Diagonalen orthogonal zueinander, das Viereck ist aber keine Raute.

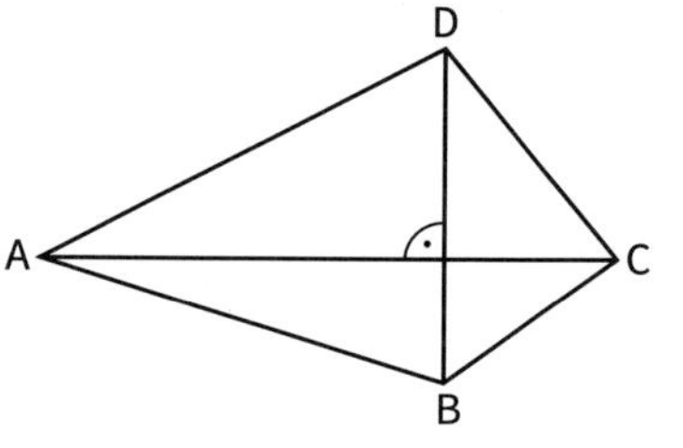

132 **4.** **a)** Es ist nach Voraussetzung $|AB| = |AD|$, $|BC| = |CD|$, $|AC| = |AC|$.
Die Dreiecke sind also kongruent zueinander (sss).

b) Nach Voraussetzung gilt $|AC| = |CB|$, $|DC| = |DC|$ und die beiden Winkel bei D sind 90° groß. Mit dem Kongruenzsatz Ssw sind die Dreiecke kongruent zueinander, da der rechte Winkel der längeren Seite gegenüberliegt.

c) Nach Voraussetzung gilt $|BD| = |BD|$, $|AD| = |BC|$ und $\beta_1 = \gamma_1$ (Winkel an geschnittenen Parallelen).
Demnach sind die Dreiecke kongruent zueinander (Ssw).

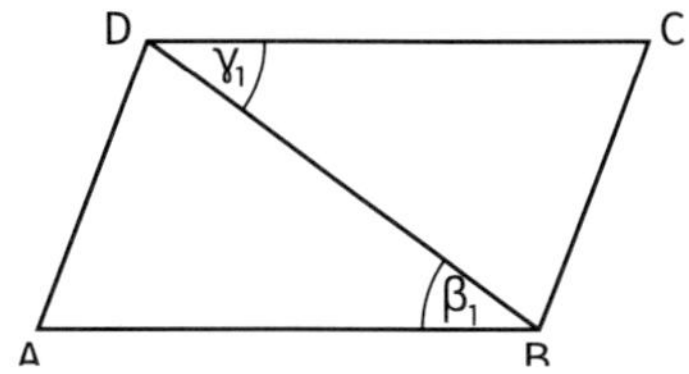

133 **5.** Zerlege zunächst das Dreieck ABC mithilfe der Höhe h_c mit dem Fußpunkt D in zwei Teildreiecke ADC und DBC.
Dann gilt:
$|AC| = |BC|$ (nach Vorraussetzung)
$|CD| = |CD|$ (gleiche Strecke)
Die beiden Winkel bei D sind 90° groß.
Da der rechte Winkel der längeren Seite gegenüber liegt, sind die Dreiecke nach dem Kongruenzsatz Ssw zueinander kongruent und somit die Winkel α und β gleich groß.

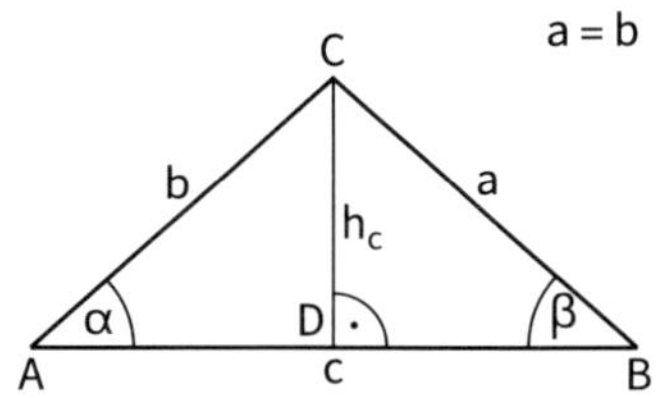

6. Gegenüberliegende Seiten sind gleich lang, also ist das Viereck ein Parallelogramm; vergleiche Aufgabe 3, (1). Wegen $\alpha = 75°$ ist das Grundstück kein Rechteck.

7. *Vermutung:* Das Dreieck DEF ist gleichschenklig mit der Basis $\overline{EF}$.
Beweis: Das Dreieck ABC ist symmetrisch zur Geraden g = CD.
Also gilt:
$|DE| = |DF|$
$\alpha_1 = \beta_1$
$\gamma_1 = \gamma_2$
Die Dreiecke DEH und DHF sind nach dem Kongruenzsatz wsw zueinander kongruent, also sind die Schenkel gleich lang und die Basiswinkel gleich groß.

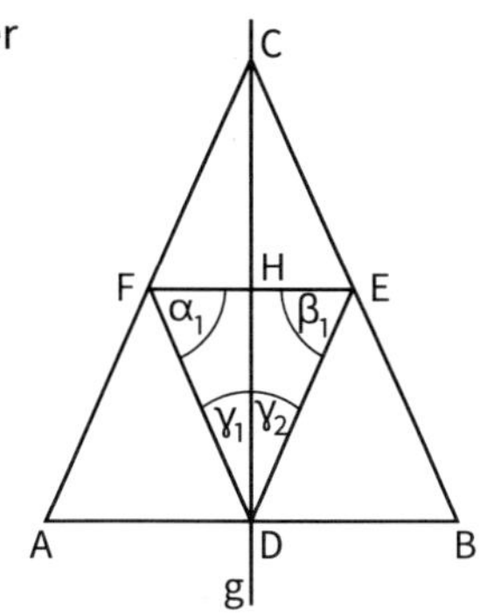

8. **(1)** *Satz:* Wenn ein Dreieck gleichschenklig ist, dann sind die Basiswinkel gleich groß.
Kehrsatz: Wenn in einem Dreieck die Basiswinkel gleich groß sind, dann ist das Dreieck gleichschenklig.

133

8. **(2)** *Satz:* Wenn ein Dreieck gleichseitig ist, dann sind alle Winkel gleich groß.
Kehrsatz: Wenn in einem Dreieck alle Winkel gleich groß sind, dann ist das Dreieck gleichseitig.

9. **a)** *Voraussetzung:* ABCD ist ein Viereck mit $|AB| = |BC| = |CD| = |AD|$ und $\alpha = 90°$.
Behauptung: ABCD ist ein Quadrat.
Beweis: Die Dreiecke ABD und DBC sind nach dem Kongruenzsatz sss kongruent zueinander, denn:

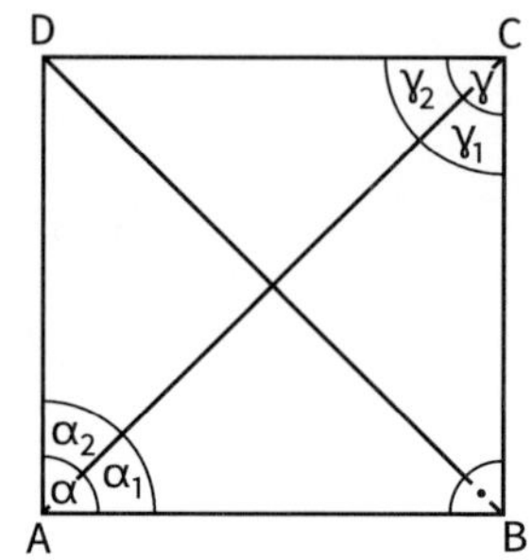

$|AB| = |CD|$ (nach Voraussetzung)
$|AD| = |BC|$ (nach Voraussetzung)
$|BD| = |BD|$ (gleiche Strecke)
Damit stimmen die beiden Dreiecke auch in den Winkeln überein, also $\gamma = \alpha = 90°$.
Die Dreiecke sind außerdem gleichschenklig. Daraus ergibt sich:
$\beta_1 = \beta_2 = 45°$, also $\beta = 90°$ und $\delta_1 = \delta_2 = 45°$, also $\delta = 90°$.

b) *Voraussetzung:* ABCD ist ein Parallelogramm mit der Diagonalgeraden AC und $\alpha_1 = \alpha_2$ sowie $\gamma_1 = \gamma_2$.
Behauptung: ABCD ist eine Raute.
Beweis: Im Parallelogramm gilt $\alpha = \gamma$, also wegen $\alpha_1 = \alpha_2$ und $\gamma_1 = \gamma_2$ auch $\alpha_1 = \gamma_1$ und $\alpha_2 = \gamma_2$.

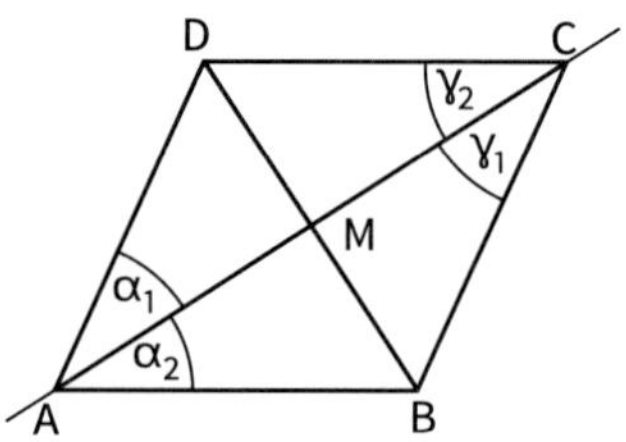

Die Dreiecke ABC und CDA sind nach dem Kehrsatz des Basiswinkelsatzes gleichschenklig.
Damit gilt $|AB| = |BC|$ und $|CD| = |AD|$.
Im Parallelogramm gilt $|AB| = |CD|$ und $|AD| = |BC|$
Daraus folgt $|AB| = |BC| = |CD| = |AD|$ also ist ABCD eine Raute.

133

10. a) *Voraussetzung:*

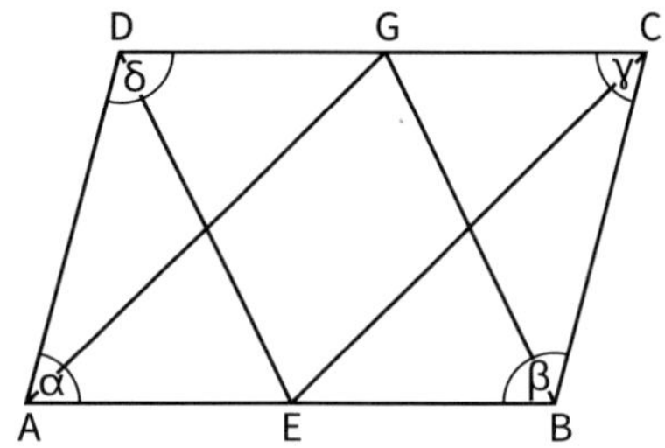

ABCD ist ein Parallelogramm, also gilt:
$|AB| = |CD|$, $|BC| = |AD|$, $\alpha = \gamma$, $\beta = \delta$.
E und G sind Seitenmitten, also:
$|AE| = |EB| = |CG| = |GD|$
Behauptung:
EFGH ist ein Parallelogramm.
Beweis:
Wir zeigen: $EF \parallel GH$ und $EH \parallel FG$.
Dazu zeigen wir, dass AECG und BGDE Parallelogramme sind, denn dann gilt $AG \parallel EC$ und $ED = BG$.
Wir zeigen nun, dass AECG ein Parallelogramm ist.
(1) $|BC| = |AD|$ (nach Voraussetzung)
(2) $|EB| = |GD|$ (nach Voraussetzung)
(3) $\beta = \delta$ (nach Voraussetzung)
Nach dem Kongruenzsatz sws sind die Dreiecke BCE und DAG zueinander kongruent. Damit gilt auch:
(4) $|EC| = |AG|$
Nach Voraussetzung gilt:
(5) $|AE| = |CG|$
Mit (4) und (5) ist nach Aufgabe 3, (1) des Schülerbandes AEFG ein Parallelogramm.
Wir zeigen nun, dass BGDE ein Parallelogramm ist.
(6) $|AE| = |CG|$ (nach Voraussetzung)
(7) $|AD| = |BC|$ (nach Voraussetzung)
(8) $\alpha = \gamma$ (nach Voraussetzung)
Nach dem Kongruenzsatz sws sind die Dreiecke AED und CGB zueinander kongruent. Damit gilt auch:
(9) $|ED| = |BG|$
Nach Voraussetzung gilt:
(10) $|EB| = |GD|$
Mit (9) und (10) ist nach Aufgabe 3, (1) des Schülerbandes AEFG ein Parallelogramm.
Wir haben gezeigt, dass AECG und BGDE Parallelogramme sind, also gilt $AG \parallel EC$ und $ED \parallel BG$. Damit gilt aber auch $EF \parallel HG$ und: $EH \parallel FG$.
Im Viereck EFGH sind dann gegenüberliegende Seiten zueinander parallel und damit ist EFGH ein Parallelogramm.

133 **10. b)** *Voraussetzung:*

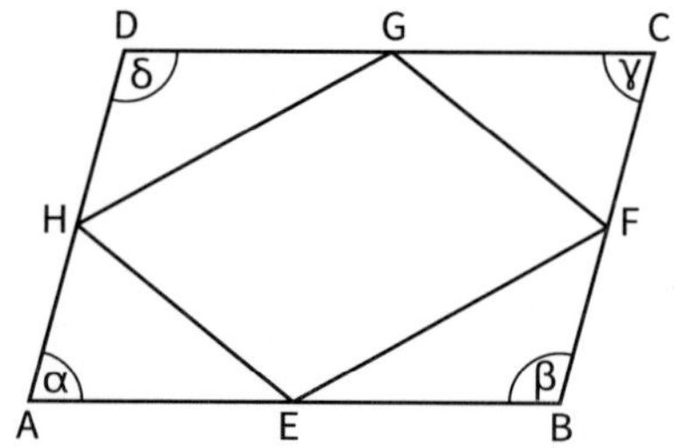

ABCD ist ein Parallelogramm, also gilt:
$|AB| = |CD|$, $|BC| = |AD|$, $\alpha = \gamma$, $\beta = \delta$.
E, F, G H sind die Seitenmitten, also:
$|AE| = |EB| = |CG| = |GD|$ und
$|BF| = |FC| = |DH| = |HA|$.

Behauptung:
EFGH ist ein Parallelogramm.

Beweis:
Wir zeigen zunächst, dass die Dreiecke AEH und CGF zueinander kongruent sind.
(1) $|AE| = |CG|$ (nach Voraussetzung)
(2) $|AH| = |CF|$ (nach Voraussetzung)
(3) $\alpha = \gamma$ (nach Voraussetzung)
Nach dem Kongruenzsatz sws sind die Dreiecke AEH und CGF zueinander kongruent. Damit gilt auch:
(4) $|EH| = |FG|$
Wir zeigen nun, dass die Dreiecke BFE und DHG zueinander kongruent sind.
(5) $EB = |GD|$ (nach Voraussetzung)
(6) $|BF| = |DH|$ (nach Voraussetzung)
(7) $\beta = \delta$ (nach Voraussetzung)
Nach dem Kongruenzsatz sws sind die Dreiecke BFE und DHG zueinander kongruent. Damit gilt auch:
(8) $|EF| = |GH|$
Wegen (4) und (8) sind im Viereck EFGH gegenüberliegende Seiten gleich lang. Das Viereck EFGH ist nach Aufgabe 3, (1) des Schülerbandes ein Parallelogramm.

11. (1) Wenn eine natürliche Zahl durch 2 (ohne Rest) teilbar ist, dann ist sie auch durch 4 (ohne Rest) teilbar.
Diese Umkehrung ist falsch.
Gegenbeispiel: 6 ist durch 2 teilbar, aber nicht durch 4.

(2) Wenn eine natürliche Zahl durch 3 (ohne Rest) teilbar ist, dann ist sie auch durch 6 (ohne Rest) teilbar.
Diese Umkehrung ist falsch.
Gegenbeispiel: 15 ist durch 3 teilbar, aber nicht durch 6.

(3) Wenn eine Zahl durch 6 teilbar ist, dann ist sie auch durch 2 und 3 teilbar.
Diese Umkehrung ist wahr, denn die Vielfachen von 6 sind auch Vielfache von 2 und Vielfache von 3.

(4) Wenn die Summe zweier natürlicher Zahlen durch 7 (ohne Rest) teilbar ist, dann sind die beiden Zahlen auch durch 7 teilbar.
Diese Umkehrung ist falsch.
Gegenbeispiel: $10 + 11 = 21$ ist durch 7 teilbar, aber 10 ist nicht durch 7 teilbar und 11 ist nicht durch 7 teilbar.

133 **11.** (5) Wenn $a \leq b$ ist, dann ist a Teiler von b.
Diese Umkehrung ist falsch.
Gegenbeispiel: Für $a = 2$ und $b = 3$ ist $a \leq b$, aber 2 ist kein Teiler von 3.

(6) Wenn die Straße nass ist, dann regnet es.
Diese Umkehrung ist falsch.
Gegenbeispiele: Es kann vorher geregnet haben und die Straße ist noch nass, aber es regnet jetzt nicht mehr. Die Straße kann aber auch durch einen Rohrbruch o. ä. nass geworden sein.

(7) Wenn jemand in Nordrhein-Westfalen wohnt, dann wohnt er/sie in Mönchengladbach.
Diese Umkehrung ist falsch.
Gegenbeispiel: Jemand wohnt in Essen, also in Nordrhein-Westfalen, aber nicht in Mönchengladbach.

(8) Wenn jemand volljährig ist, dann ist er 18 Jahre alt.
Diese Umkehrung ist falsch.
Gegenbeispiel: Eine 20-jährige Frau ist volljährig, aber nicht 18 Jahre alt.

134 **12. Satz 1.1:** Wenn ein Viereck ein Parallelogramm ist, dann sind gegenüberliegende Seiten gleich lang.
Dieser Satz ist richtig, denn:
Nach Voraussetzung gilt $AB \parallel CD$ und $AD \parallel BC$.
Für die Dreiecke ABC und ACD gilt:
$|AC| = |BC|$ (gleiche Strecke)
$\alpha_1 = \gamma_1$ (Wechselwinkelsatz)
$\alpha_2 = \gamma_2$ (Wechselwinkelsatz)

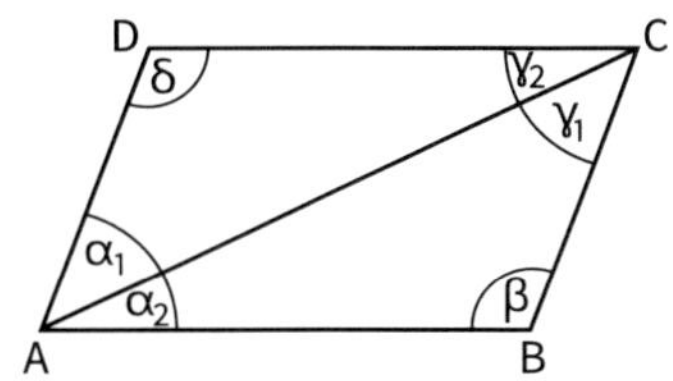

Die Dreiecke ABC und ACD sind nach dem Kongruenzsatz wsw kongruent zueinander, stimmen also auch in den übrigen Stücken überein.
Also gilt: $|AB| = |CD|$ und $|BC| = |AD|$.

Satz 1.2: Wenn ein Viereck ein Parallelogramm ist, dann sind gegenüberliegende Winkel gleich groß.
Dieser Satz ist richtig, denn:
Die Dreiecke ABC und ACD sind zueinander kongruent (Beweis zu Satz 1.1), also gilt auch $\beta = \delta$.
Die Dreiecke ABD und BCD sind auch zueinander kongruent, denn:
$|BD| = |BD|$ (gleiche Strecke)
$\beta_1 = \delta_1$ (Wechselwinkelsatz)
$\beta_2 = \delta_2$ (Wechselwinkelsatz)
Aus der Kongruenz der Dreiecke folgt: $\alpha = \gamma$

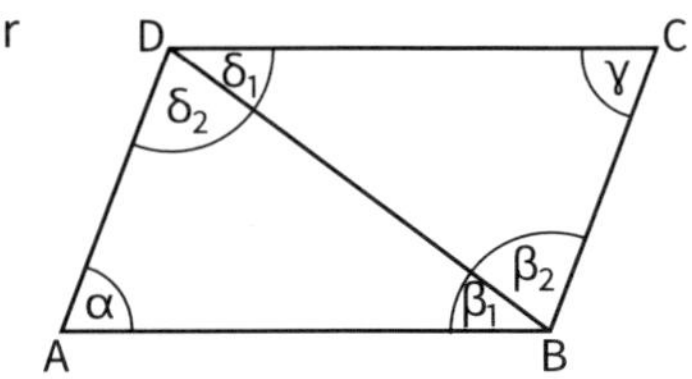

134

12. **Satz 1.3:** Wenn ein Viereck ein Parallelogramm ist, dann halbieren die Diagonalen einander.

Dieser Satz ist richtig, denn aus Satz 1.1 wissen wir, dass im Parallelogramm gilt:
$|AB| = |CD|$ und $|AC| = |BD|$
Dann gilt für die Dreiecke ABM und CDM:

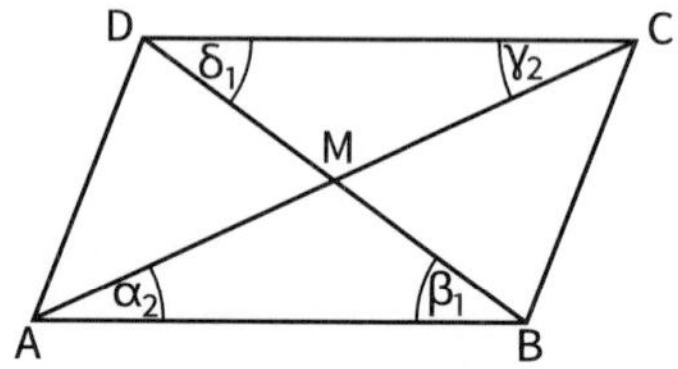

$|AB| = |CD|$ (nach Voraussetzung)
$\alpha_2 = \gamma_2$ (Wechselwinkelsatz)
$\beta_1 = \delta_1$ (Wechselwinkelsatz)
Die Dreiecke ABM und CDM sind nach dem Kongruenzsatz wsw kongruent zueinander und stimmen auch in den übrigen Stücken überein. Also gilt auch $|AM| = |MC|$ und $|BM| = |MD|$.
Die Diagonalen halbieren einander.

Satz 3.1: Wenn ein Viereck ABCD ein Rechteck ist, dann sind gegenüberliegende Seiten gleich lang.
Dieser Satz ist richtig, denn:
Das Rechteck ABCD ist ein Parallelogramm. Nach Satz 1.1 sind im Parallelogramm gegenüberliegende Seiten gleich lang.

Satz 3.2: Wenn ein Viereck ABCD ein Rechteck ist, dann halbieren die Diagonalen einander und sind gleich lang.
Dieser Satz ist richtig, denn:
Das Rechteck ABCD ist ein Parallelogramm. Nach Satz 1.3 halbieren im Parallelogramm die Diagonalen einander.
Es gilt außerdem für die Dreiecke ABC und ABD:
$|AB| = |DC|$ (nach Voraussetzung)
$|AD| = |BC|$ (nach Voraussetzung)
$\alpha = \beta = 90°$ (nach Voraussetzung)
Nach dem Kongruenzsatz sws sind die Dreiecke ABC und ABD kongruent zueinander und stimmen somit auch in den übrigen Größen überein.
Insbesondere gilt $|AC| = |BD|$. Die Diagonalen sind gleich lang.

Satz 4.1: Wenn ein Viereck ABCD ein Quadrat ist, dann sind die Diagonalen orthogonal zueinander, halbieren sich und sind gleich lang.
Dieser Satz ist richtig, denn:
Das Viereck ABCD ist eine Raute. Nach Satz 2.2 sind die Diagonalen in einer Raute orthogonal zueinander und halbieren sich. Das Viereck ABCD ist auch ein Rechteck. Nach Satz 3.2 sind in einem Rechteck die Diagonalen gleich lang.

Satz 4.2: Wenn ein Viereck ABCD ein Quadrat ist, dann halbieren die Diagonalen die Innenwinkel.
Dieser Satz ist richtig, denn:
Das Viereck ABCD ist eine Raute. Nach Satz 2.3 halbieren die Diagonalen in einer Raute die Innenwinkel.

134

12. **Satz 5.1:** Wenn ein Viereck ein gleichschenkliges Trapez ist, sind die Schenkel gleich lang.
Dieser Satz ist richtig, denn:
Weil das Trapez achsensymmetrisch zur Mittellinie g der Grundseite ist, wird bei der Spiegelung an g die Seite $\overline{AD}$ auf die Seite $\overline{BC}$ abgebildet, also gilt $|AD| = |BC|$.

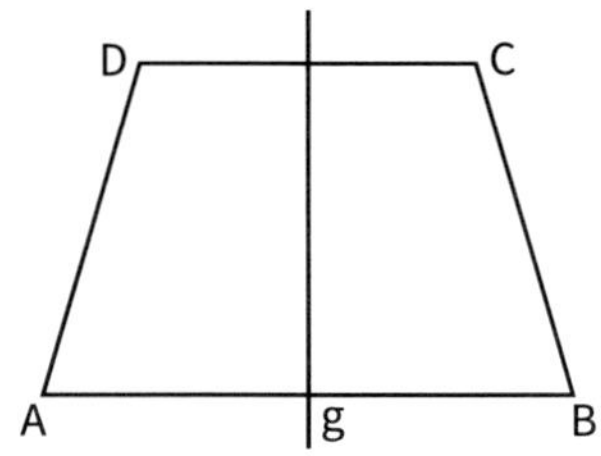

Satz 5.2: Ist ein Viereck ein gleichschenkliges Trapez, so sind die Diagonalen gleich lang.
Dieser Satz ist richtig, denn:
Das Trapez ist achsensymmetrisch, daher sind die Strecken $\overline{AS}$ und $\overline{BS}$ gleich lang, ebenso besitzen $\overline{CS}$ und $\overline{DS}$ die gleiche Länge, weil bei der Spiegelung an der Symmetrieachse $\overline{AS}$ auf $\overline{BS}$ und $\overline{DS}$ auf $\overline{CS}$ abgebildet wird.
Also gilt $|AS| = |BS|$ und damit:
$|AS| + |CS| = |BS| + |CS|$
$|AS| + |CS| = |BS| + |DS|$

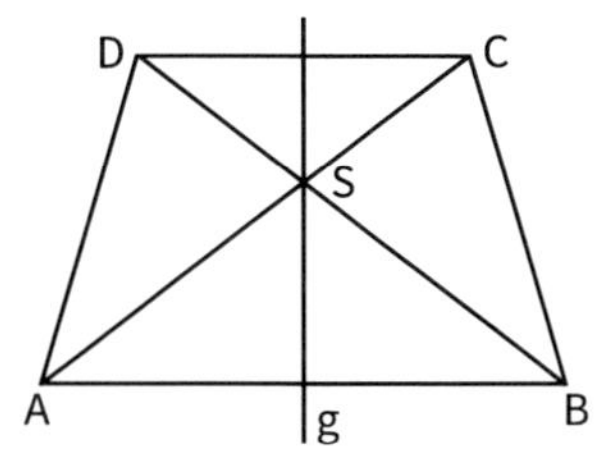

Satz 5.3: Ist ein Viereck ein gleichschenkliges Trapez, so sind die Basiswinkel gleich groß.
Dieser Satz ist richtig, denn:
Wegen der Achsensymmetrie wird bei Spiegelung an g das Viereck AM_1M_2D auf BCM_2M_1 abgebildet.
Somit gilt $\alpha = \beta$ und $\gamma = \delta$.

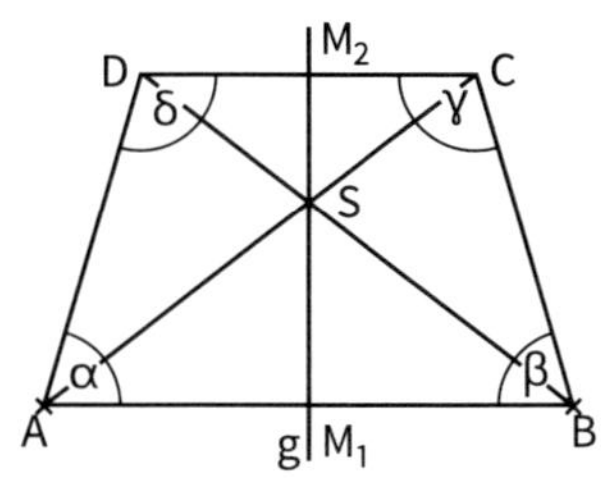

Satz 6.1: Wenn ein Viereck ABCD ein Drachenviereck ist, dann sind wenigstens zwei gegenüberliegende Winkel gleich groß.
Dieser Satz ist richtig, denn:
Das Drachenviereck ist achsensymmetrisch zu einer Diagonalen, z. B. AC.
Dann gilt für die Dreiecke ABC und ACD:

$\lvert AC\rvert = \lvert AC\rvert$	(gleiche Strecken)
$\lvert AB\rvert = \lvert AD\rvert$	(nach Voraussetzung)
$\lvert BC\rvert = \lvert CD\rvert$	(nach Voraussetzung)

Nach dem Kongruenzsatz sss sind die Dreiecke ABC und ACD kongruent zueinander und stimmen somit auch in den übrigen Stücken überein. Insbesondere gilt $\beta = \delta$.

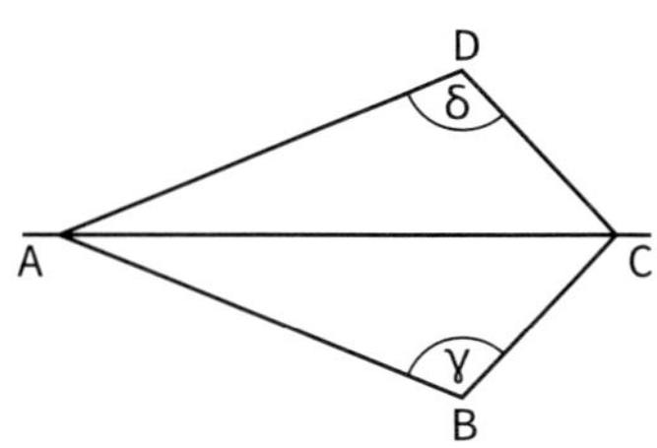

134 **12. Satz 6.2:** Wenn ein Viereck ABCD ein Drachenviereck ist, dann halbiert wenigstens eine Diagonale die andere Diagonale.
Dieser Satz ist richtig, denn:
Ein Drachenviereck ist achsensymmetrisch zu einer Diagonalen.
Diese Symmetrieachse halbiert die dazu orthogonal stehende Diagonale.

Satz 6.3: Wenn ein Viereck ABCD ein Drachenviereck ist, dann ist wenigstens eine Diagonale Winkelhalbierende zweier gegenüberliegender Winkel.
Dieser Satz ist richtig, denn:
Das Drachenviereck ist achsensymmetrisch zu einer Diagonalen. Diese Symmetrieachse ist Winkelhalbierende zweier Innenwinkel, halbiert sie also.

Auf den Punkt gebracht: Präsentieren auf Plakaten und Folien

135 1. –

136 2. –

3. –

4. –

3.5 Kreis und Geraden

138 1. Der Mittelpunkt M ist der Schnittpunkt der Mittelsenkrechten zu $\overline{AB}$ und der Geraden $\overline{PQ}$; (3,5 | 4,5); Radius ≈ 2,9

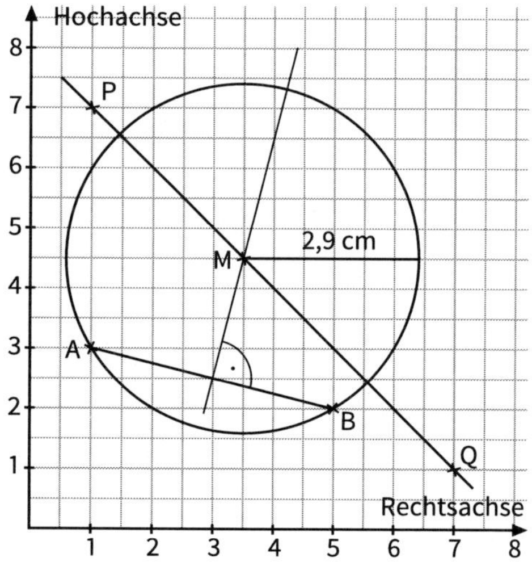

2. Sekanten: $\overline{AD}$, $\overline{AC}$, $\overline{DB}$
Tangenten: $\overline{DE}$, $\overline{EC}$
Passanten: EF
Durchmesser: $\overline{DB}$

3. (1) Zeichne den Kreis um M mit dem Radius r = 3 cm und eine Gerade d durch M.
(2) Konstruiere auf d einen Punkt mit
a) |PM| = 2 cm;
b) |PM| = 3 cm;
c) |PM| = 5 cm.

138

3. (3) Konstruiere die Orthogonale zu d durch P. Diese ist die gesuchte Gerade g. g ist in

a) eine Sekante; **b)** eine Tangente; **c)** eine Passante.

4. Konstruiere die Orthogonale zum Radius $\overline{MP}$. Die Orthogonale ist die gesuchte Tangente.

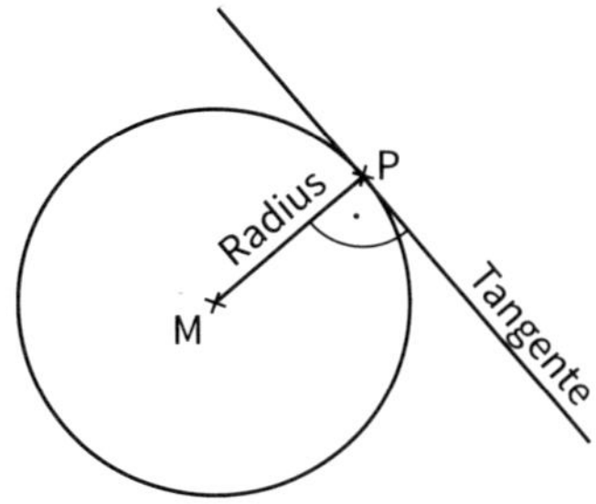

5. **a)** Konstruiere die Orthogonale zu g durch M.
Den Schnittpunkt der Orthogonalen mit g nenne S_1, den Schnittpunkt der Halbgeraden mit dem Kreis nenne S_2. Der Mittelpunkt M_1 der Strecke $\overline{S_1S_2}$ ist der Mittelpunkt des gesuchten Kreises (durch S_1 und S_2).

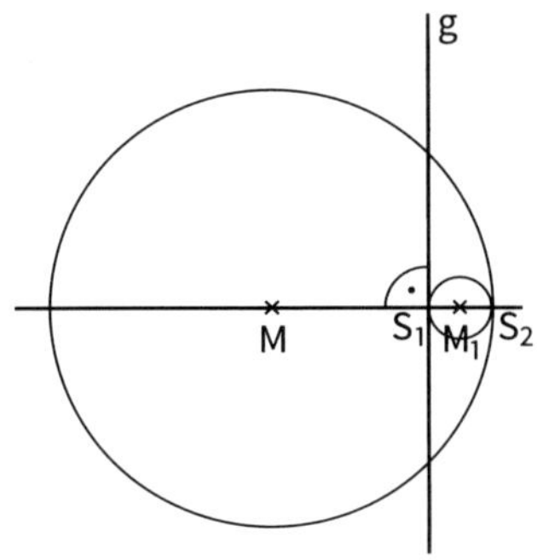

b) Konstruiere die Orthogonale zu g durch M. Den Schnittpunkt der Senkrechten mit g nenne S_1, den Schnittpunkt mit dem Kreis nenne S_2. Der Mittelpunkt M_1 der Strecke $\overline{S_1S_2}$ ist der Mittelpunkt des gesuchten Kreises (durch S_1 und S_2).

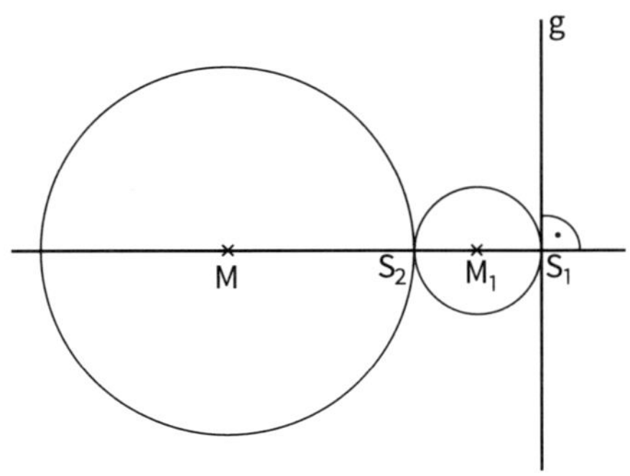

138

6. a) Die Gerade P_1M schneidet den Kreis im Punkt S_1. Der Mittelpunkt M_1 der Strecke $\overline{P_1S_1}$ ist der Mittelpunkt des Kreises durch P_1 und berührt den Kreis in S_1.
   b) Der Mittelpunkt M_2 der Strecke $\overline{P_2M}$ ist der Mittelpunkt des Kreises durch P_2 und berührt den Kreis in P_2.
   c) Die Gerade P_3M schneidet den Kreis im Punkt S_3. Der Mittelpunkt der Strecke $\overline{P_3S_3}$ ist der Mittelpunkt des Kreises durch P_3 und berührt den Kreis in S_3.

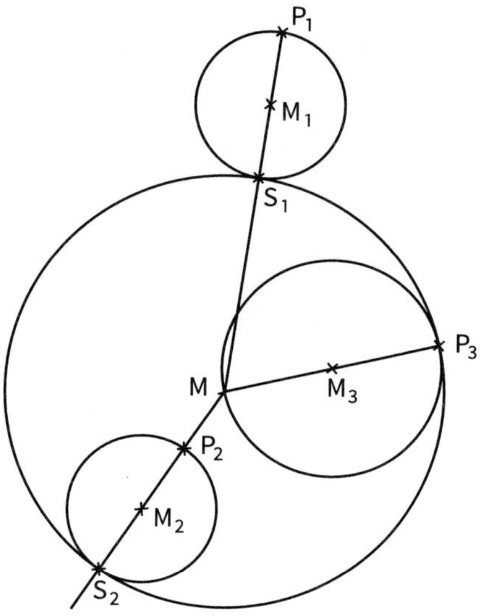

7. Aus der Zeichnung geht hervor, wie die vier inneren und die vier äußeren Kreise zu konstruieren sind. Hier sind g und h die sich unter einem Winkel von 110° kreuzenden Autobahnen; w_α und w_β sind Winkelhalbierende.

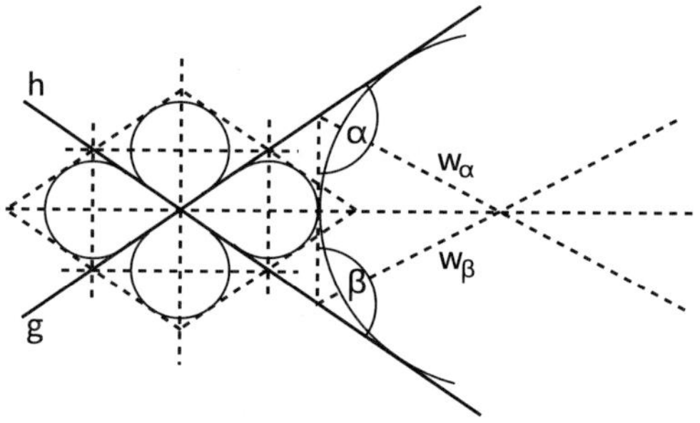

3.6 Besondere Punkte und Linien eines Dreiecks

3.6.1 Mittelsenkrechte – Umkreis eines Dreiecks

139

Einstieg 1:
Man erhält die Mittelsenkrechte zu $\overline{AB}$.

Einstieg 2:
Die Punkte liegen auf der Symmetrieachse der Strecke $\overline{AB}$, das ist die Mittelsenkrechte m zu $\overline{AB}$.

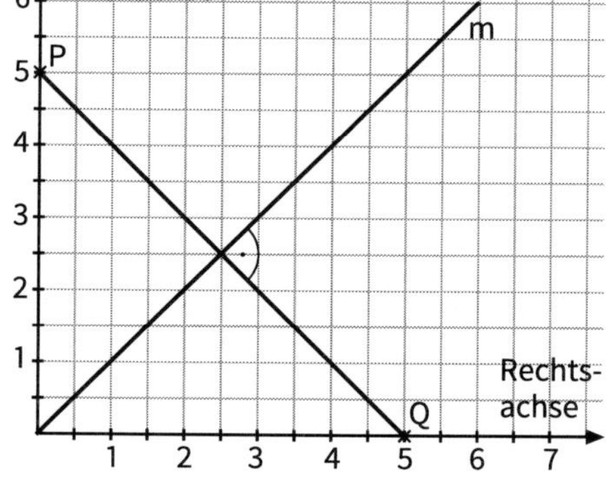

142

3. Bei stumpfwinkligen Dreiecken liegt der Mittelpunkt des Umkreises außerhalb des Dreiecks, bei rechtwinkligen Dreiecken liegt er auf der dem rechten Winkel gegenüberliegenden Seite (Mittelpunkt der Seite). Sonst liegt er innerhalb der Dreiecke.

4. **a)** (1) Zeichne einen Kreis mit $r = 4{,}3\,cm$.

(2) Wähle auf dem Kreis einen Punkt A. Zeichne um A einen Kreis mit dem Radius $c = 5{,}7$ cm und einen Kreis mit dem Radius $b = 3{,}8$ cm. Die Schnittpunkte mit dem Kreis aus (1) sind die Eckpunkte B bzw. C des Dreiecks ABC mit:
$a \approx 8{,}0\,cm$, $\alpha \approx 112°$, $\beta \approx 26°$, $\gamma \approx 42°$

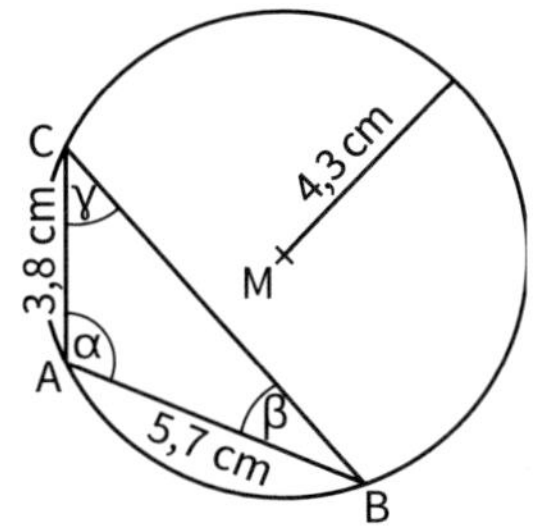

b) (1) Zeichne einen Kreis mit dem Radius $r = 3{,}1\,cm$.

(2) Wähle auf dem Kreis einen Punkt B und zeichne um B einen Kreis mit dem Radius $a = 4{,}7\,cm$. Der Schnittpunkt mit dem Kreis aus (1) ist der Eckpunkt C.

(3) Trage an $\overline{BC}$ in B den Winkel $\beta = 49°$ an. Der Schnittpunkt des anderen Schenkels mit dem Kreis aus (1) ist der Eckpunkt A des Dreiecks ABC mit:
$b \approx 4{,}7\,cm$, $c \approx 6{,}1\,cm$, $\alpha \approx 49°$, $\gamma \approx 82°$

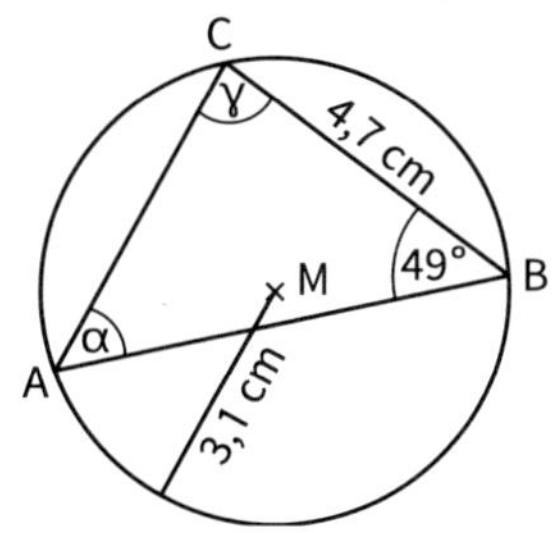

5. Konstruiere die Mittelsenkrechte zu $\overline{PQ}$. Der Schnittpunkt der Mittelsenkrechten mit der Geraden AB ist der gesuchte Punkt S.

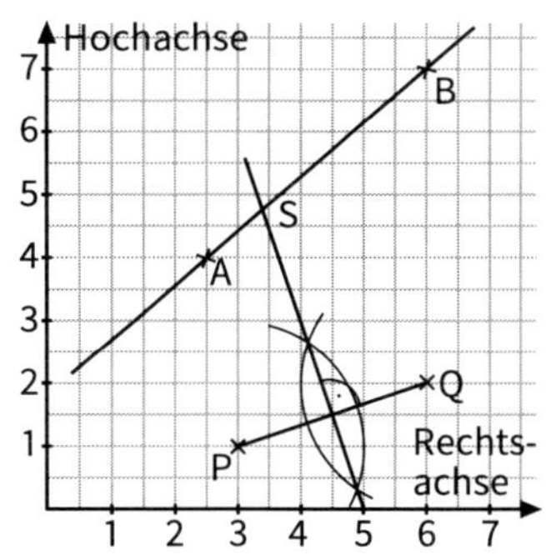

142

6. **a)** Alle Punkte „rechts“ der Mittelsenkrechten m von $\overline{PQ}$ sind von P weiter entfernt als von Q.

b) Alle Punkte „links“ der Mittelsenkrechten m von $\overline{PQ}$ und auf m liegen von P höchstens so weit entfernt wie von Q.

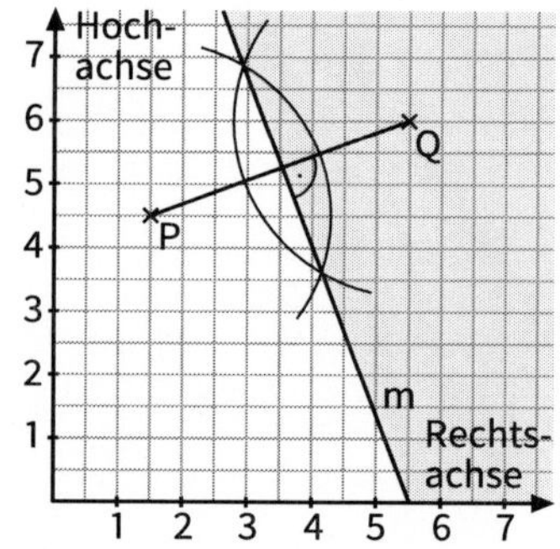

7. Man konstruiert die Mittelsenkrechte zur Verbindungsstrecke der beiden Ortschaften. Die Anschlussstelle kann an einem der beiden Schnittpunkte der Straße mit der Mittelsenkrechten liegen.

8. Die Mittelsenkrechten schneiden sich in einem Punkt, dem Mittelpunkt des Umkreises.

143

9. Das Depot liegt am Mittelpunkt des Umkreises. Die Entfernung zu den drei Stationen beträgt in der Zeichnung etwa 5 cm, in Wirklichkeit also etwa 5 km.

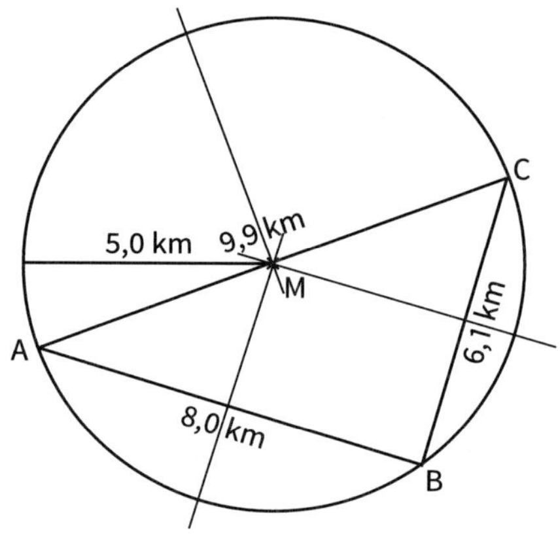

143

10. a) $r \approx 2{,}95\,\text{cm} \approx 3\,\text{cm}$,
$b \approx 4{,}7\,\text{cm}$
$\alpha \approx 75°$
$\gamma \approx 56°$

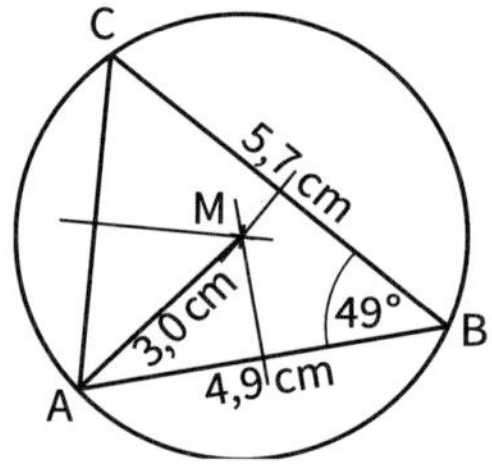

143 **10. b)** r ≈ 3,4 cm,
b ≈ 4,2 cm
α ≈ 39°
β ≈ 64°

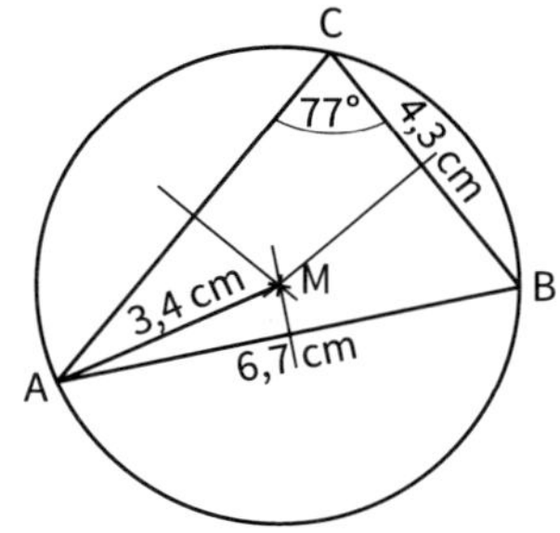

c) r ≈ 4,1 cm
α ≈ 30°
β ≈ 38°
γ ≈ 112°

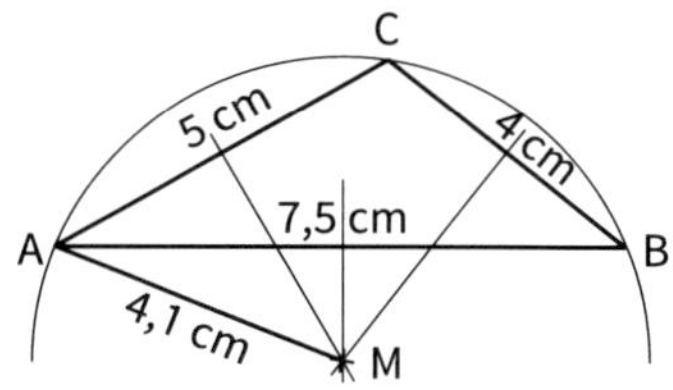

d) r ≈ 2,9 cm
b ≈ 5,2 cm
c ≈ 5,3 cm
β ≈ 62°

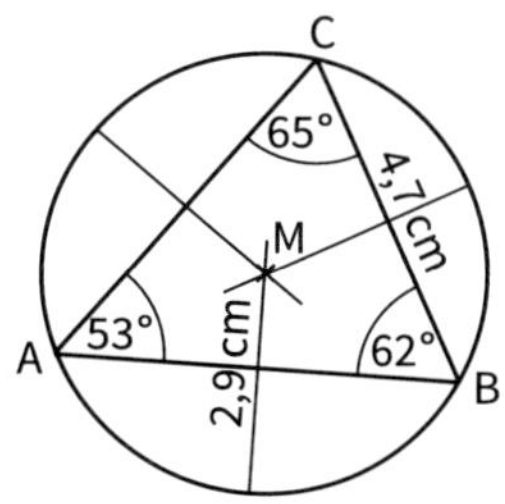

11. Für ein stumpfwinkliges Dreieck ist der Umkreis nicht der kleinste Kreis, der das Dreieck enthält. Für alle anderen Dreiecke ist der Umkreis der kleinste Kreis, der das Dreieck enthält.

12. Der Bogen überspannt eine Breite von 27 m. Der Stich hat dann eine Länge von etwa 4 m bis 5 m.
Wir zeichnen nun ein Dreieck aus den Endpunkten A und B des Bogens und dem oberen Ende des Stichs. Diesen Punkt nennen wir C. Den Radius des Brückenbogens erhalten wir, wenn wir den Umkreismittelpunkt von ABC bestimmen. Der Stich liegt auf der Mittelsenkrechten zur Strecke $\overline{AB}$. Wir konstruieren das gleichschenklige Dreieck und wählen dafür den Maßstab 1 : 900, also 1 cm für 9 m:

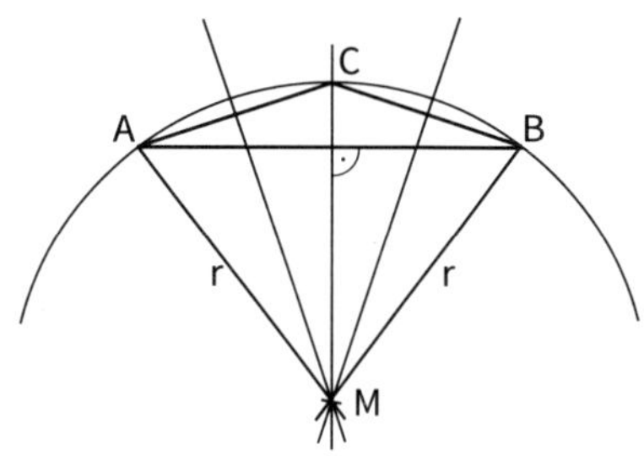

(1) Zeichne die Strecke $\overline{AB}$ mit $|AB| = 3$ cm.
(2) Konstruiere die Mittelsenkrechte zu $\overline{AB}$.
(3) Der Punkt C liegt auf der Mittelsenkrechten 0,5 cm über $\overline{AB}$.
(4) Konstruiere die anderen Mittelsenkrechten des Dreiecks ABC und zeichne den oberen Bogen des Umkreises.

Durch Messen erhalten wir für den Radius des Umkreises r ≈ 2,5 cm, also umgerechnet r ≈ 22,5 m.

143

13. Zeichne das Dreieck aus der 14 cm langen Seite und den anliegenden 60° und 50° großen Winkeln die Mittelsenkrechten und den Umkreis des Dreiecks. Die Holzscheibe muss der Größe des Umkreises entsprechen und hat einen Durchmesser von ungefähr 14,9 cm.

14. a) (1) Zeichne einen Kreis um den Umkreismittelpunkt M mit $r = 3\,cm$ und einen Punkt A auf dem Umkreis.
(2) Der Schnittpunkt des Kreisbogens um A mit $r = 5\,cm$ und dem Umkreis ergibt den Punkt B.
(3) Der Schnittpunkt des Kreisbogens um B mit $r = 4{,}5\,cm$ und dem Umkreis ergibt den Punkt C.
ABC ist das gesuchte Dreieck.
$b \approx 5{,}8\,cm$, $\alpha \approx 49°$, $\beta \approx 75°$, $\gamma \approx 56°$

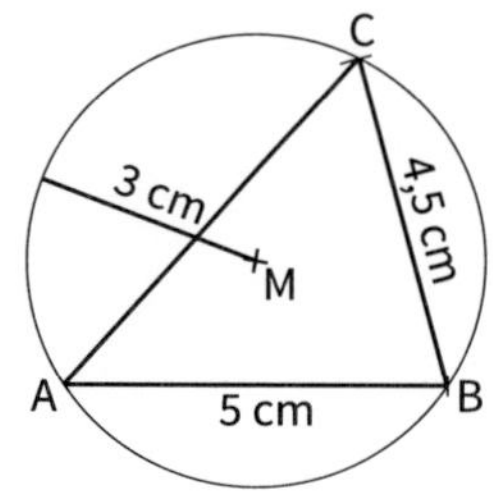

b) (1) Zeichne einen Kreis um den Umkreismittelpunkt M mit $r = 4{,}5\,cm$ und einen Punkt C auf dem Umkreis.
(2) Der Schnittpunkt des Kreisbogens um C mit $r = 3{,}5\,cm$ und dem Umkreis ergibt den Punkt B.
(3) Der Schnittpunkt des Kreisbogens um C mit $r = 2{,}0\,cm$ und dem Umkreis ergibt den Punkt A.
ABC ist das gesuchte Dreieck.
$b \approx 5{,}3\,cm$, $\alpha \approx 23°$, $\beta \approx 13°$, $\gamma \approx 144°$

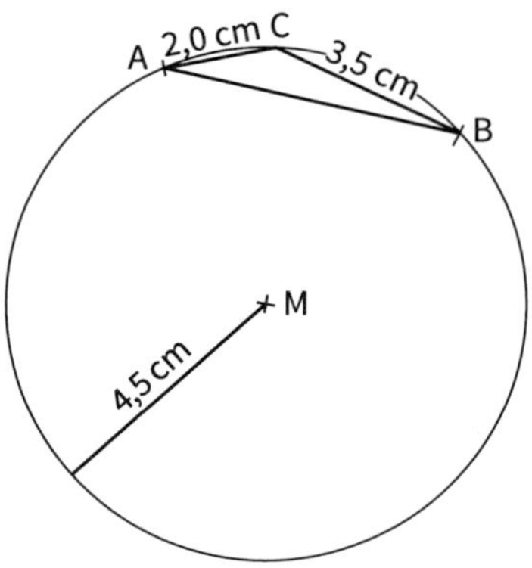

c) (1) Zeichne einen Kreis um den Umkreismittelpunkt M mit $r = 2{,}7\,cm$ und einen Punkt A auf dem Umkreis.
(2) Der Schnittpunkt des Kreisbogens um A mit $r = 4{,}8\,cm$ und dem Umkreis ergibt den Punkt B.
(3) Trage in A den Winkel $\alpha = 48°$ an. Der Schnittpunkt des freien Schenkels mit dem Umkreis ergibt den Punkt C.
ABC ist das gesuchte Dreieck.
$a \approx 4{,}0\,cm$, $b \approx 5{,}1\,cm$, $\beta \approx 69°$, $\gamma \approx 63°$

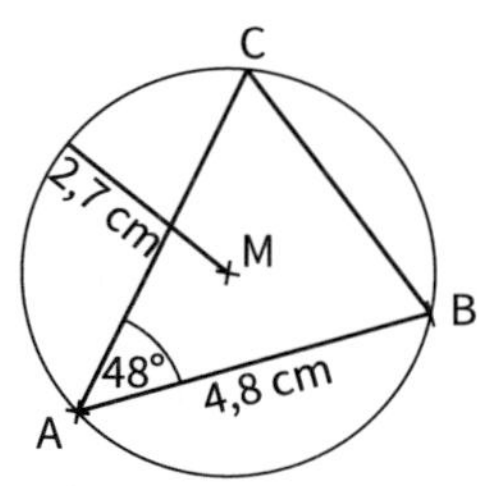

143

14. d) (1) Zeichne einen Kreis um den Umkreismittelpunkt M mit $r = 2{,}5\,cm$ und einen Punkt C auf dem Umkreis.

(2) Der Schnittpunkt des Kreisbogens um C mit $r = 3{,}7\,cm$ und dem Umkreis ergibt den Punkt A.

(3) Trage in C den Winkel $\gamma = 55°$ an. Der Schnittpunkt des freien Schenkels mit dem Umkreis ergibt den Punkt B.

ABC ist das gesuchte Dreieck.

$a \approx 4{,}9\,cm$, $c \approx 4{,}1\,cm$, $\alpha \approx 77°$, $\beta \approx 48°$

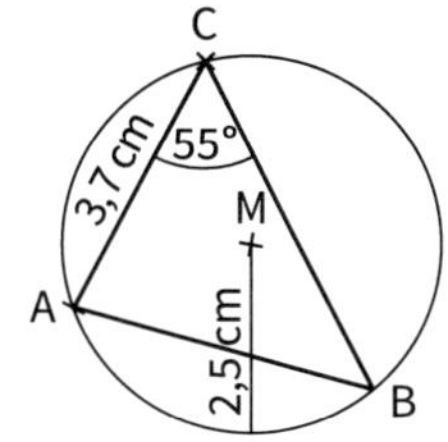

15. a) Von den besonderen Vierecken besitzen Quadrate, Rechtecke und gleichschenklige Trapeze einen Umkreis.

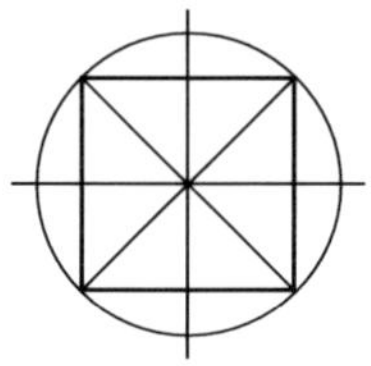

Quadrat

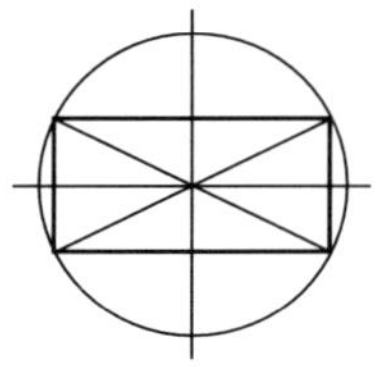

Rechteck

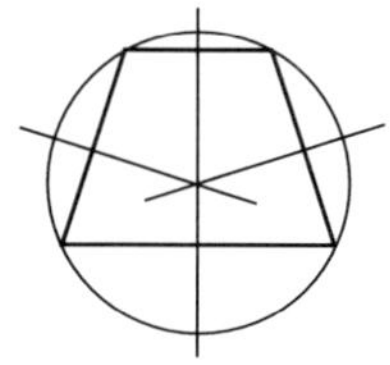

Gleichschenkliges Trapez

b) Rauten, Parallelogramme, Drachenvierecke und Trapeze besitzen im Allgemeinen keinen Umkreis, außer wenn sie eines der in Teilaufgabe a) genannten besondere Viereck mit einem Umkreis sind.

3.6.2 Winkelhalbierende – Inkreis eines Dreiecks

144

Einstieg 1:

Die Punkte liegen auf der Winkelhalbierenden des Winkels.

Einstieg 2:

Der Schatz liegt auf de Winkelhalbierenden des Winkels, den die Weggabelung bildet.

147

3. Der Mittelpunkt des Inkreises liegt immer innerhalb des Dreiecks.

4. Der Mittelpunkt liegt auf der Winkelhalbierenden des Winkels, den die Weggabelung bildet.

147

5. *Kehrsatz:* Für Winkel, die höchstens 180° groß sind, gilt:
Wenn ein Punkt P von den beiden Schenkeln denselben Abstand hat, dann liegt P auf der Winkelhalbierenden.

Beweis des Kehrsatzes:
Wir zeichnen die Halbgerade $\overrightarrow{SP}$.
Für die Dreiecke SAP und SPB gilt:
$|SP| = |SP|$ gleiche Strecke
$|PA| = |PB|$ nach Voraussetzung
Die Winkel bei A und B sind rechte Winkel.
Die Dreiecke SAP und SPB sind nach dem Kongruenzsatz Ssw zueinander kongruent, denn dem rechten Winkel liegt die längste Strecke gegenüber.
Dann stimmen entsprechende Stücke überein, also auch $\alpha_1 = \alpha_2$.
Der Punkt P liegt also auf der Winkelhalbierenden von α.

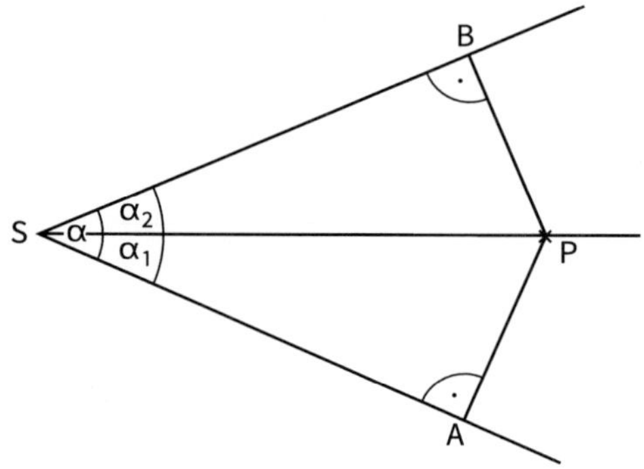

6. a) Man erhält die Punkte S_1, S_2, S_3 und S_4 als Schnittpunkte der Winkelhalbierenden der Geradenkreuzung mit den Kreisen um den Schnittpunkt von AB und CD mit dem Radius 2,5 cm.

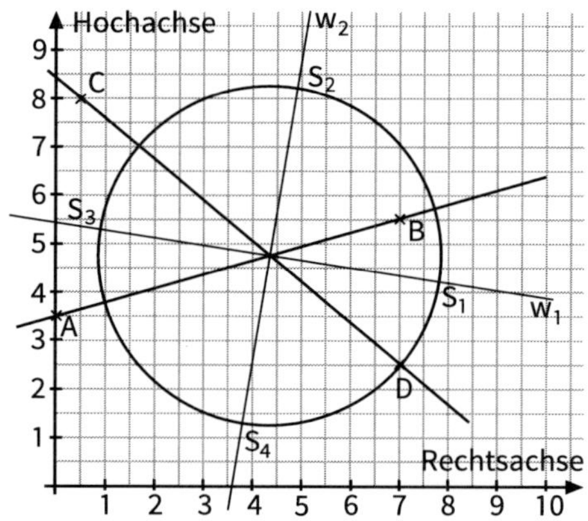

b) Man erhält die Punkte S_1, S_2, S_3 und S_4 als Schnittpunkte der Winkelhalbierenden der Geradenkreuzung mit dem Kreis um P mit dem Radius 4,2 cm.

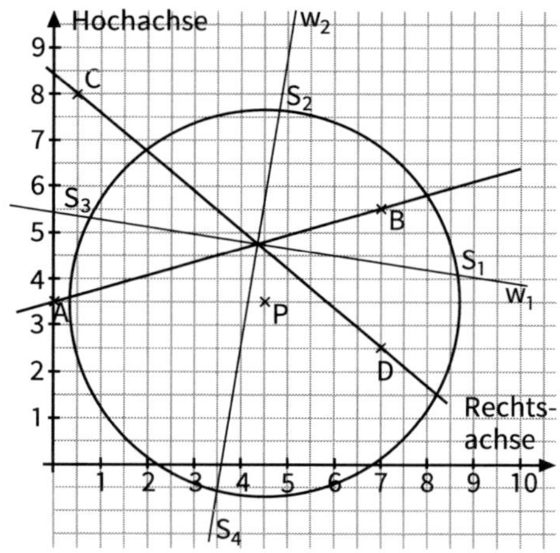

147 **6. c)** Man erhält die Punkte S_1 und S_2 als Schnittpunkte der Winkelhalbierenden der Geradenkreuzung mit der Mittelsenkrechten zu $\overline{PQ}$.

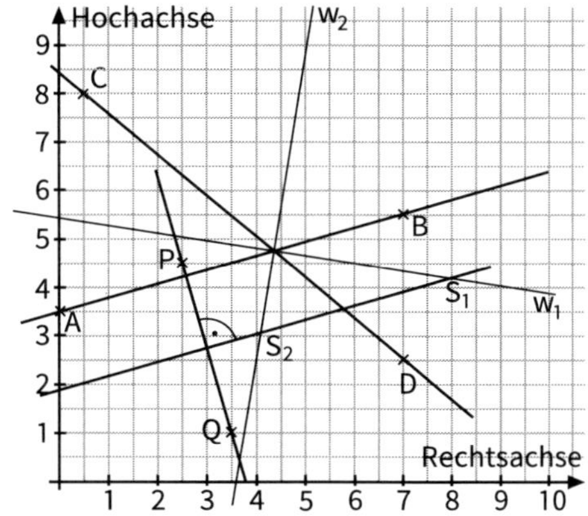

7. Die Winkelhalbierenden schneiden sich in einem Punkt.

8. a) $\varrho \approx 1{,}2\,\text{cm}$
$c \approx 8{,}5\,\text{cm}$
$\alpha \approx 36°$
$\beta \approx 29°$

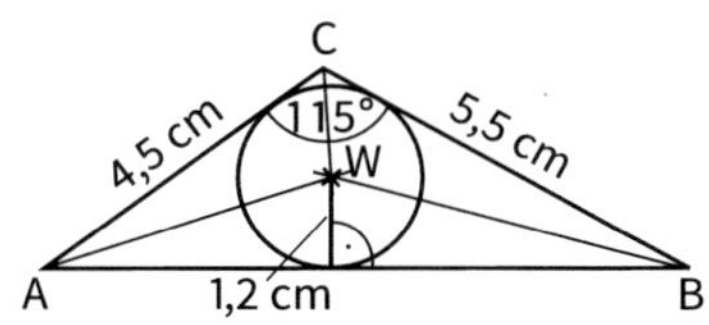

b) $\varrho \approx 1{,}4\,\text{cm}$
$\alpha \approx 86°$
$\beta \approx 59°$
$\gamma \approx 35°$

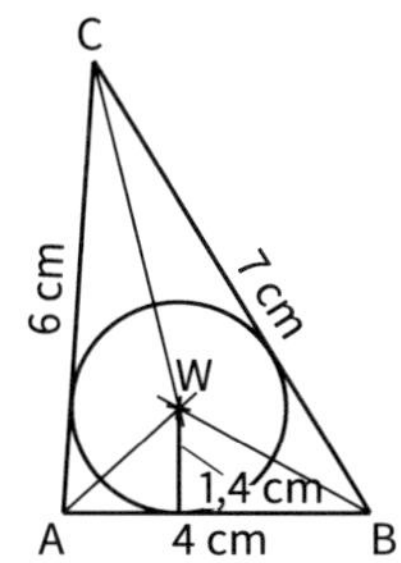

c) $\varrho \approx 1{,}5\,\text{cm}$
$a \approx 4{,}2\,\text{cm}$
$b \approx 5{,}7\,\text{cm}$
$\gamma \approx 80°$

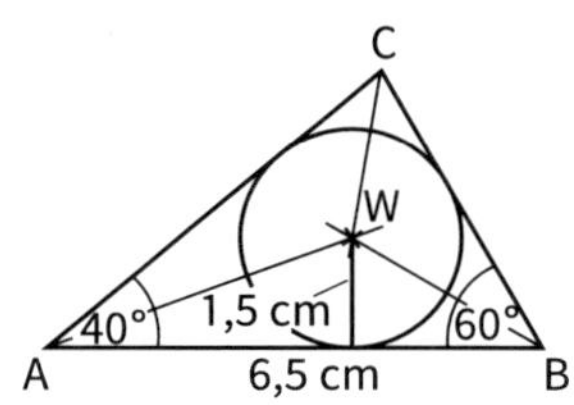

d) $\varrho \approx 1{,}4\,\text{cm}$
$c \approx 8{,}3\,\text{cm}$
$\beta \approx 28°$
$\gamma \approx 102°$

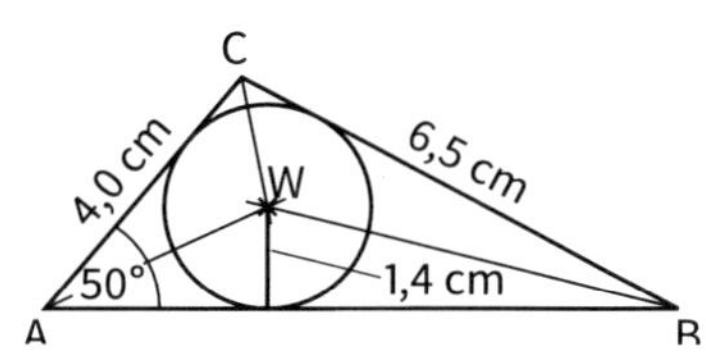

148 **9.** Der Mittelpunkt des Inkreises hat von den drei Dreieckseiten denselben Abstand.

148

10. *1. Fall:* Alle drei Geraden sind parallel zueinander. Dann gibt es keine Kreise, die alle drei Geraden berühren.

2. Fall: Zwei Geraden sind zueinander parallel. Die dritte Gerade schneidet diese Geraden:

a ∥ b, a ∦ c, b ∦ c

Die Gerade c schneidet die Geraden a und b in den Punkten S_a bzw. S_b.
Die Mittelpunkte der Kreise sind die Schnittpunkte der Winkelhalbierenden zwischen a und c bei S_a bzw. b und c bei S_b.

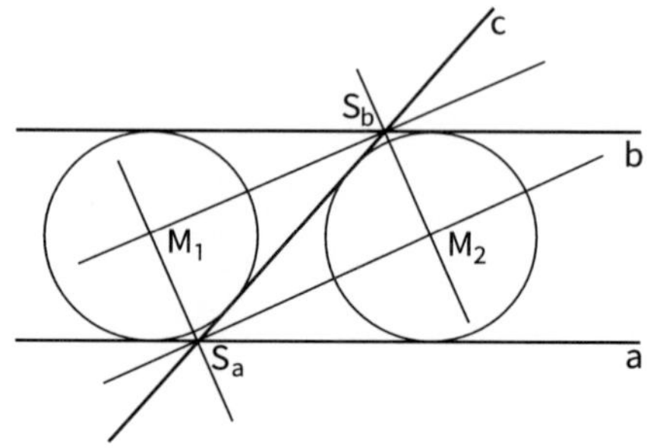

3. Fall: Die drei Geraden a, b, und c sind nicht parallel zueinander und schneiden sich in drei Punkten A, B und C. Die Punkte bilden das Dreieck ABC. Der Inkreis berührt alle drei Geraden, aber auch die außen liegenden Kreise berühren die drei Geraden. Die Mittelpunkte der Kreise erhält man als Schnittpunkt der Winkelhalbierenden eines Innenwinkels mit den Winkelhalbierenden der Außenwinkel bei den anderen beiden Punkten.

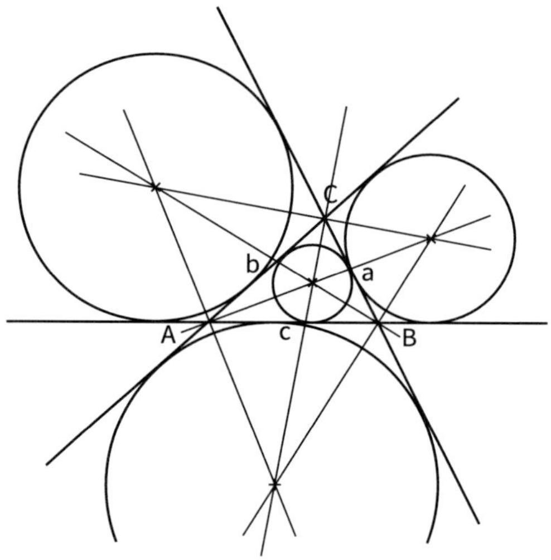

Die Außenwinkel erhält man durch Verlängern der Dreieckseiten.

11. a) W(≈ 6,6 | ≈ 3,8),
$\varrho \approx 0{,}8$ cm,
$a \approx 4{,}2$ cm,
$b \approx 10{,}8$ cm,
$c \approx 7{,}1$ cm, $\alpha \approx 14°$,
$\beta \approx 143°$, $\gamma \approx 23°$

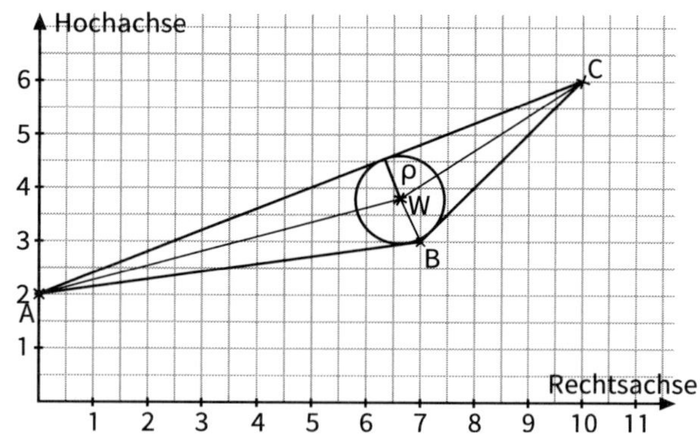

148 **11. b)** W(≈ 6,4 | ≈ 7,4),
$\varrho \approx 1{,}7$ cm,
$a \approx 4{,}5$ cm,
$b \approx 8{,}6$ cm,
$c \approx 9{,}1$ cm, $\alpha \approx 29°$,
$\beta \approx 70°$, $\gamma \approx 81°$

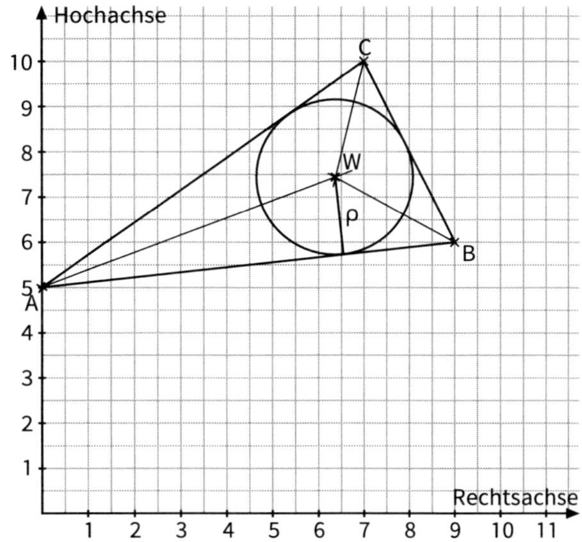

c) W(≈ 4,4 | ≈ 8,1),
$\varrho \approx 2{,}3$ cm,
$a \approx 8{,}1$ cm,
$b \approx 7{,}6$ cm,
$c \approx 9{,}4$ cm, $\alpha \approx 55°$,
$\beta \approx 51°$, $\gamma \approx 74°$

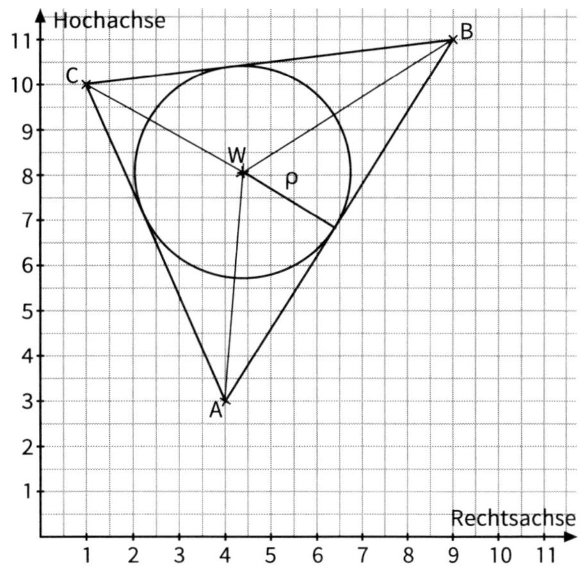

148 **11. d)** W(≈ −0,8 | ≈ 1,6),
ϱ ≈ 2,0 cm,
a ≈ 10,6 cm,
b ≈ 9,5 cm,
c ≈ 5,4 cm, α ≈ 87°,
β ≈ 63°, γ ≈ 30°

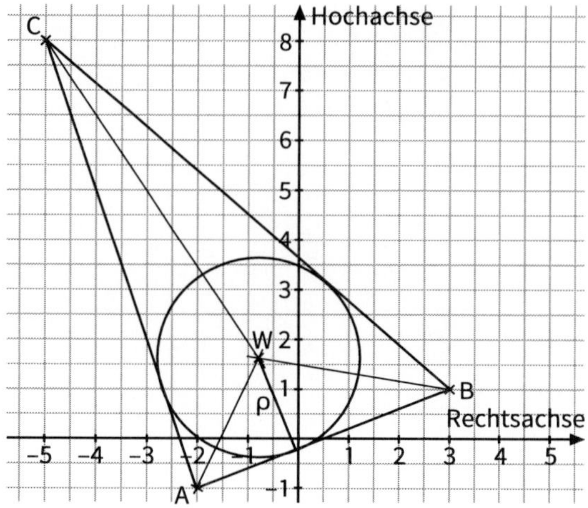

12. Der Untersetzer kann so groß werden wie der Inkreis des Dreiecks. Der Durchmesser beträgt 9,1 cm.

13. Nur bei gleichseitigen Dreiecken sind alle Winkelhalbierenden auch Mittelsenkrechten der gegenüberliegenden Seiten. Hier fallen die Mittelpunkte von Inkreis und Umkreis zusammen.

14. Der Inkreis des rechtwinkligen Dreiecks mit den Seitenlängen 28 m und 21 m hat einen Radius von 7 m. Hiervon geht der Sicherheitsabstand von 3 m ab. Der Durchmesser des Hochhauses ist also $(7\,m - 3\,m) \cdot 2 = 8\,m$.

15. Die Winkelhalbierende des Zentrierwinkels geht durch den Kreismittelpunkt. Man benötigt also nur zwei verschiedene Stellungen des Zentrierwinkels. Der Schnittpunkt der markierten Winkelhalbierenden ist der Kreismittelpunkt.

Das kann ich noch!

A) **1)** −5 **3)** −2 **5)** −26 **7)** 0 **9)** 9
2) −14 **4)** 5 **6)** 36 **8)** −8 **10)** Durch 0 kann man nicht dividieren.

3.7 Satz des Thales

149 **Einstieg 1:**
Sie müssen sich alle mit dem gleichen Winkel drehen, nämlich um 90°.

Einstieg 2:
Man erhält bei C immer einen rechten Winkel.

150

2. a) *Konstruktionsbeschreibung:*

(1) Zeichne die Strecke $\overline{AB}$ mit $c = 4{,}8\,cm$ sowie den Thaleskreis über $\overline{AB}$.

(2) Zeichne um B einen Kreis mit dem Radius $a = 2{,}5\,cm$. Der Schnittpunkt mit dem Thaleskreis ist der Eckpunkt C.

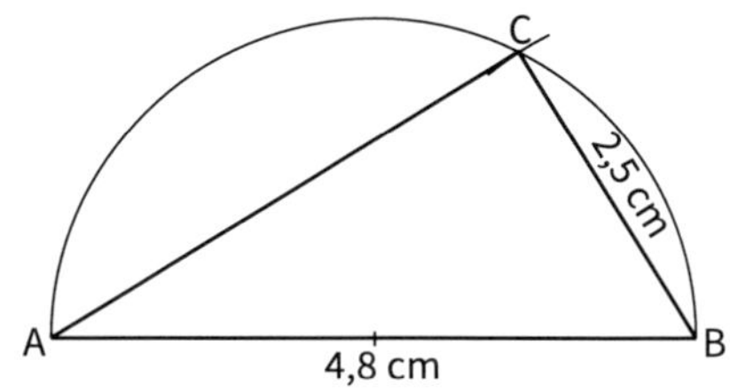

ABC ist das gesuchte Dreieck: $b \approx 4{,}1\,cm$, $\alpha \approx 31°$, $\beta \approx 59°$

b) *Konstruktionsbeschreibung:*

(1) Zeichne die Strecke $\overline{AB}$ mit $c = 4{,}7\,cm$ sowie den Thaleskreis über $\overline{AB}$.

(2) Zeichne die Parallele zu $\overline{AB}$ im Abstand von $h_c = 1{,}9\,cm$. Die Parallele schneidet den Thaleskreis in zwei Punkten C_1 und C_2.

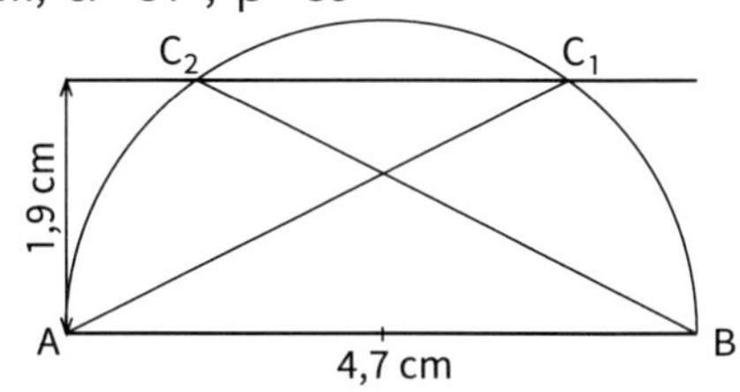

Es gibt also zwei Lösungsdreiecke ABC_1 und ABC_2:

1. Lösungsdreieck:

$a_1 \approx 2{,}1\,cm$, $b_1 \approx 4{,}2\,cm$, $c_1 = 4{,}7\,cm$, $\alpha_1 \approx 27°$, $\beta_1 \approx 63°$, $\gamma_1 = 90°$

2. Lösungsdreieck:

$a_2 \approx 4{,}2\,cm$, $b_2 \approx 2{,}1\,cm$, $c_2 = 4{,}7\,cm$, $\alpha_2 \approx 63°$, $\beta_2 \approx 27°$, $\gamma_2 = 90°$

Die Lösungsdreiecke sind kongruent zueinander. Sie liegen symmetrisch zur Mittelsenkrechten von $\overline{AB}$.

151

3. a) *Konstruktionsbeschreibung:*

(1) Zeichne die Strecke $\overline{AB}$ mit $c = 5{,}3\,cm$ sowie den Thaleskreis über $\overline{AB}$.

(2) Zeichne um A einen Kreis mit dem Radius $b = 4{,}3\,cm$. Der Schnittpunkt mit dem Thaleskreis ist der Eckpunkt C.

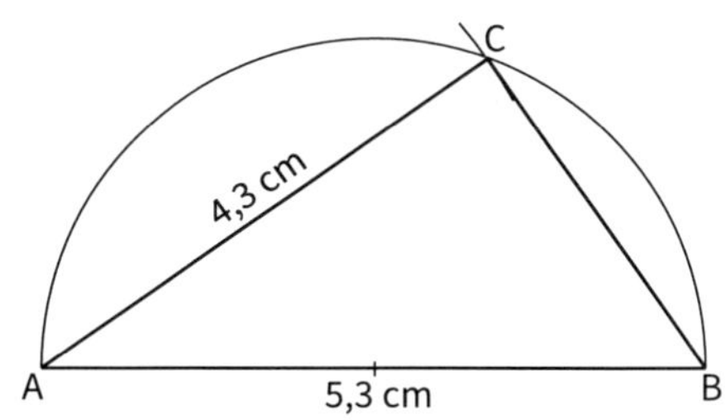

ABC ist das gesuchte Dreieck:
$a \approx 3{,}1\,cm$, $\alpha \approx 36°$, $\beta \approx 54°$

b) Da der Winkel γ ein rechter Winkel ist, ist die Höhe h_b genauso lang wie die Seite a, also $a = 8\,cm$.

Konstruktionsbeschreibung:

(1) Zeichne die Strecke $\overline{CB}$ mit $a = 8\,cm$ und trage in C den rechten Winkel γ an.

(2) Zeichne den Thaleskreis über $\overline{CB}$.

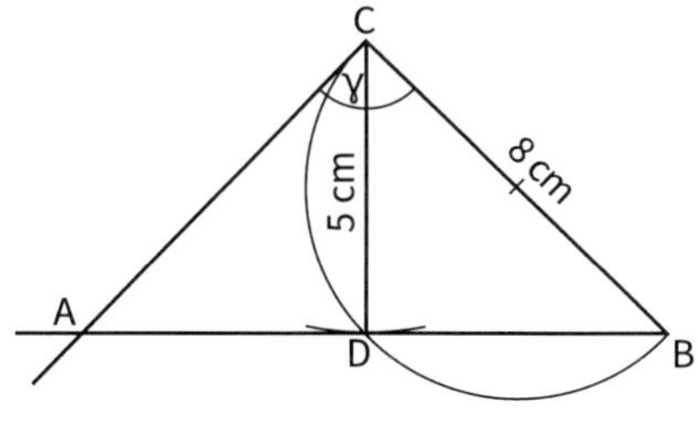

151 **3. b)** (3) Zeichne um C einen Kreis mit dem Radius $h_c = 5\,cm$. Der Schnittpunkt des Kreises mit dem Thaleskreis ist der Höhenfußpunkt D.

(4) Zeichne von B aus die Halbgerade durch D. Der Schnittpunkt mit dem freien Schenkel von γ ist der Eckpunkt A.

ABC ist das gesuchte Dreieck:
$b \approx 6{,}4\,cm$, $c \approx 10{,}2\,cm$, $\alpha \approx 51°$, $\beta \approx 39°$

4. a) *Konstruktionsbeschreibung:*

(1) Zeichne die Strecke $\overline{AB}$ mit $c = 8\,cm$ sowie den Thaleskreis über $\overline{AB}$.

(2) Zeichne die Parallele zu $\overline{AB}$ im Abstand von $h_c = 3\,cm$. Die Parallele schneidet den Thaleskreis in zwei Punkten C_1 und C_2. Es gibt also zwei Lösungsdreiecke ABC_1 und ABC_2:

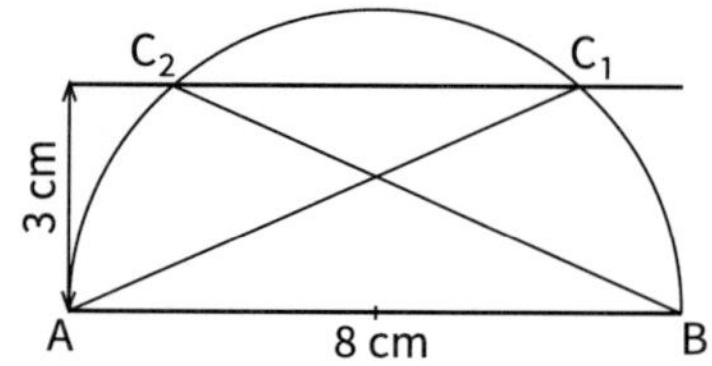

1. Lösungsdreieck:
$a_1 \approx 2{,}1\,cm$, $b_1 \approx 4{,}2\,cm$, $c_1 = 4{,}7\,cm$, $\alpha_1 \approx 27°$, $\beta_1 \approx 63°$, $\gamma_1 = 90°$

2. Lösungsdreieck:
$a_2 \approx 4{,}2\,cm$, $b_2 \approx 2{,}1\,cm$, $c_2 = 4{,}7\,cm$, $\alpha_2 \approx 63°$, $\beta_2 \approx 27°$, $\gamma_2 = 90°$

Die Lösungsdreiecke sind kongruent zueinander. Sie liegen symmetrisch zur Mittelsenkrechten von $\overline{AB}$.

b) *Konstruktionsbeschreibung:*

(1) Zeichne die Strecke $\overline{AC}$ mit $b = 6{,}4\,cm$ sowie den Thaleskreis über $\overline{AC}$.

(2) Zeichne die Parallele zu $\overline{AC}$ im Abstand von $h_b = 2{,}3\,cm$. Die Parallele schneidet den Thaleskreis in zwei Punkten B_1 und B_2. Es gibt also zwei Lösungsdreiecke AB_1C und AB_2C:

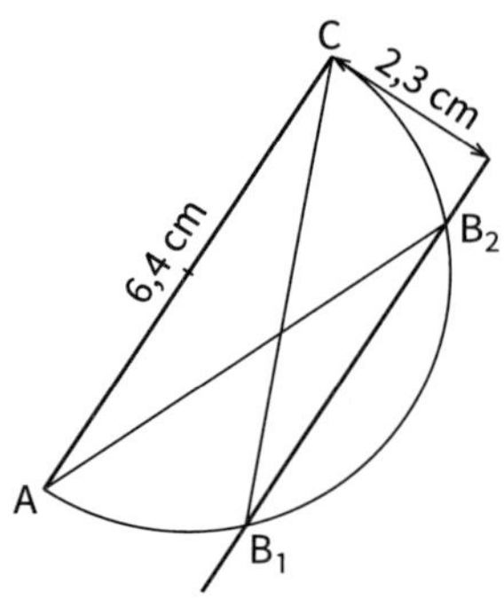

1. Lösungsdreieck:
$a_1 \approx 5{,}9\,cm$, $b_1 = 6{,}4\,cm$, $c_1 \approx 2{,}5\,cm$,
$\alpha_1 \approx 67°$, $\beta_1 = 90°$, $\gamma_1 \approx 23°$

2. Lösungsdreieck:
$a_2 \approx 2{,}5\,cm$, $b_2 = 2{,}1\,cm$, $c_2 \approx 5{,}9\,cm$,
$\alpha_2 \approx 23°$, $\beta_2 = 90°$, $\gamma_2 \approx 67°$

Die Lösungsdreiecke sind kongruent zueinander. Sie liegen symmetrisch zur Mittelsenkrechten von $\overline{AC}$.

151 **5.** Wähle einen Punkt A auf g und konstruiere den Thaleskreis über $\overline{AP}$. Der Thaleskreis schneidet g in A und in einem zweiten Punkt B. BP ist die gesuchte Orthogonale zu g durch P, da APB ein rechtwinkliges Dreieck mit dem rechten Winkel bei B ist.

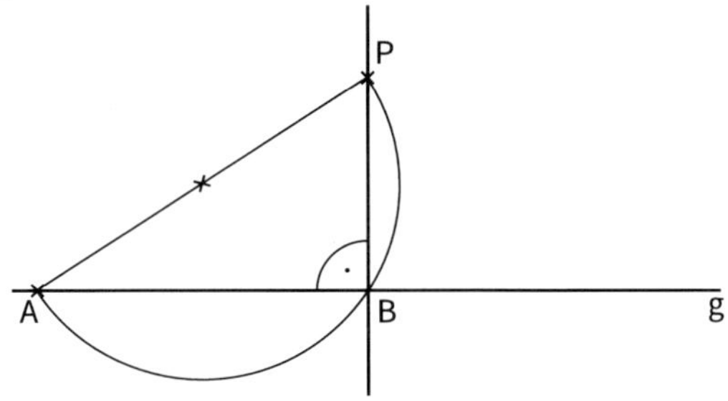

6. Zum Beispiel:

(1) Zeichne eine Strecke $\overline{AB}$ mit $|AB| = 2 \cdot r = 2 \cdot 3{,}4\,\text{cm} = 6{,}8\,\text{cm}$ und konstruiere den Thaleskreis zu $\overline{AB}$.

(2) Zeichne um A einen Kreis mit dem Radius r = 2,1 cm; einen Schnittpunkt mit dem Thaleskreis nenne D.

(3) Zeichne um B einen Kreis mit dem Radius r = 2,1 cm; den Schnittpunkt mit dem Thaleskreis, der auf der anderen Seite von $\overline{AB}$ als der Punkt D liegt, nenne B.

Die Punkte A, B, C, D sind Eckpunkte des gesuchten Rechtecks.

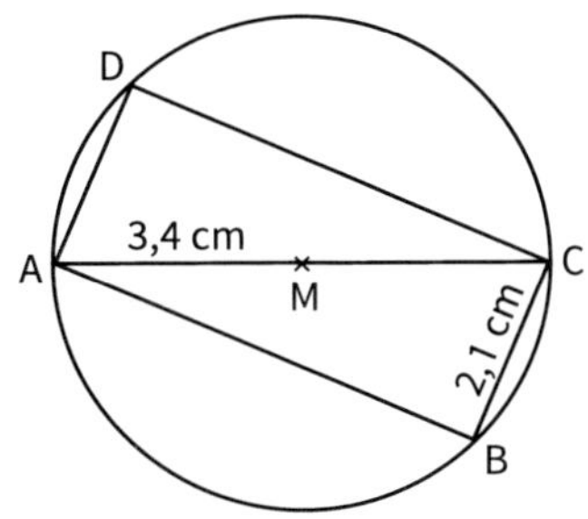

7. **a)** Die Diagonalen in einem Rechteck sind gleich lang. Sobald die Winkel keine rechten Winkel sind, erhält man ein Parallelogramm, dessen Diagonalen dann nicht gleich lang sind.

b) Die Diagonalen sind dann ungefähr 15,2 cm bzw. 14,7 cm lang. Den Unterschied kann man noch gut durch Messen erkennen.

8. Konstruiere den Thaleskreis zu $\overline{AB}$ mit dem Mittelpunkt M. Ein Schnittpunkt des Kreises mit der Geraden g ist der gesuchte Punkt C. Das Dreieck ABC hat einen rechten Winkel bei C.

Wir unterscheiden drei Fälle:

Der Radius des Thaleskreises ist größer als der Abstand von M zu g: Es gibt zwei Schnittpunkte C_1 und C_2.

Der Radius des Thaleskreises ist gleich dem Abstand von M zu g: Es gibt nur einen Schnittpunkt C.

Der Radius des Thaleskreises ist kleiner als der Abstand von M zu g: Es gibt keinen Schnittpunkt. Es gibt also keinen Punkt C, der die Bedingungen erfüllt.

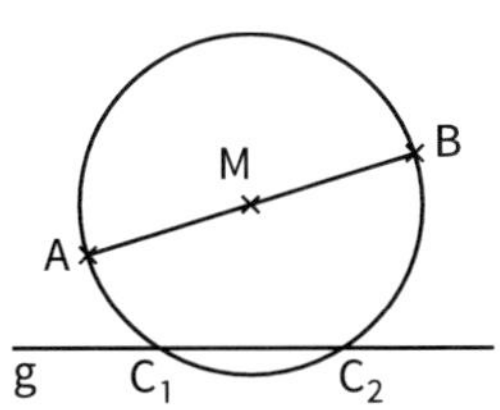

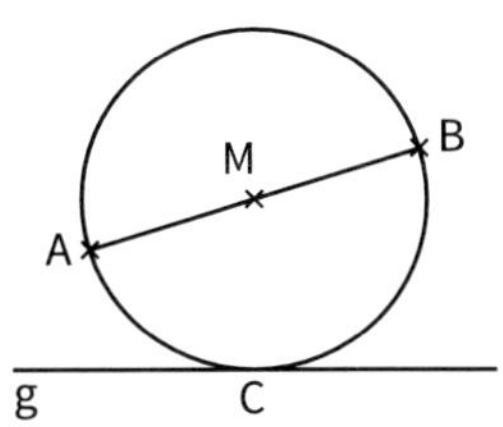

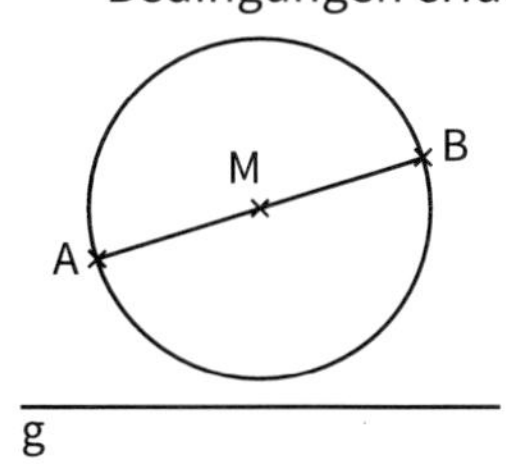

151

9. Konstruiere den Thaleskreis über $\overline{MP}$. Die Schnittpunkte S_1 bzw. S_2 sind die Berührpunkte der Tangenten an den Kreis. Die Dreiecke MPS_1 und MPS_2 sind rechtwinklig.

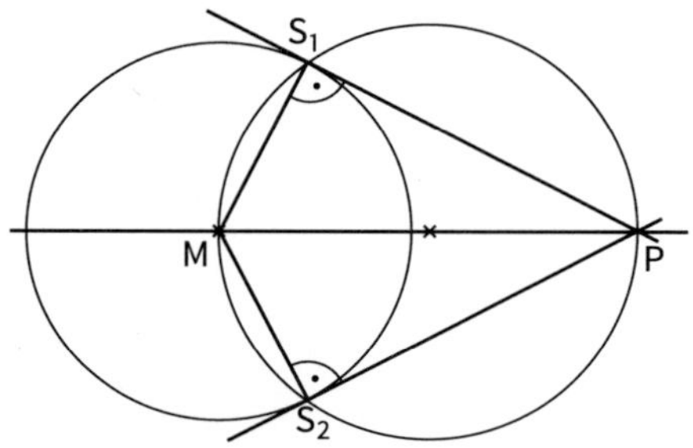

10. (1) Konstruktion einer Orthogonalen.
    (2) Mithilfe des Thaleskreises ein rechtwinkliges Dreieck konstruieren.

11. Der Punkt C liegt auf einem Kreis mit $\overline{AB}$ als Durchmesser. Der Mittelpunkt von $\overline{AB}$ ist auch Mittelpunkt des Kreises.

Im Blickpunkt: Thales von Milet

152

1. **Basiswinkelsatz:**
   Für jedes gleichschenklige Dreieck gilt: Die beiden Basiswinkel sind gleich groß.

   Scheitelwinkelsatz:
   Scheitelwinkel sind gleich groß.

   Winkelsummensatz:
   In jedem Dreieck sind die drei Innenwinkel zusammen 180° groß.
   In jedem Viereck sind die vier Innenwinkel zusammen 360° groß.

   Thalessatz:
   Wenn der Punkt C eines Dreiecks ABC auf dem Thaleskreis der Strecke $\overline{AB}$ liegt, dann ist das Dreieck rechtwinklig mit γ als rechten Winkel.

2. Thales und sein Schatten bilden einen rechten Winkel und bilden mit der roten Linie ein gleichschenkliges Dreieck, dessen Basiswinkel 45° groß sind. Thales ist also genauso groß wie sein Schatten lang ist.
   Das Dreieck aus Höhe der Pyramide und dessen Schatten ist auch rechtwinklig mit den Winkeln 45°, also auch gleichschenklig. Daher ist die Schattenlänge der Pyramide gleich der Höhe der Pyramide.

3. Die Entfernung vom Turm zum Punkt im Gebäude ist genauso groß wie die Entfernung zum Schiff.

4. –

3.8 Konstruktion von Dreiecken aus Teildreiecken

153 **Einstieg:**

Wir zeichnen das Dreieck im Maßstab 1 : 100, also 1 cm in der Zeichnung entspricht 1 m in der Wirklichkeit.

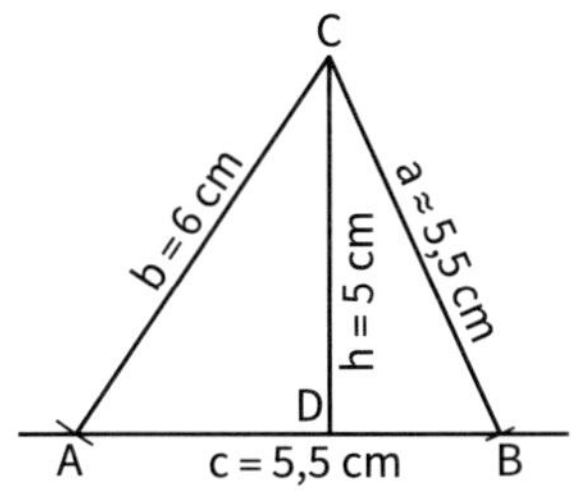

(1) Zeichne die Höhe $h = 5\,\text{cm}$ mit den Endpunkten C und D.
(2) Zeichne in D die Orthogonale zu CD.
(3) Zeichne um C einen Kreis mit dem Radius $b = 6\,\text{cm}$; ein Schnittpunkt mit der Orthogonalen zu CD ist der Punkt A.
(4) Zeichne um A einen Kreis mit dem Radius $c = 5{,}5\,\text{cm}$; ein Schnittpunkt mit der Orthogonalen ist der Punkt B.

ABC ist das gesuchte Dreieck mit $a \approx 5{,}5\,\text{cm}$.
Die dritte Lichterkette wird ungefähr 5,5 m lang.

154 **2.** Zeichne zunächst das Teildreieck DBC mit $w_\beta = 6\,\text{cm}$, $a = 5{,}5\,\text{cm}$ und $\gamma = 100°$.

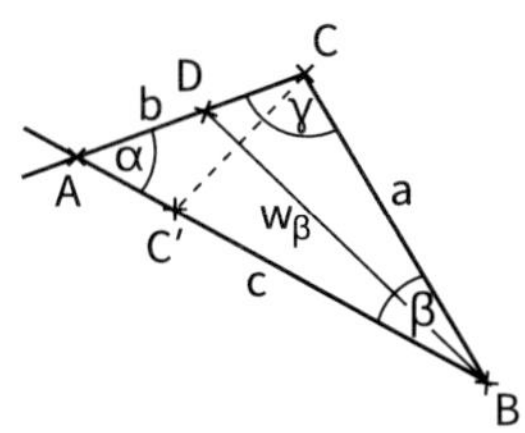

(1) Zeichne die Seite $\overline{BC}$ mit $a = 5{,}5\,\text{cm}$ und trage in C den Winkel $\gamma = 100°$ an.
(2) Zeichne um B einen Kreis mit dem Radius $w_\beta = 6\,\text{cm}$; der Schnittpunkt des Kreises mit dem freien Schenkel von γ ist der Punkt D.
(3) Verdopple den Winkel $\frac{\beta}{2}$ bei B durch Spiegeln des Punktes C an der Geraden BD. Zeichne die Gerade BC'; ihr Schnittpunkt mit dem freien Schenkel von γ ist der Punkt A.

Man erhält das Dreieck ABC mit:
$a = 5{,}5\,\text{cm}$, $b = 3{,}7\,\text{cm}$, $c = 7{,}2\,\text{cm}$, $\alpha \approx 49°$, $\beta = 31°$, $\gamma = 100°$

3. a) Zeichne zunächst das Teildreieck BCD.

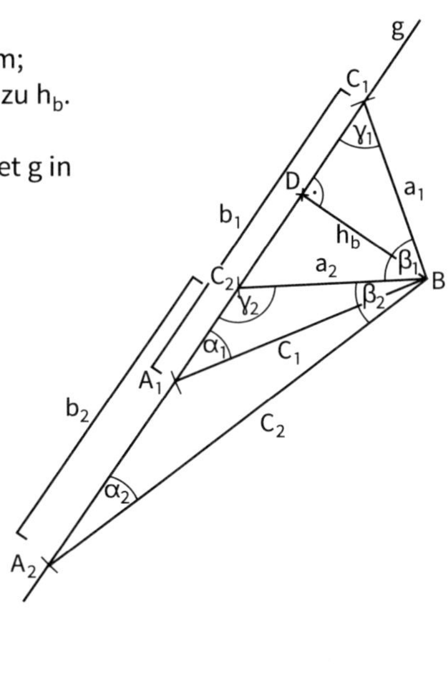

(1) Zeichne die Strecke $\overline{BD}$ mit $h_b = 4\,\text{cm}$; zeichne durch D die Orthogonale g zu h_b.
(2) Zeichne um B einen Kreis mit dem Radius $a = 5\,\text{cm}$. Der Kreis schneidet g in den beiden Punkten C_1 und C_2.
(3) Trage von C_1 bzw. von C_2 jeweils die Strecke $\overline{C_1A_1}$ bzw. $\overline{C_2A_2}$ mit $b = 9\,\text{cm}$ ab.

Man erhält die beiden Dreiecke A_1BC_1 und A_2BC_2 mit:
$a_1 = a = 5\,\text{cm}$, $b = 9\,\text{cm}$, $c_1 \approx 7{,}2\,\text{cm}$,
$\alpha_1 \approx 34°$, $\beta_1 \approx 93°$, $\gamma_1 \approx 53°$
bzw.
$a_2 = a = 5\,\text{cm}$, $b = 9\,\text{cm}$, $c_2 \approx 12{,}6\,\text{cm}$,
$\alpha_2 \approx 18°$, $\beta_2 \approx 35°$, $\gamma_2 \approx 127°$

154 **3. b)** Zeichne zunächst das Teildreieck ABC.

(1) Zeichne die Strecke $\overline{CD}$ mit $h_c = 3\,cm$; zeichne durch D die Orthogonale g zu h_c.

(2) Zeichne um C einen Kreis mit dem Radius $b = 5\,cm$; den einen Schnittpunkt mit g nenne A.

(3) Zeichne um C einen Kreis mit dem Radius $a = 4\,cm$. Der Kreis schneidet g in den beiden Punkten B_1 und B_2.

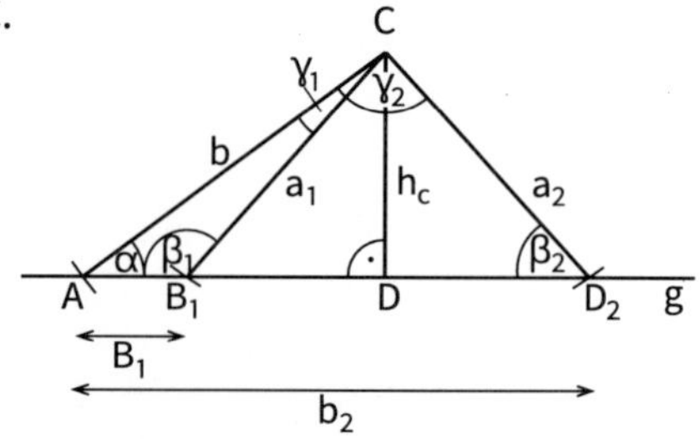

Man erhält die beiden Dreiecke AB_1C und AB_2C mit:

$a_1 = a = 4\,cm$, $b = 5\,cm$, $c_1 \approx 1{,}4\,cm$, $\alpha \approx 37°$, $\beta_1 \approx 131°$, $\gamma_1 \approx 12°$

bzw. $a_2 = a = 4\,cm$, $b = 5\,cm$, $c_2 \approx 6{,}6\,cm$, $\alpha \approx 37°$, $\beta_2 \approx 49°$, $\gamma_2 \approx 95°$

c) Zeichne zunächst das Teildreieck ADC.

(1) Zeichne die Strecke $\overline{AD}$ mit $h_a = 3{,}7\,cm$; zeichne durch D die Orthogonale g zu h_a.

(2) Trage in A den Winkel
$\alpha_1 = 180° - 90° - \gamma$
$= 180° - 90° - 54°$
$= 36°$
an (Winkelsumme im Dreieck ADC); der Schnittpunkt mit der Orthogonalen g ist der Punkt C.

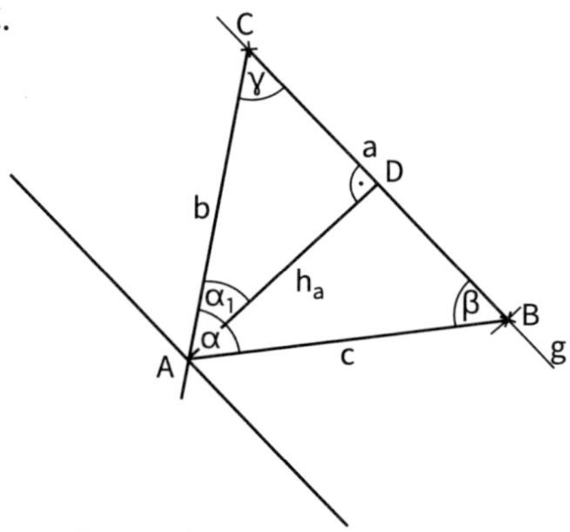

(3) Zeichne einen Kreis um C mit dem Radius $a = 5{,}4\,cm$; ein Schnittpunkt mit der Orthogonalen g ist der Punkt B.

Man erhält das Dreieck ABC mit:

$a = 5{,}4\,cm$, $b = 4{,}6\,cm$, $c \approx 4{,}6\,cm$, $\alpha \approx 72°$, $\beta \approx 54°$, $\gamma \approx 54°$

d) Zeichne zunächst das Teildreieck ADC.

(1) Zeichne die Strecke $\overline{CD}$ mit $h_c = 2{,}2\,cm$; zeichne durch D die Orthogonale g zu h_c.

(2) Zeichne um C einen Kreis mit dem Radius $b = 8{,}1\,cm$; einen Schnittpunkt mit g nenne A.

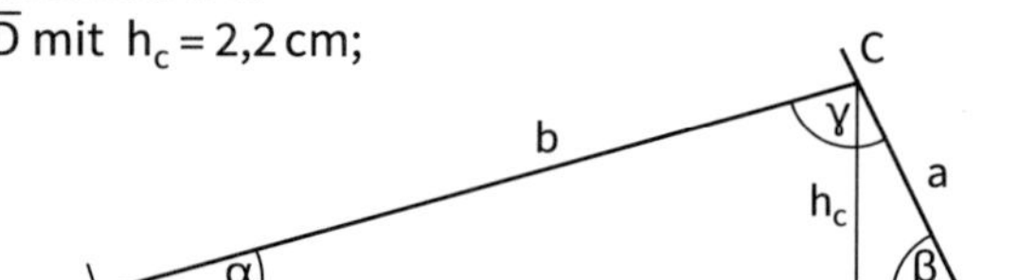

(3) Trage in C den Winkel $\gamma = 100°$ an; den Schnittpunkt des freien Schenkels mit g nenne B.

Man erhält das Dreieck ABC mit:

$a \approx 2{,}4\,cm$, $b = 8{,}1\,cm$, $c \approx 8{,}9\,cm$, $\alpha \approx 16°$, $\beta \approx 64°$, $\gamma \approx 100°$

154 **3. e)** Zeichne die Teildreiecke BDA und BCD.

(1) Zeichne die Strecke $\overline{BD}$ mit $h_b = 3{,}4\,\text{cm}$; zeichne durch D die Orthogonale g zu h_b.

(2) Trage in B an $\overline{BD}$ den Winkel $\beta_1 = 36°$ ($= 180° - 90° - \gamma$) nach links an und $\beta_2 = 22°$ ($= 180° - 90° - \alpha$) nach rechts an; die Schnittpunkte mit g nenne A bzw. C.

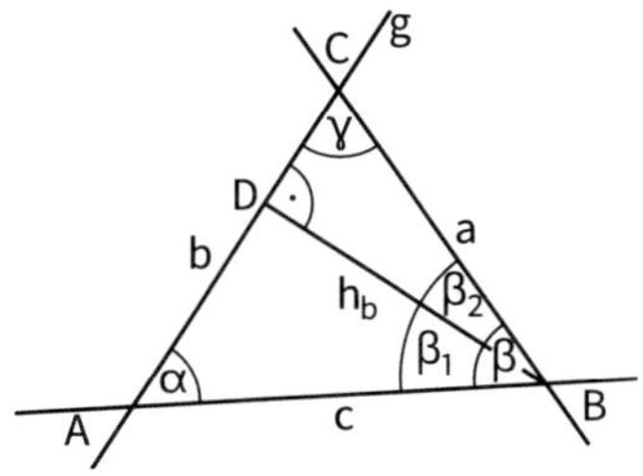

Man erhält das Dreieck ABC mit:
$a \approx 3{,}7\,\text{cm}$, $b \approx 3{,}8\,\text{cm}$, $c \approx 4{,}2\,\text{cm}$, $\alpha \approx 54°$, $\beta \approx 58°$, $\gamma \approx 68°$

f) Zeichne die Teildreiecke ABD und ADC.

(1) Zeichne die Strecke $\overline{AD}$ mit $h_a = 4{,}1\,\text{cm}$; zeichne durch D die Orthogonale g zu h_a.

(2) Trage in A an $\overline{AD}$ den Winkel $\alpha_1 = 180° - 90° - \beta = 90° - 82° = 8°$ an; der Schnittpunkt des freien Schenkels mit g ist der Punkt B.

(3) Zeichne um A einen Kreis mit dem Radius $b = 6{,}3\,\text{cm}$. Der Kreis schneidet g im Punkt C.

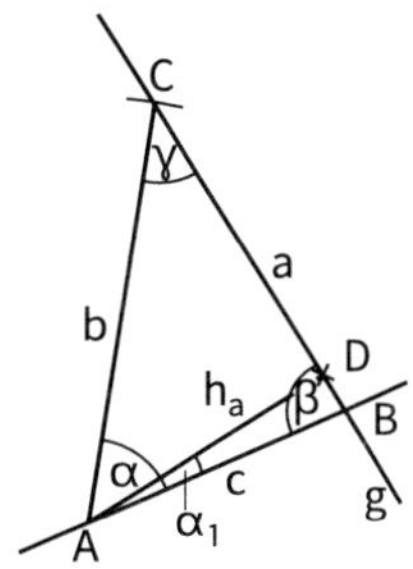

Man erhält das Dreieck ABC mit:
$a \approx 5{,}4\,\text{cm}$, $b = 6{,}3\,\text{cm}$, $c \approx 4{,}1\,\text{cm}$, $\alpha \approx 57°$, $\beta \approx 82°$, $\gamma \approx 41°$

4. a) Zeichne zunächst das Teildreieck ADC.

(1) Zeichne die Strecke $\overline{BC}$ mit $a = 6{,}2\,\text{cm}$; trage in C den Winkel $\gamma = 125°$ an.

(2) Zeichne die Winkelhalbierende von γ und trage auf ihr von C aus eine Strecke der Länge $w_\gamma = 2{,}4\,\text{cm}$ ab; nenne den Endpunkt D.

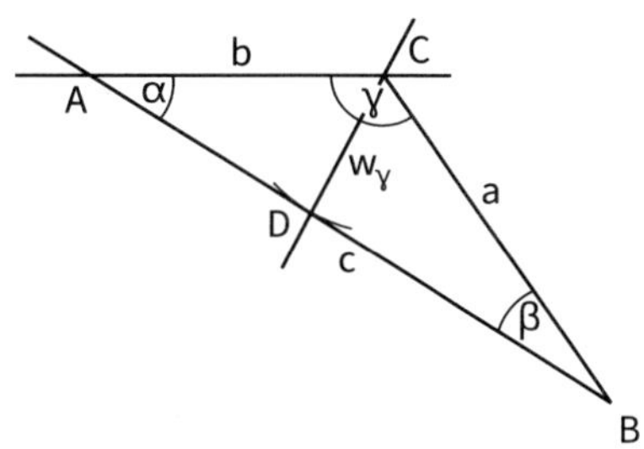

(3) Zeichne von B die Halbgerade durch D; der Schnittpunkt der Halbgeraden mit dem freien Schenkel von γ ist der Punkt A.

Man erhält das Dreieck ABC mit:
$a = 6{,}2\,\text{cm}$, $b \approx 4{,}5\,\text{cm}$, $c \approx 9{,}5\,\text{cm}$, $\alpha \approx 32°$, $\beta \approx 23°$, $\gamma = 125°$

b) Zeichne zunächst das Teildreieck ADC.

(1) Zeichne die Strecke $\overline{AC}$ mit $b = 3{,}1\,\text{cm}$; trage in A den Winkel $\alpha = 80°$ an.

(2) Zeichne die Winkelhalbierende von α und trage auf ihr von A aus eine Strecke der Länge $w_\alpha = 3{,}4\,\text{cm}$ ab; nenne den Endpunkt D.

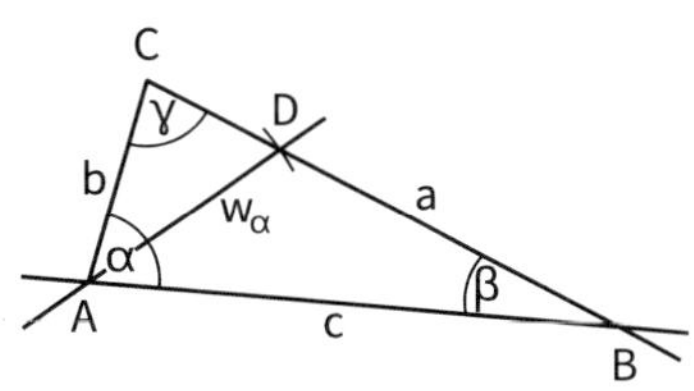

(3) Zeichne von C aus die Halbgerade durch D; der Schnittpunkt der Halbgeraden mit dem freien Schenkel von α ist der Punkt B.

Man erhält das Dreieck ABC mit:

$a \approx 7{,}9\,\text{cm}$, $b = 3{,}1\,\text{cm}$, $c \approx 7{,}9\,\text{cm}$, $\alpha = 80°$, $\beta \approx 23°$, $\gamma \approx 77°$

154 **4. c)** Zeichne zunächst das Teildreieck BCD.

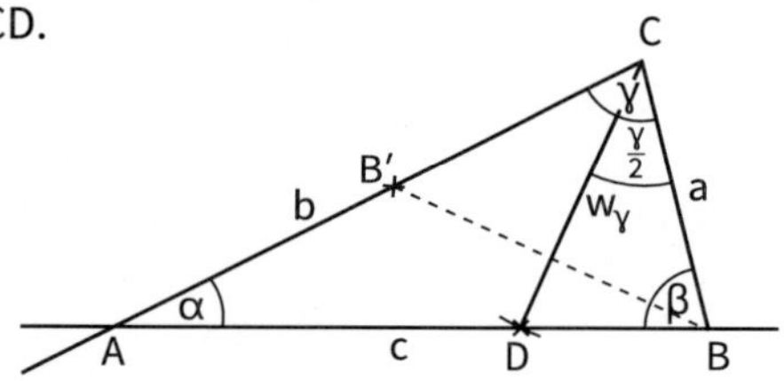

(1) Zeichne die Strecke $\overline{BC}$ mit $a = 4{,}6\,\text{cm}$; trage in B den Winkel $\beta = 76°$ an.

(2) Zeichne um C einen Kreis mit dem Radius $w_\gamma = 4{,}9\,\text{cm}$; den einen Schnittpunkt mit dem freien Schenkel von β nenne D.

(3) Verdopple den Winkel $\frac{\gamma}{2}$ zum Winkel γ durch Spiegeln von B an CD.

(4) Zeichne von C aus die Halbgerade durch B'; der Schnittpunkt der Halbgeraden mit dem freien Schenkel von α ist der Punkt A.

Man erhält das Dreieck ABC mit:

$a = 4{,}6\,\text{cm}$, $b \approx 9{,}7\,\text{cm}$, $c \approx 9{,}8\,\text{cm}$, $\alpha \approx 27°$, $\beta = 76°$, $\gamma \approx 77°$

d) Zeichne zunächst das Teildreieck ADC.

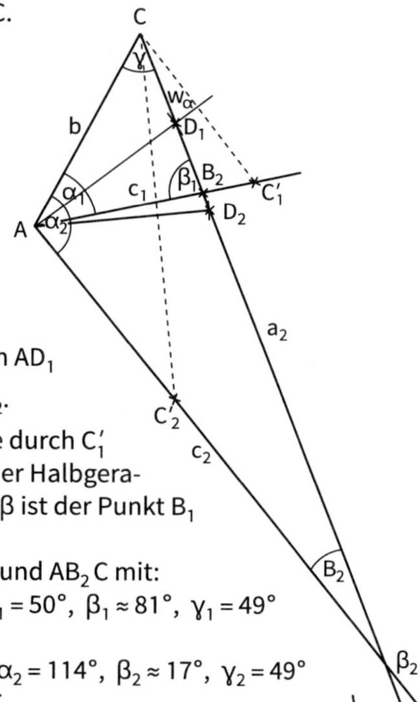

(1) Zeichne die Strecke $\overline{AC}$ mit $b = 6{,}5\,\text{cm}$; trage in C den Winkel $\gamma = 49°$ an.

(2) Zeichne um A einen Kreis mit dem Radius $w_\alpha = 5{,}1\,\text{cm}$; die beiden Schnittpunkte mit dem freien Schenkel von γ nenne D_1 bzw. D_2.

(3) Verdopple den Winkel $\frac{\alpha_1}{2}$ zum Winkel α_1 durch Spiegeln von C an AD_1 bzw. an AD_2 und $\frac{\alpha_2}{2}$ zum Winkel α_2.

(4) Zeichne von A aus die Halbgerade durch C_1' bzw. durch C_2'; der Schnittpunkt der Halbgeraden mit dem freien Schenkel von β ist der Punkt B_1 bzw. B_2.

Man erhält die beiden Dreiecke AB_2C und AB_2C mit:

$a \approx 5{,}1\,\text{cm}$, $b_1 = 6{,}5\,\text{cm}$, $c_1 \approx 5{,}0\,\text{cm}$, $\alpha_1 = 50°$, $\beta_1 \approx 81°$, $\gamma_1 = 49°$

bzw.

$a \approx 20{,}1\,\text{cm}$, $b = 6{,}5\,\text{cm}$, $c_2 \approx 16{,}5\,\text{cm}$, $\alpha_2 = 114°$, $\beta_2 \approx 17°$, $\gamma_2 = 49°$

e) Zeichne zunächst das Teildreieck ADC.

(1) Zeichne die Strecke $\overline{AD}$ mit $w_\alpha = 6{,}1\,\text{cm}$; trage in A den Winkel $\frac{\alpha}{2} = 17{,}5°$ an.

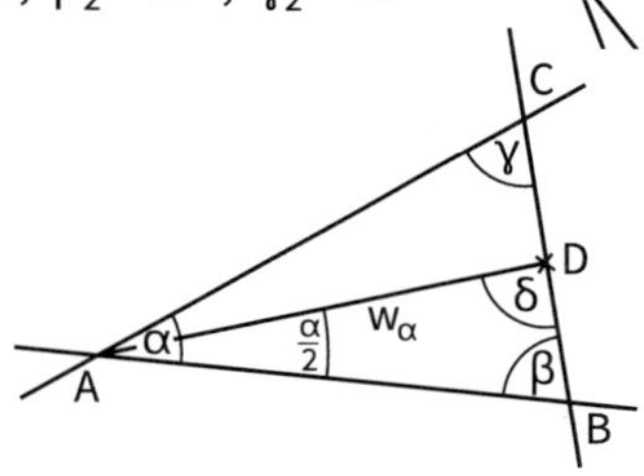

(2) Trage in D den Winkel

$\delta = 180° - \frac{\alpha}{2} - \beta = 180° - 17{,}5° - 75°$

$= 87{,}5°$ an; der Schnittpunkt mit dem freien Schenkel von $\frac{\alpha}{2}$ ist der Punkt B.

154

4. e) (3) Trage in A an $\overline{AB}$ den Winkel $\alpha = 35°$ an; der Schnittpunkt des freien Schenkels von α mit BD ist der Punkt C.

Man erhält das Dreieck ABC mit:

$a \approx 3{,}9\,\text{cm}$, $b \approx 6{,}5\,\text{cm}$, $c \approx 6{,}3\,\text{cm}$, $\alpha = 35°$, $\beta = 75°$, $\gamma = 70°$

f) Zeichne zunächst das Teildreieck BCD.

(1) Zeichne die Strecke $\overline{BD}$ mit $w_\beta = 3\,\text{cm}$; trage in B den Winkel $\frac{\beta}{2} = 60°$ an.

(2) Trage in D den Winkel $\delta = 180° - \frac{\beta}{2} - \gamma = 180° - 60° - 25° = 95°$ an; der Schnittpunkt mit dem freien Schenkel von $\frac{\beta}{2}$ ist der Punkt C.

(3) Trage in B an $\overline{BC}$ den Winkel $\beta = 120°$ an; der Schnittpunkt des freien Schenkels von β mit CD ist der Punkt A.

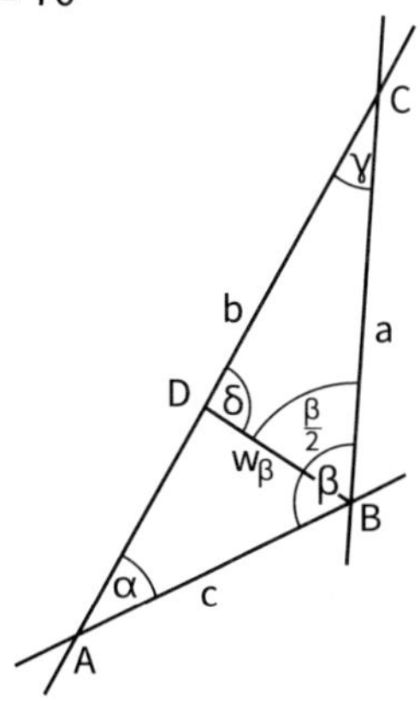

Man erhält das Dreieck ABC mit:

$a \approx 7{,}1\,\text{cm}$, $b \approx 10{,}7\,\text{cm}$, $c \approx 5{,}2\,\text{cm}$, $\alpha = 35°$, $\beta \approx 120°$, $\gamma = 25°$

5. Wir zeichnen das Dreieck im Maßstab 1 : 100 aus den Maßen $c = 8{,}6\,\text{cm}$, $\beta = 30°$ und $h_c = 3{,}2\,\text{cm}$.

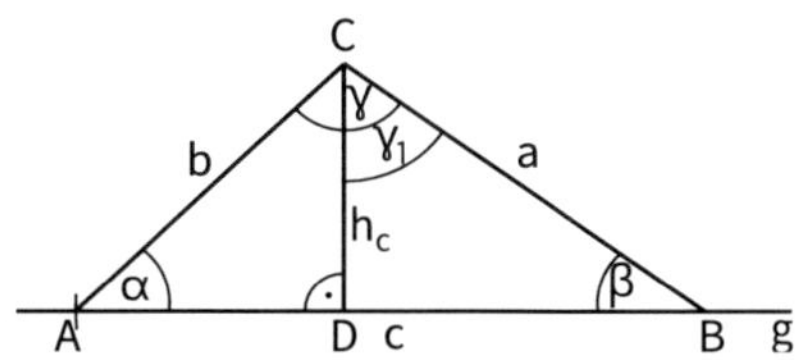

Zeichne zunächst das Teildreieck BCD.

(1) Zeichne die Strecke $\overline{CD}$ mit $h_c = 3{,}2\,\text{cm}$; zeichne durch D die Orthogonale g zu h_c.

(2) Trage in C den Winkel $\gamma_1 = 180° - 90° - \beta = 90° - 30° = 60°$ an (Winkelsumme im Dreieck BCD); der Schnittpunkt mit der Orthogonalen g ist der Punkt B.

(3) Zeichne einen Kreis um B mit dem Radius $c = 8{,}6\,\text{cm}$; ein Schnittpunkt mit der Orthogonalen g ist der Punkt A.

Man erhält das Dreieck ABC mit:

$a = 6{,}4\,\text{cm}$, $b = 4{,}4\,\text{cm}$, $c = 8{,}6\,\text{cm}$, $\alpha \approx 46°$, $\beta = 30°$, $\gamma \approx 104°$

Der andere Neigungswinkel des Daches ist 46° groß. Die Dachsparen sind ungefähr $6{,}40\,\text{m} + 0{,}30\,\text{m} = 6{,}70\,\text{m}$ bzw. $4{,}40\,\text{m} + 0{,}30\,\text{m} = 4{,}70\,\text{m}$ lang.

Auf den Punkt gebracht: Vom Definieren eines Begriffs

155 a) *Satz:* Wenn in einem Viereck gegenüber liegende Seiten parallel zueinander sind, dann ist es punktsymmetrisch.

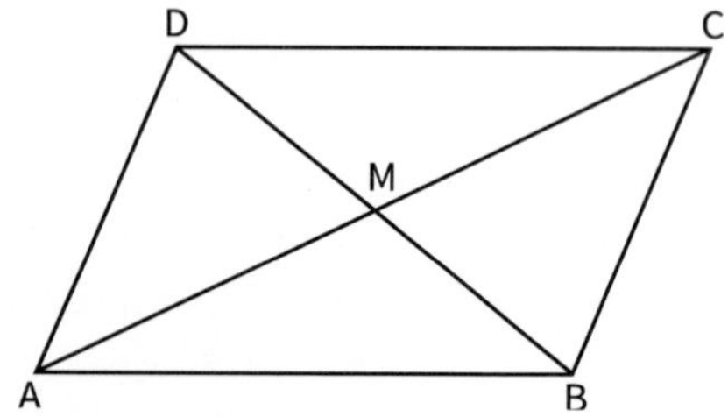

Beweis: Wir wissen: Ein Viereck, in dem gegenüberliegende Seiten parallel zueinander sind, ist ein Parallelogramm. Zu zeigen ist: C ist Bildpunkt von A bei Spiegelung an M, also $|AM| = |CM|$. D ist Bildpunkt von B bei Spiegelung an M, also $|BM| = |DM|$. Strecke und Bildstrecke sind gleich lang, also $|AB| = |CD|$ und $|AD| = |BC|$. Nach Satz 1 auf Seite 156 des Schülerbandes sind im Parallelogramm gegenüberliegende Seiten gleich lang und die Diagonalen halbieren sich. Daraus folgt: $|AM| = |CM|$, $|BM| = |DM|$, $|AB| = |CD|$ und $|AD| = |BC|$.

b) *Satz:* Wenn ein Viereck punktsymmetrisch ist, dann sind gegenüberliegende Seiten parallel zueinander.
Beweis: Bei der Punktsymmetrie sind Strecke und Bildstrecke parallel zueinander. Das Viereck ist also ein Parallelogramm.

3.9 Aufgaben zur Vertiefung

156 1. a) Die Mittelpunkte der Ankreise sind die Schnittpunkte der Winkelhalbierenden der Außenwinkel. Sie liegen auch auf der Winkelhalbierenden des gegenüber liegenden Winkels.

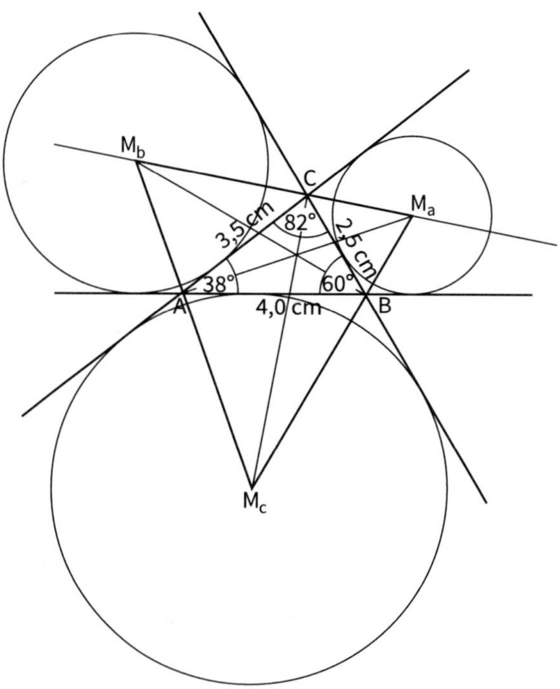

156

1. **b)** Die Winkelhalbierenden von je zwei Außenwinkeln schneiden sich in einem Punkt, da sie nicht zueinander parallel sind. Es gibt also drei Ankreise, die je eine Seite des Dreiecks berühren.
   c) Die Winkelhalbierenden der Außenwinkel sind orthogonal zu der Winkelhalbierenden des zugehörigen Innenwinkels, also ist M_cM_b orthogonal zu AM_a (siehe Bild zu Teilaufgabe a). Entsprechendes gilt für die anderen Winkelhalbierenden. Der Höhenschnittpunkt der Winkelhalbierenden im Dreieck ABC wird damit Mittelpunkt des Inkreises von Dreieck ABC.

2. **a)** Der Schnittpunkt M der Mittelsenkrechten wandert auf der Mittelsenkrechten zu $\overline{AB}$.
   b) Der Schnittpunkt W der Winkelhalbierenden wandert auf einer nach oben gekrümmten Linie.

3. **a)** Im Dreieck GES ist der Winkel bei G $82° - 42° = 40°$ groß. Von den drei Winkeln bei E ist der obere 40° groß und der untere 82° (Stufenwinkel zu dem Winkel bei G bzw. dessen Scheitelwinkel bzw. Nebenwinkel). Für den mittleren Winkel ergibt sich so $180° - 40° - 82° = 58°$.
   Die Kurse der Schiffe kreuzen sich also im Winkel $180° - 40° - 58° = 82°$.
   b) Die Gisela ist noch ungefähr 3,6 km vom Kreuzungspunkt entfernt, die Erna noch ungefähr 2,7 km.

4. **a)** –
   b) Ein gleichseitiges Dreieck ist regelmäßig. Ein Quadrat ist regelmäßig.
   c) Beim Sechseck kann man den Radius sechsmal auf der Kreislinie abtragen (gleichseitige Dreiecke) oder mithilfe des Mittelpunktwinkels ($360° : 6 = 60°$) das Sechseck zeichnen.

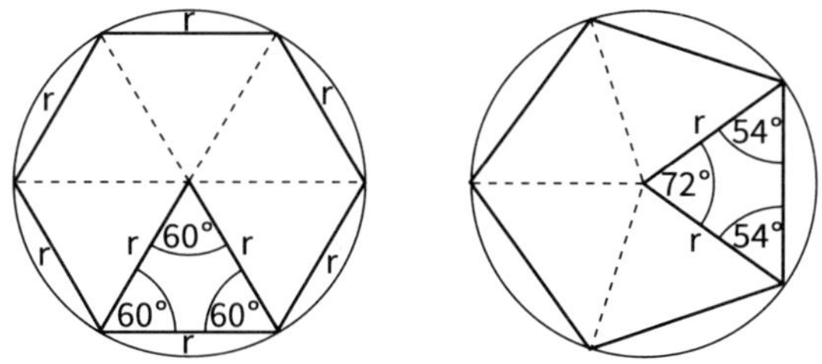

   [Beim Fünfeck kann man die Konstruktion mithilfe des Mittelpunktwinkels ($360° : 5 = 72°$) durchführen.]
   d) Die Dreiecke sind gleichschenklig.
   Für den Mittelpunktwinkel α gilt für ein n-Eck: $\alpha = \frac{360°}{n}$
   Ist n die Anzahl der Ecken, so gilt für den Innenwinkel α eines regelmäßigen Vielecks:
   $\alpha = \frac{(n-2) \cdot 180°}{n}$

Bleib fit im Umgang mit dem Dreisatz

159

1. a) 36 kg; 54 kg; 27 kg; 117 kg
   b) 1 000 kg; 500 kg; 5 000 kg; 250 kg

2. $A = 2\,592\ \text{mm}^2$; 72 mm; 108 mm; 144 mm; 18 mm; 24 mm

Zum Erinnern

	Benzin-Volumen (in l)	Preis (in €)	
	40	60,80	
$:8$			$:8$
	5	7,60	
$\cdot 9$			$\cdot 9$
	45	68,40	

	Anzahl der Gärtner	Benötigte Arbeitstage	
	18	12	
$:18$			$\cdot 18$
	1	216	
$\cdot 24$			$:24$
	24	9	

160

3.

Volumen (in l)	10	50	40	26	36
Preis (in €)	16,59	82,95	66,36	43,13	59,72

4. 50 g Speck; $3\frac{1}{3}$ Kartoffeln

5. a) 20 Stunden
   b) 5 Pumpen

6. a) 400 Schraubkrallen, also 4 Pakete
   b) $41{,}25\ \text{m}^2$

7. 14 Minuten, also insgesamt 20 Minuten.

8. a) 9 m über dem Eingang
   b) 6,30 m über dem ersten Aussichtspunkt, also 15,30 m über dem Eingang.

9. a) 30 000 alte Flaschen bzw. 2 500 alte Kästen.
   b) 16 800 neue Flaschen bzw. 2 100 neue Kästen.
   c) 1 000 alte Kästen enthalten 8 400 l Mineralwasser.
   1 000 neue Kästen enthalten 10 000 l Mineralwasser.

10. a) 320 km
    b) $2\frac{8}{9}\ \text{h} = 2\ \text{h}$ und 53 min 20 s

11. Da bei einem Marathon die Durchschnittsgeschwindigkeit geringer sein wird als bei dem Halbmarathon.

4. Lineare Funktionen

161 **Einstiegsseite:**

- ➔ Prepaid: 0 € Grundgebühr, 8 ct pro Minute
  Basic: 3 € Grundgebühr, 9 ct pro Minute
  Comfort: 5 € Grundgebühr, 50 Freiminuten, dann 15 ct pro Minute
  Sorglos: 12,95 € Flatrate
- ➔ Ein flacheres Ansteigen, bedeutet weniger Cent pro Minute, ein steileres Ansteigen mehr Cent pro Minute.
- ➔ Die Tarifwahl hängt von der gesamten Länge der Gesprächszeit ab.
- ➔ Zum Beispiel das Verschicken von SMS, MMS.

Lernfeld: Eindeutig gerade

162 **1. Auftrag: Experimente mit Münzen**

Die Schülerinnen und Schüler sollen aus beiden Experimenten Informationen entnehmen und feststellen, dass es sich hier um eindeutige aber unterschiedliche Zuordnungen handelt.

- ➔ Das Experiment Kipplineal ergibt Wertepaare, die auf einer Kurve liegen, die dem Graphen einer umgekehrt proportionalen Zuordnung entspricht. Je weniger das Lineal übersteht, umso mehr Geldstücke muss man benutzen, bei 20 Geldstücken muss das Lineal weniger überstehen als bei 15 Geldstücken.
- ➔ Das Experiment Gummiband ergibt Wertepaare, die auf einer Geraden liegen. Es handelt sich um eine proportionale Zuordnung. Je mehr Münzen man verwendet, umso länger wird das Gummiband bzw. je weiter liegt der Knoten von der Nullmarke entfernt, bei 15 Geldstücken dehnt sich das Gummi weniger aus als bei 20.

2. Auftrag: Temperaturen in der Höhe

- ➔ Auf der x-Achse sind die Höhenangaben und auf der y-Achse die Temperaturen abgetragen. Auf der x-Achse entspricht eine Einheit 100 m und auf der y-Achse eine Einheit 5 °C.
  Im Sommer ändert sich die Temperatur schneller mit dem Höhenunterschied als im Dezember, denn der Graph für die Temperaturen im Dezember fällt langsamer als im Juli. Dies ist auch an der Verdichtung der Lage der Punkte um die x-Achse zu erkennen.
  Im Juli verändert sich die Temperatur bei 1 000 m Höhenunterschied um etwa 7° bis 8°, im Dezember um etwa 3°.
- ➔ Die Temperaturen in verschiedenen Höhen:

Höhe in Metern	2 000	2 500	Zugspitze 2 962
Temperatur im Dezember in °C	−6	−8	−10
Temperatur im Juli in °C	8	5	2

162 **2. Auftrag:** Fortsetzung

→ Die 0°-Grenze liegt im Juli bei etwa 3 250 m und im Dezember bei etwa 600 m. Der Wert ist schlecht abzulesen, da hier viele Punkte eng beisammen liegen.

4.1 Funktionen als eindeutige Zuordnungen

163 **Einstieg:** Man kann folgende Tabelle aufstellen.

Größe (in cm)	Idealgewicht (in kg)	Normalgewicht (in kg)	Body-Mass-Index für	
			Idealgewicht	Normalgewicht
150	45,0	50	20,0	22,2
155	49,5	55	20,6	22,9
160	54,0	60	21,1	23,4
165	58,5	65	21,5	23,9
170	63,0	70	21,8	24,2
175	67,5	75	22,0	24,5
180	72,0	80	22,2	24,7
185	76,5	85	22,4	24,8
190	81,0	90	22,4	24,9
195	85,5	95	22,5	25,0
200	90,0	100	22,5	25,0

Der Body-Mass-Index liegt etwas unter dem empfohlenen Index von 23.
Das Normalgewicht liegt bei größeren Frauen erheblich über dem empfohlenen Body-Mass-Index.

167 **3.** a)

x	y
−3	−21
−2	−12
−1	−5
0	0
1	3
2	4
3	3
4	0
5	−5
6	−12
7	−21

b)

x	y
−3	21
−2	12
−1	5
0	0
1	−3
2	−4
3	−3
4	0
5	5
6	12
7	21

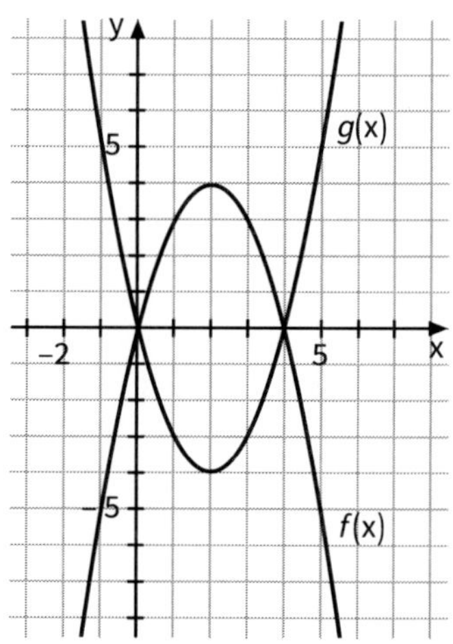

Wenn man den Graphen f (x) aus Teilaufgabe a) an der x-Achse spiegelt, erhält man den Graphen g (x) aus Teilaufgabe b), und umgekehrt.

167

4. $P_1(-2|0)$: $0 = 1 + \frac{-2}{2}$ ist wahr. P_1 gehört zum Graphen.

$P_2(-1|0{,}5)$: $0{,}5 = 1 + \frac{-1}{2}$ ist wahr. P_2 gehört zum Graphen.

$P_3(1|3)$: $3 = 1 + \frac{1}{2}$ ist falsch. P_3 gehört nicht zum Graphen.

$P_4(2|2)$: $2 = 1 + \frac{2}{2}$ ist wahr. P_4 gehört zum Graphen.

$P_5(4|1)$: $1 = 1 + \frac{4}{2}$ ist falsch. P_5 gehört nicht zum Graphen.

$P_6(4|3)$: $3 = 1 + \frac{4}{2}$ ist wahr. P_6 gehört zum Graphen.

5. a)

Zeitpunkt	0 Uhr	4 Uhr	8 Uhr	12 Uhr	16 Uhr	20 Uhr	24 Uhr
Lufttemperatur	4 °C	−3 °C	−3 °C	3 °C	3 °C	2 °C	1 °C

Die Zuordnung *Zeitpunkt → Lufttemperatur* ist eindeutig, also eine Funktion.

b) Die Lufttemperatur lag um etwa 1.30 Uhr, 10.30 Uhr und 24.00 Uhr bei 1 °C. Die Zuordnung *Lufttemperatur → Zeitpunkt* ist keine eindeutige Zuordnung, weil z. B. der Lufttemperatur 1 °C drei unterschiedliche Zeitpunkte zugeordnet sind.

168

6. a) Ja; zu jeder Stelle x gibt es genau einen Funktionswert.
b) Nein; der Stelle $x = 1$ sind unendlich viele Funktionswerte zugeordnet.
c) Ja; zu jeder Stelle x gibt es genau einen Funktionswert.
d) Nein; es gibt Stellen x, zu denen zwei Funktionswerte gehören.

7. a) Nein; es gibt Stellen x, zu denen zwei Funktionswerte gehören.
b) Ja; zu jeder Stelle x gibt es genau einen Funktionswert.
c) Ja; zu jeder Stelle x gibt es genau einen Funktionswert.
d) Nein; es gibt Stellen x, zu denen zwei Funktionswerte gehören.

8. a)

x	y
−5	−11
−4	−9
−3	−7
−2	−5
−1	−3
0	−1
1	1
2	3
3	5
4	7
5	9

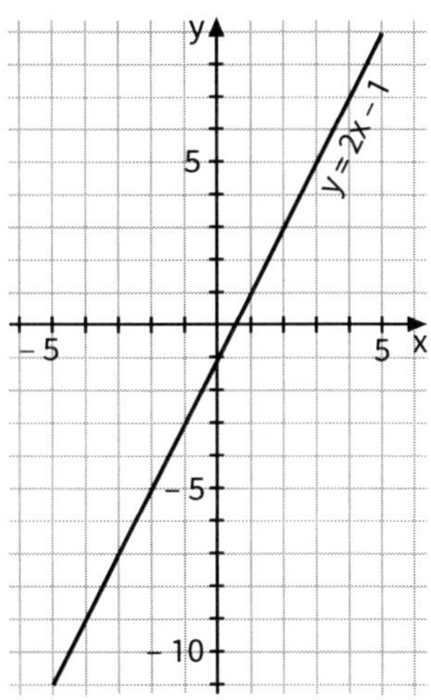

168

8. b)

x	y
−4	14
−3	7
−2	2
−1	−1
0	−2
1	−1
2	2
3	7
4	14

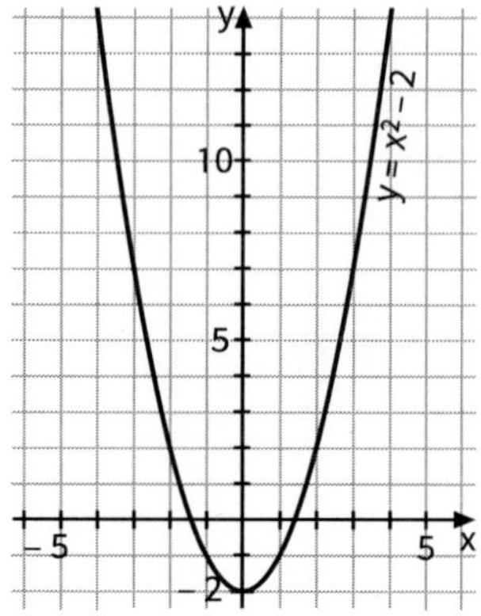

c)

x	y
−5	15
−4	8
−3	3
−2	0
−1	−1
0	0
1	3
2	8
3	15

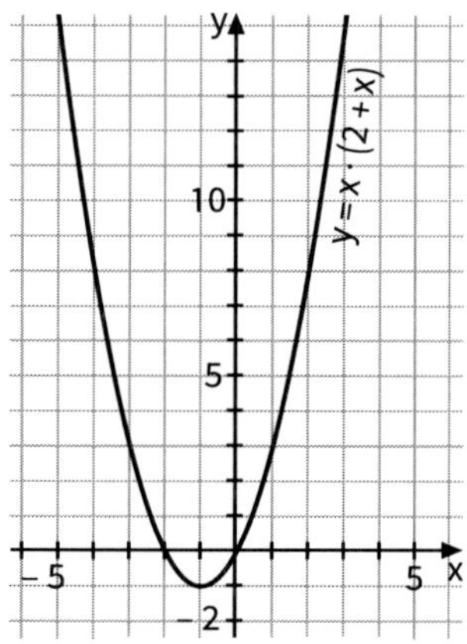

9. a)

x (in cm)	y (in cm^3)
0,5	0,125
1	1
1,5	3,375
2	8
x	x^3

Man darf nur positive Zahlen einsetzen, da Längen immer positiv sind.
Jeder Länge ist genau ein Volumen zugeordnet. Die Zuordnung *Seitenlänge → Volumen* ist eine Funktion mit der Funktionsgleichung $y = x^3$ für $x > 0$;
x: Kantenlänge (in cm);
y: Volumen (in cm^3)

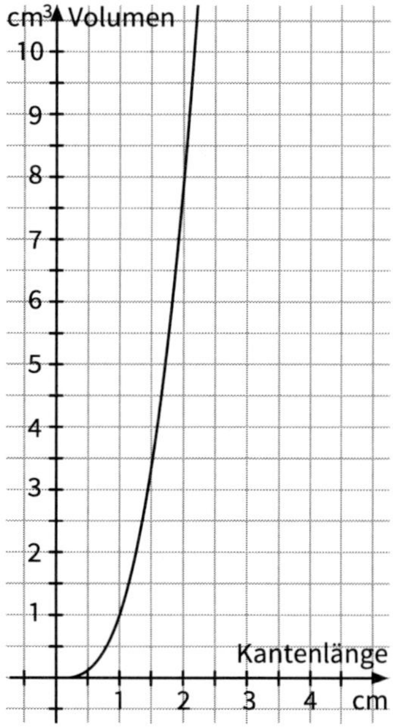

168

9. b)

x	y
−2	−8
−1,5	−3,375
−1	−1
−0,5	−0,125
0	0
0,5	0,125
1	1
1,5	3,375
2	8

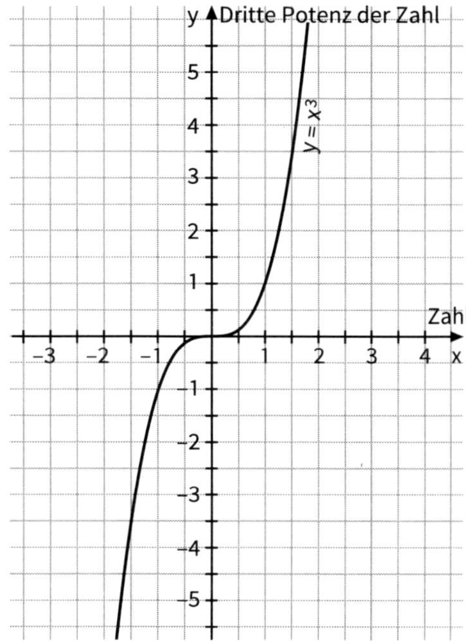

Jeder Zahl wird genau eine dritte Potenz zugeordnet.
Die Zuordnung
Zahl → dritte Potenz der Zahl
ist eine Funktion mit der Funktionsgleichung $y = x^3$;
x: Zahl;
y: dritte Potenz der Zahl.

10. a) Rechtecklänge (in cm): l
Rechteckbreite (in cm): b
Flächeninhalt (in cm²): A
Wir können die Formel für den Flächeninhalt nach b umstellen:

$A = l \cdot b \quad |:l$

$\frac{A}{l} = b$

Für $A = 6$ erhalten wir: $b = \frac{6}{l}$

Jeder Rechtecklänge ist genau eine Rechteckbreite (bei vorgegebenem festgelegten Flächeninhalt) zugeordnet.
Die Zuordnung *Rechtecklänge → Rechteckbreite* ist also eine Funktion.

b)

Länge l (in cm)	Breite b (in cm)
0,5	12
1	6
1,5	4
3	2
4	1,5
5	1,2
6	1

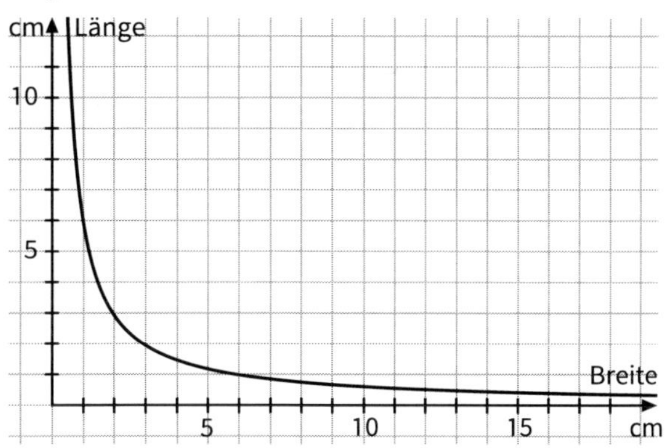

169 **11. a)** Die Geschichte passt zu Graph (1).

b) Beispiel: Jan ist extra schnell zur Schule gegangen, bis er auf dem Weg einen Freund getroffen hat. Zusammen haben sie zunächst getrödelt, bis sie bemerkt haben, dass sie fast zu spät kommen. Sie sind dann wieder schnell gegangen und doch noch rechtzeitig angekommen.

c) –

d) –

12. a) (2) **b)** (1) **c)** (4) **d)** (3) **e)** (5)

Die Graphen geben den Verlauf nur angenähert wieder.

13.

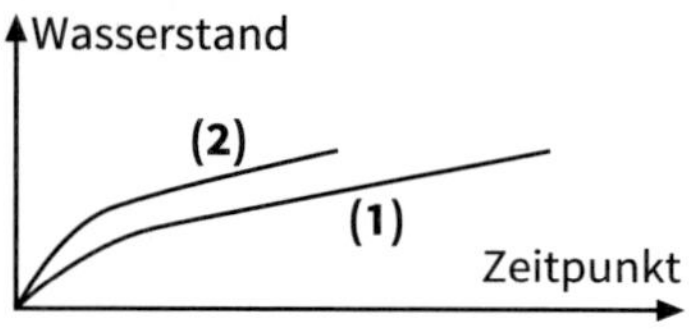

170 **14. a)**

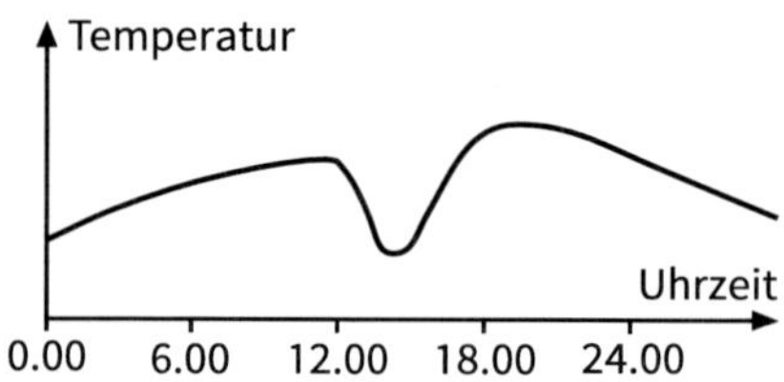

b)

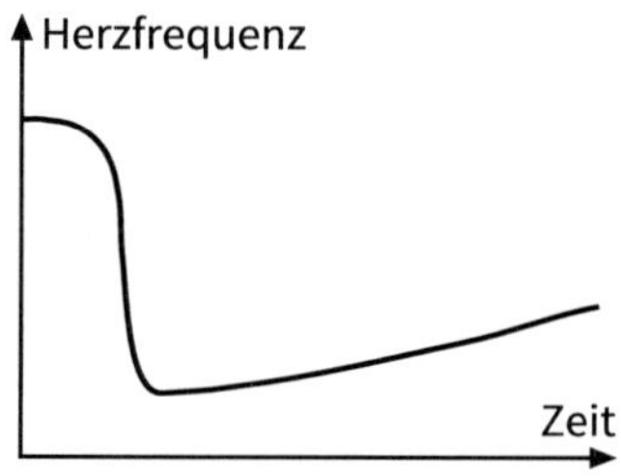

15. $g(2) = 4$ $g\left(\frac{1}{2}\right) = -\frac{1}{8}$ $g(-99) = -980\,100$

$g(-1) = -2$ $g\left(-\frac{1}{2}\right) = -\frac{3}{8}$

$g(0) = 0$ $g(1{,}1) = 0{,}121$

16. a) (1)

x	−2	−1	0	1	2
f(x)	−8	−4	0	4	8

(2) $f(0{,}4) = 1{,}6$; $f(1{,}5) = 6$;

$f\left(-\frac{4}{5}\right) = -3{,}2$; $f(-1{,}5) = -6$

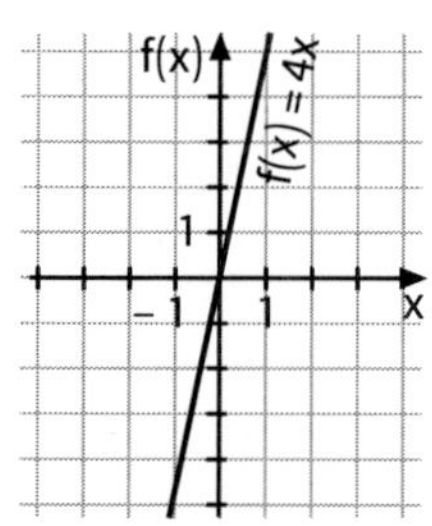

b) (1)

x	−2	−1	0	1	2
f(x)	0	0,5	1	1,5	2

(2) $f(0{,}4) = 1{,}2$; $f(1{,}5) = 1{,}75$;

$f\left(-\frac{4}{5}\right) = 0{,}6$; $f(-1{,}5) = 0{,}25$

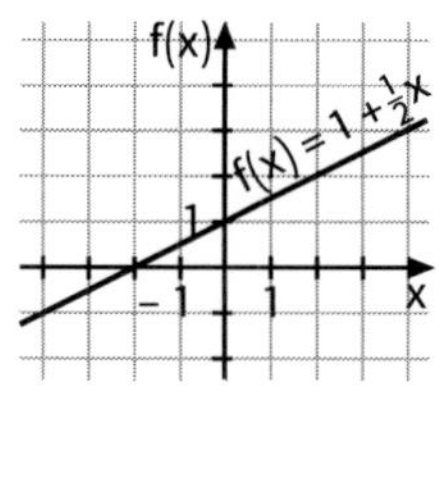

170 **16. c)** (1)

x	−2	−1	0	1	2
f(x)	−4	−1	0	−1	−4

(2) $f(0{,}4) = -0{,}16$ $f(1{,}5) = -2{,}25$;
$f\left(-\frac{4}{5}\right) = -0{,}64$; $f(-1{,}5) = -2{,}25$

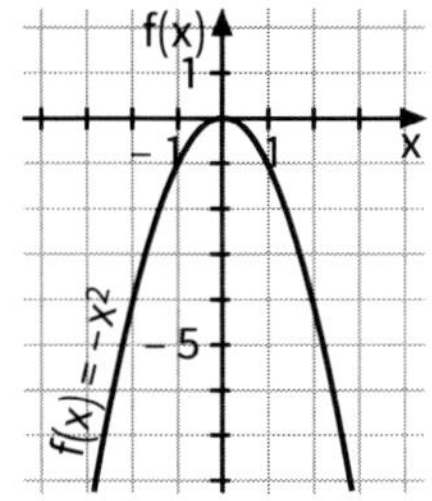

d) (1)

z	−2	−1	0	1	2	3	4
f(z)	9	4	1	0	1	4	9

(2) $f(0{,}4) = 0{,}36$; $f(1{,}5) = 0{,}25$;
$f\left(-\frac{4}{5}\right) = 3{,}24$; $f(-1{,}5) = 6{,}25$

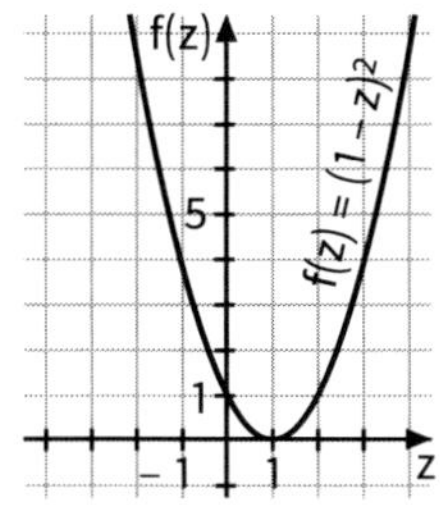

17. a) Die Punkte P_2, P_3 liegen auf dem Graphen zur Funktion $y = -\frac{2}{5}x$.
b) Die Punkte P_5, P_7 liegen auf dem Graphen zur Funktion $y = 5 - x^2$.

18. a) Druckfehler in der 1. Auflage im Bild (2). Der negative Teil der x-Achse gehört auch zum Graphen.
Die Punkte $P(0\,|\,1)$ und $Q(-1\,|-1)$ liegen auf dem
Graphen zur Funktion $f(x) = \frac{1}{2x+1}$.
Dazu passt der Graph (1).
Bei $f(x) = \frac{1}{2x+1}$ ist die Definitionsmenge $D = \mathbb{Q}\setminus\{0{,}5\}$
Die Punkte $P(0\,|\,0)$ und $Q(2\,|\,0)$ liegen auf dem Graphen zur Funktion
$g(x) = x\cdot(x-2)$. Dazu passt der Graph (3).
Bei $g(x) = x\cdot(x-2)$ ist die Definitionsmenge $\mathbb{Q}$.
Die Punkte $P(0\,|\,0)$, $Q(-2\,|\,0)$ und $R(1\,|\,2)$ liegen auf dem Graphen zur Funktion
$h(x) = x + |x|$. Dazu passt der Graph (2).
Bei $h(x) = x + |x|$ ist die Definitionsmenge $\mathbb{Q}$.
b) –

Das kann ich noch!

A) 1) $\delta = 25°$; $\varepsilon = 180° - 2\cdot 25° = 130°$; $\beta = 180° - 130° = 50°$;
$\alpha = \gamma = (180° - 50°):2 = 130°:2 = 65°$
2) $\beta + \gamma = 90°$ (Satz des Thales); $\alpha = 180° - 90° - 40° = 50°$;
$\beta = 180° - 90° - 50° = 40°$; $\gamma = 180° - 90° - 40° = 50°$

Im Blickpunkt: Graphen mit Computer oder GTR zeichnen

171 Keine Lösungen (Seiten 171 und 172).

4.2 Proportionale Funktionen

4.2.1 Graph proportionaler Funktionen

173 **Einstieg:**
Für die Funktion *Temperatur (in °C) → Temperatur (in °R)* erhält man die Funktionsgleichung: $y = 0{,}8 \cdot x$.
Man erhält als Graphen eine Halbgerade von $O(0\,|\,0)$ aus durch den Punkt $P(100\,|\,80)$.

175 2. Der Graph ist eine Gerade durch $O(0\,|\,0)$ und
a) $P(4\,|\,-5)$, **b)** $P(1\,|\,-3)$, **c)** $P(1\,|\,-1)$, **d)** $P(4\,|\,-3)$
Auch hier gilt: Wenn man eine Stelle x verdoppelt, so verdoppelt sich auch der Funktionswert.

176 3. a) (1) Der Benzinpreis beträgt immer 1,45 € pro Liter.
(2) Die Zuordnung ist eine proportionale Funktion: $y = 1{,}45x$ mit x: Benzinvolumen (in l) und y: Preis (in €)
b) (1) Als Quotienten erhält man immer 1,8.
(2) Als Quotienten erhält man immer −0,4.
Der Quotient ist gleich m, denn $\frac{y}{x} = \frac{mx}{x} = m$.
Für $x = 0$ ist der Quotient nicht definiert, da man durch 0 nicht dividieren darf.

4. a) Marvin benötigt $\frac{5}{4}\,\text{h} = 1\frac{1}{4}\,\text{h} = 1\,\text{h}\ 15\,\text{min}$.
Er muss $5 \cdot 2{,}30\,€ = 11{,}50\,€$ zahlen.
b) Die Zuordnung *Menge (in kg) → Preis (in €)* ist proportional, wenn der Preis auch für größere Mengen bei 2,30 € pro Kilogramm bleibt.
Die Zuordnungsvorschrift ist $y = 2{,}30x$.
Die Zuordnung *Menge (in kg) → Pflückzeit (in Minuten)* ist proportional, wenn über die gesamte Pflückdauer gleichmäßig gepflückt wird.
Die Zuordnungsvorschrift ist $y = \frac{1}{4}x$.

176

5. a) Man geht davon aus, dass sich der Förderkorb gleichmäßig bewegt und vernachlässigt eventuelle Stopps.

Zeitpunkt (in s)	Höhe (in m)
−3	6
−2	4
−1	2
0	0
1	−2
2	−4
3	−6
4	−8
5	−10
10	−20
15	−30
20	−40

b) $f(x) = -2 \cdot x$

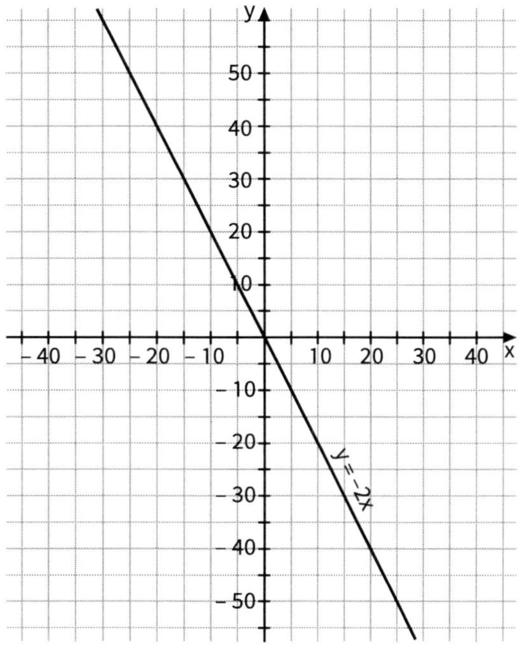

177

6. a)

Geschwindigkeit in $\left(\frac{km}{h}\right)$	10	20	30	40	50	60	70	80	90	100
Reaktionsweg (in m)	3	6	9	12	15	18	21	24	27	30

Die Größen sind proportional zueinander (Graph siehe unten).

b)

Geschwindigkeit in $\left(\frac{km}{h}\right)$	10	20	30	40	50	60	70	80	90	100
Bremsweg (in m)	1	4	9	16	25	36	49	64	81	100

Die Größen sind nicht proportional zueinander. Der Graph wird bei zunehmender Geschwindigkeit immer steiler, während sich der Graph aus Teilaufgabe a) mit zunehmender Geschwindigkeit gleichmäßig ändert. Der Graph aus Teilaufgabe a) ist eine Halbgerade.

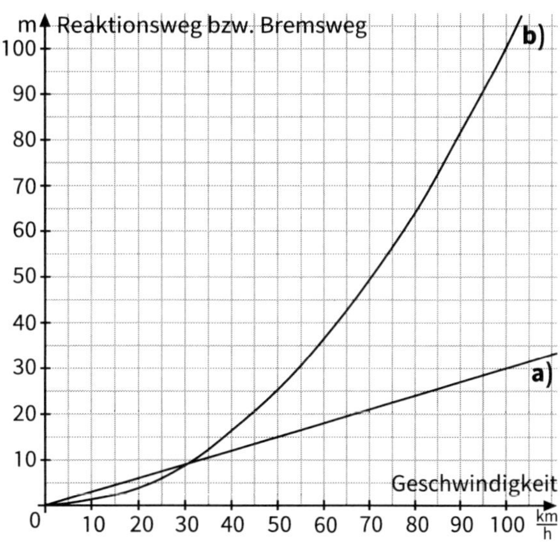

177 **7. a)** $y = 3x$ x: Zeit (in min), y: Wasservolumen (in l)

x	0	1	2	3	4	5	6	7	8	9	10
y	0	3	6	9	12	15	18	21	24	27	30

Da das Wasservolumen nicht negativ ist, ist der Graph eine Halbgerade von $O(0|0)$ durch Punkt $P(10|30)$.

b) $z = 0{,}5x$ x = Zeit (in min), z = Wasserhöhe (in dm)

x	0	1	2	3	4	5	6	7	8	9	10
z	0	0,5	1	1,5	2	2,5	3	3,5	4	4,5	5

Der Graph ist eine Halbgerade vom Punkt $O(0|0)$ durch den Punkt $P(10|5)$.

8. a) $y = 0{,}2x$ x; alter Preis (in €); y: Preisnachlass (in €)
Die Zuordnung ist proportional. Der Graph ist eine Halbgerade von $O(0|0)$ durch $P(10|2)$

b) $z = 0{,}8x$ x: alter Preis (in €); z: neuer Preis (in €)
Die Zuordnung ist proportional. Der Graph ist eine Halbgerade von $O(0|0)$ durch $Q(10|8)$.

9. a) $f(x) = 2{,}5x$; Der Graph ist eine Halbgerade von $O(0|0)$ durch $P(2|5)$.
b) P_3 liegt auf dem Graphen.
c) $P_1(2|5)$; $P_2(-1|-2{,}5)$; $P_3(2{,}4|6)$; $P_4(-1{,}2|-3)$
d) **(1)** $f(40) = 100$ **(2)** $f(-4) = -10$ **(3)** $f(0{,}04) = 0{,}1$ **(4)** $f\left(\frac{1}{5}\right) = \frac{1}{2}$
e) –
f) Zu a): $f(t) = -4t$; Der Graph ist eine Halbgerade von $O(0|0)$ aus durch $Q(1|-4)$.
Zu b): Keiner der Punkte liegt auf dem Graphen.
Zu c): $P_1(2|-8)$; $P_2(-1|4)$; $P_3(-1{,}5|6)$; $P_4(0{,}75|-3)$
Zu d): **(1)** $f(-25) = 100$ **(2)** $f(2{,}5) = 10$ **(3)** $f(-0{,}025) = 0{,}1$ **(4)** $f\left(-\frac{1}{8}\right) = \frac{1}{2}$

178 **10.** $f_1(x) = x$; $f_2(x) = 100x$; $f_3(x) = -10x$

11. a)

x	y	x:y
3	3,6	1,2
4	4,8	1,2
5	6	1,2
6	7,2	1,2

Die Wertetabelle gehört zu einer proportionalen Funktion mit der Funktionsgleichung $y = 1{,}2x$.

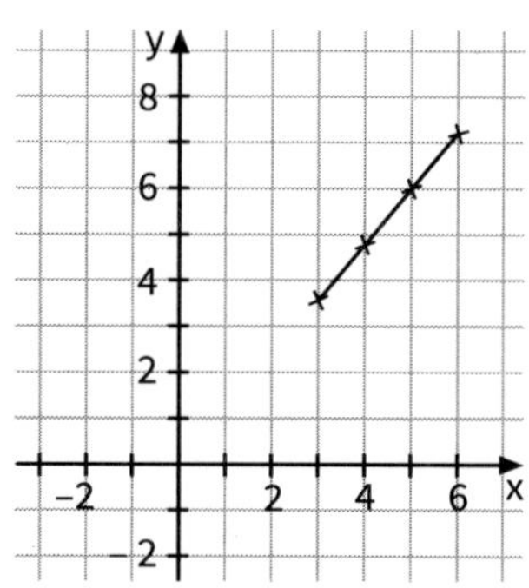

178

11. b)

x	y	x:y
−1	3,5	−3,5
0	0	−
1	−3,5	−3,5
2	−7	−3,5

Die Wertetabelle gehört zu einer proportionalen Funktion mit der Funktionsgleichung $y = -3{,}5x$.

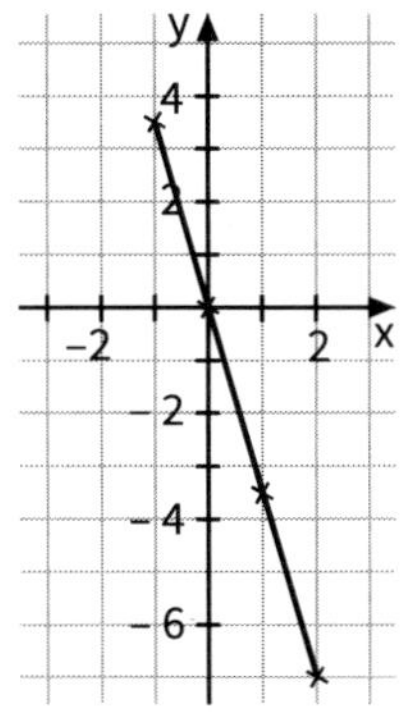

c)

x	y	x:y
4	3,2	0,8
3	2,4	0,8
2	1,6	0,8
1	0,4	0,4

Die Zuordnung ist nicht proportional.

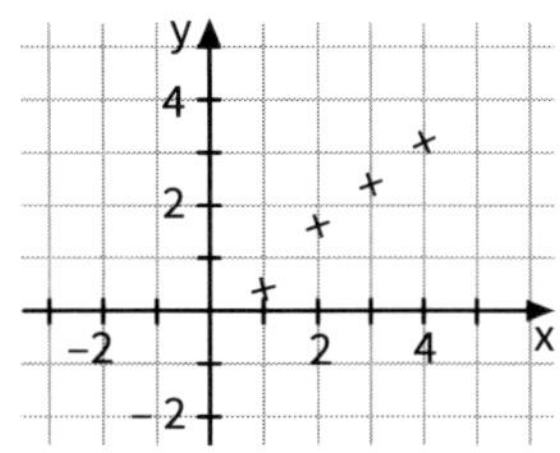

d)

x	y	x:y
−1	0,5	−0,5
0	0	−
1	0,5	0,5
2	1	0,5

Die Zuordnung ist nicht proportional.

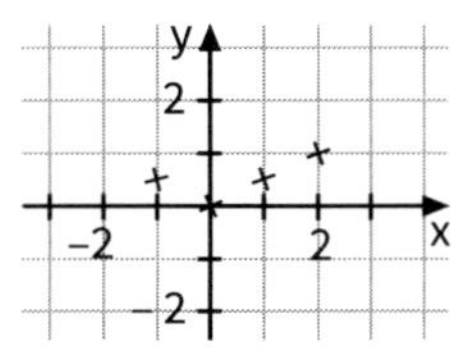

e)

x	y	x:y
−1	1	−1
0	0	−
1	1	1
2	4	2

Die Zuordnung ist nicht proportional.

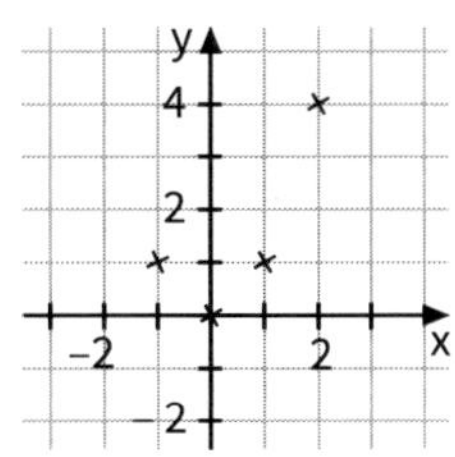

12. a)

x	y
−2	6
1	−3
4	−12

$y = -3x$

b)

x	y
0,5	0,25
−12	−6
2	1

$y = 0{,}5x$

c)

x	y
2,4	3,6
0	0
$-\frac{4}{3}$	−2

$y = 1{,}5x$

d)

x	y
−0,1	0,01
0	0
1	−0,1

$y = -0{,}1x$

e)

x	y
−4	−10
−0,2	−0,5
−3	−7,5

$y = 2{,}5x$

13. a) –

b) Der Punkt P liegt auf dem Graphen, der Punkt Q nicht. Q müsste die Koordinaten $Q(-9{,}8 \mid -26{,}46)$ haben, dann würde er auf dem Graphen liegen.

179

14. Die Auflösung des GTR ist nicht so gut, um den Graphen als durchgehenden Graphen zu zeichnen. $y = 6x$ ist natürlich eine Funktion, auch wenn das Bild im GTR nicht so aussieht.

15. a) $y = 8{,}5x$
x: Zeit (in s)
y: Höhe über Erdgeschossniveau (in m)

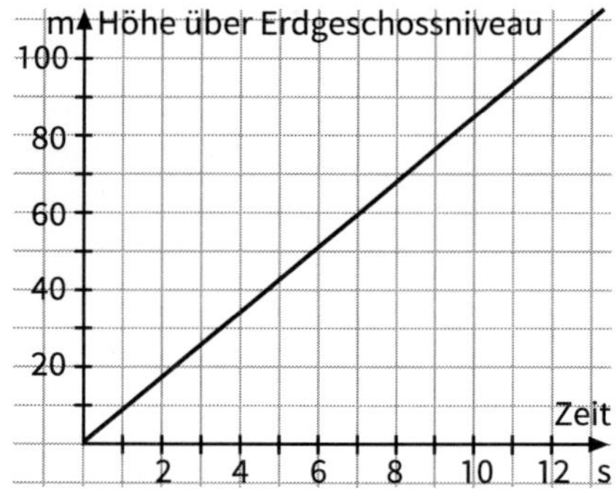

b) Etwa 10,6 s

c) 765 m

d) Der Fahrstuhl muss zunächst anfahren und auf $8{,}5\,\frac{m}{s}$ beschleunigen und dann wieder rechtzeitig abbremsen. Halte unterwegs werden auch nicht berücksichtigt.

16. a) Es wird der Verbrauch pro 100 km berechnet. Der Verbrauch wird durch die gefahrenen km dividiert und dann mit 100 multipliziert.

b) Rechenvorschrift: = C6/B6
Für Autogas wird jeweils der Preis pro Liter berechnet, also Spaltenüberschrift z. B. Preis pro Liter.
Man erhält folgende Werte (in l pro 100 km):
5,9; 5,8; 5,1; 6,3; 6,6

c) Die Funktion *Autogasvolumen (in l) → Rechnungshöhe (in €)* ist nicht proportional, da der Preis pro Liter unterschiedlich ist.

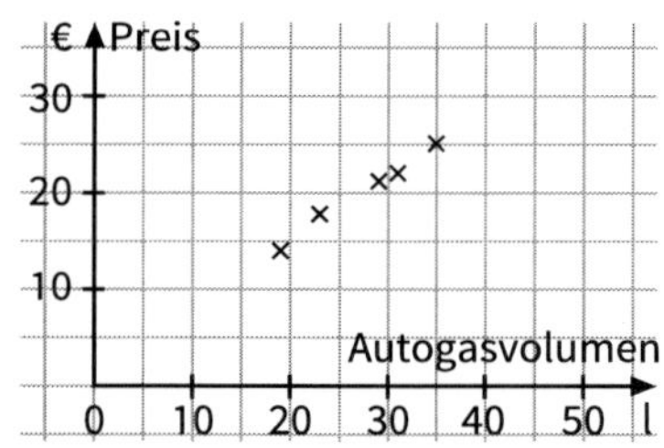

Die Funktion
Verbrauch an Autogas (in l) → gefahrene Strecke (in km)
ist nicht proportional, da der Verbrauch pro 100 km unterschiedlich ist.

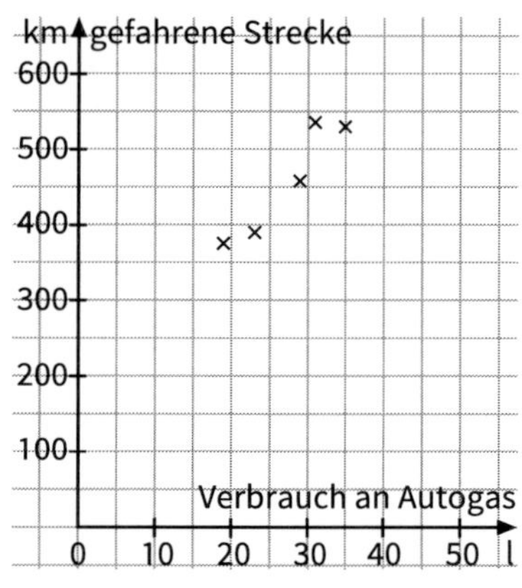

179 *Das kann ich noch!*

A) 1) $A = \frac{7\,cm \cdot 3\,cm}{2} = 10{,}5\,cm^2$

2) $A = 12\,cm \cdot 8\,cm = 96\,cm^2$

3) $A = \frac{720\,cm + 55\,dm}{2} \cdot 4{,}1\,m = \frac{72\,dm + 55\,dm}{2} \cdot 41\,dm = 2\,603{,}5\,dm^3$

180 17. a) (1) 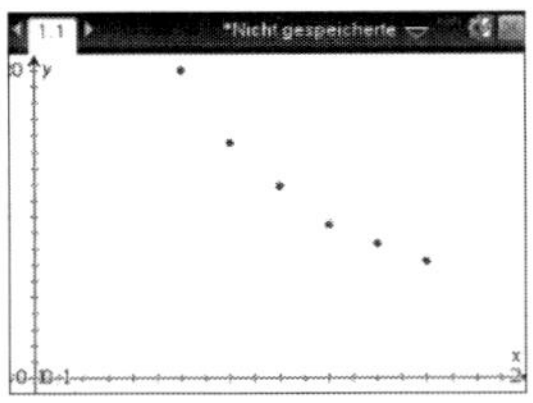

(2) 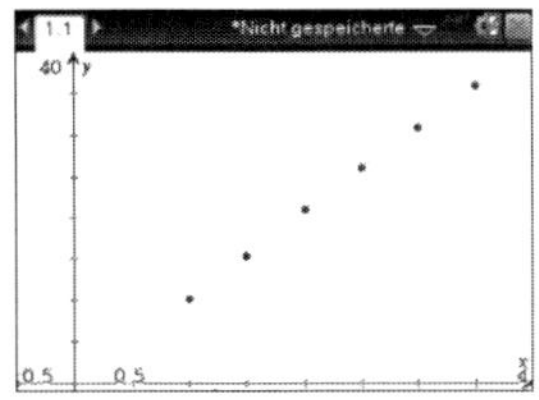

b) Siehe Bilder unter Teilaufgabe a).

c) (1) p und V sind annähernd antiproportional zueinander $(p \cdot V \approx 11{,}6)$.

(2) l und R sind annähernd proportional zueinander $\left(\text{mit } \frac{R}{l} \approx 10{,}3\right)$.

4.2.2 Steigung – Steigungsdreieck

Einstieg:

Die Graphen sind Halbgeraden vom Punkt O (0 | 0) aus. Die Steigung der Halbgeraden findet man, wenn man z. B. 100 m nach rechts und um die jeweilige Prozentzahl der Steigung nach oben geht.

Funktionsgleichungen: $y = 0{,}8\,x$; $y = 0{,}35\,x$; $y = 0{,}12\,x$

100 % Steigung bedeutet: die Straße steigt auf 100 m um 100 m an. Man erhält so ein gleichschenklig-rechtwinkliges Dreieck, der Steigungswinkel beträgt also 45°.

Funktionsgleichungen: $y = -0{,}1\,x$; $y = -0{,}4\,x$; $y = -x$; $y = -1{,}5\,x$

182 1. a) Gerade durch O (0 | 0) und P (5 | 6).
Der Funktionswert wird **(1)** um 1,2 größer; **(2)** um 2,4 größer; **(3)** um 6,0 größer; **(4)** um 1,2 kleiner.

b) Gerade durch O (0 | 0) und P (5 | 3).
Der Funktionswert wird **(1)** um 0,6 größer; **(2)** um 1,2 größer; **(3)** um 3,0 größer; **(4)** um 0,6 kleiner.

c) Gerade durch O (0 | 0) und P (2 | −3).
Der Funktionswert wird **(1)** um 1,5 kleiner; **(2)** um 3,0 kleiner; **(3)** um 7,5 kleiner; **(4)** um 1,5 größer.

d) Gerade durch O (0 | 0) und P (4 | −3).
Der Funktionswert wird **(1)** um $\frac{3}{4} = 0{,}75$ kleiner; **(2)** um $1\frac{1}{2} = 1{,}5$ kleiner; **(3)** um $3\frac{3}{4} = 3{,}75$ kleiner; **(4)** um $\frac{3}{4} = 0{,}75$ größer.

2. Geraden durch O (0 | 0) und P (1 | 5) für $m = 5$;
P (5 | −1) für $m = -0{,}2$; P (1 | 1) für $m = 1$;
P (10 | −13) für $m = -1{,}3$; P (3 | 2) für $m = \frac{2}{3}$.

182

3. Die Geraden in a) und c) steigen, die Geraden in b), d) und e) fallen.
Man erhält die Geraden durch O(0|0) und:
a) P(1|3); **b)** P(1|−2); **c)** P(5|7); **d)** P(2|−1); **e)** P(5|−6)

4. $\frac{110\,\text{m}}{4\,\text{km}} = \frac{110\,\text{m}}{4000\,\text{m}} = \frac{11}{400} = 0{,}0275 = 2{,}75\,\%$

183

5. a) Der Funktionswert steigt um **(1)** 0,5; **(2)** 1; **(3)** 1,5; (m = 0,5).
b) Der Funktionswert fällt um **(1)** 0,6; **(2)** 1,2; **(3)** 1,8; (m = −0,6).
c) Der Funktionswert steigt um **(1)** 0,4; **(2)** 0,8; **(3)** 1,2; (m = 0,4).

6. Für positive m steigt die Gerade (von links nach rechts), für negative m fällt die Gerade (von links nach rechts).
Je größer der Betrag von m ist, desto steiler verläuft die Gerade.

7. a) Gerade durch O(0|0) und P(5|12)
f(x) **(1)** steigt um 9,6; **(2)** steigt um 12; **(3)** fällt um 12.
b) Gerade durch O(0|0) und P(5|7)
f(x) **(1)** steigt um 5,6; **(2)** steigt um 7; **(3)** fällt um 7.
c) Gerade durch O(0|0) und P(10|3)
f(x) **(1)** steigt um 1,2; **(2)** steigt um 1,5; **(3)** fällt um 1,5.
d) Gerade durch O(0|0) und P(4|−1)
f(x) **(1)** fällt um 1; **(2)** fällt um 1,25; **(3)** steigt um 1,25.
e) Gerade durch O(0|0) und P(5|−4)
f(x) **(1)** fällt um 3,2; **(2)** fällt um 4; **(3)** steigt um 4.
f) Gerade durch O(0|0) und P(7|1)
f(x) **(1)** steigt um $\frac{4}{7}$; **(2)** steigt um $\frac{5}{7}$; **(3)** fällt um $\frac{5}{7}$.
g) Gerade durch O(0|0) und P(5|−2)
g(x) **(1)** fällt um 1,6; **(2)** fällt um 2; **(3)** steigt um 2.
h) Gerade durch O(0|0) und P(10|−1)
g(x) **(1)** fällt um 0,4; **(2)** fällt um 0,5; **(3)** steigt um 0,5.
i) Gerade durch O(0|0) und P(1|−1)
g(x) **(1)** fällt um 4; **(2)** fällt um 5; **(3)** steigt um 5.
j) Gerade durch O(0|0) und P(2|−7)
h(t) **(1)** fällt um 14; **(2)** fällt um 17,5; **(3)** steigt um 17,5.
Die Änderungsraten geben an, wie sich der Funktionswert ändert, wenn man um 1 nach rechts geht.

8. $y = \frac{3}{4}x$ ist falsch. Er hat die Gerade für $y = \frac{4}{3}x$ gezeichnet.
Richtig wäre für $y = \frac{3}{4}x$ die Gerade durch O(0|0) und P(4|3).
$y = -\frac{3}{5}x$ ist falsch. Er hat die Gerade zu $y = -\frac{5}{3}x$ gezeichnet.
Richtig wäre für $y = -\frac{3}{5}x$ die Gerade durch O(0|0) und P(5|−3).

183

9. a) $m = 1{,}6$; $y = 1{,}6\,x$; Gerade durch O (0 | 0) und P (5 | 8)
b) $m = -1{,}8$; $y = -1{,}8\,x$; Gerade durch O (0 | 0) und P (5 | −9);
c) $m = \frac{5{,}4}{2} = 2{,}7$; $y = 2{,}7\,x$; Gerade durch O (0 | 0) und P (10 | 27);
d) $m = -\frac{6}{5}$; $y = -\frac{6}{5}x$; Gerade durch O (0 | 0) und P (5 | −6)
e) $m = \frac{5{,}4}{3} = 1{,}8$; $y = 1{,}8\,x$; Gerade durch O (0 | 0) und P (5 | 9)

10. a) g_1: $y = -3\,x$; g_2: $y = \frac{1}{2}x$; g_3: $y = -\frac{1}{2}x$;
b) g_4: $= -\frac{3}{2}x$; g_5: $= y = \frac{3}{4}x$; g_6: $y = -\frac{1}{2}x$;
c) g_7: $y = \frac{3}{2}x$; g_8: $= y = x$; g_9: $y = -x$

184

11. –

12. Zahnradbahn: $48\,\% = 0{,}48 = \frac{48}{100} = \frac{12}{25}$
Skipiste: $78\,\% = 0{,}78 = \frac{78}{100} = \frac{39}{50}$
Weinberg: $65\,\% = 0{,}65 = \frac{65}{100} = \frac{13}{20}$
Alle verlaufen flacher als die Winkelhalbierende, also unterhalb der Winkelhalbierenden.

13. a) E und A **b)** C und G **c)** F und B **d)** D und H

14. a) $m = 5$; $y = 5\,x$
b) $m = -3$; $y = -3\,x$
c) $m = -\frac{3}{2}$; $y = -\frac{3}{2}x$
d) $m = -\frac{2}{5}$; $y = -\frac{2}{5}x$
e) $m = \frac{5{,}1}{3} = 1{,}7$; $y = 1{,}7\,x$
f) $m = 4$; $y = 4\,x$

15. Jule hat die Werte auf den Achsen falsch abgelesen. Nick hat die Steigung richtig berechnet. Aisha hat die Werte für Δy und Δx vertauscht.

16. –

4.3 Lineare Funktionen und ihre Graphen

185 **Einstieg:**

a)

Belastung (in kg)	0	1	2	3	4	5	6	7	8
(1) Verlängerung der Feder (in cm)	0	0,5	1,0	1,5	2,0	2,5	3,0	3,5	4,0
(2) Federlänge (in cm)	6,0	6,5	7,0	7,5	8,0	8,5	9,0	9,5	10,0

(1) Die Zuordnung ist proportional. Der Graph ist eine Halbgerade O(0|0) aus durch P(8|4).

(2) Die Zuordnung ist nicht proportional. Der Graph ist eine Halbgerade von Q(0|6) aus durch R(8|10). Sie ist parallel zur Halbgeraden aus (1) und um 6 Einheiten in Richtung der y-Achse nach oben verschoben.

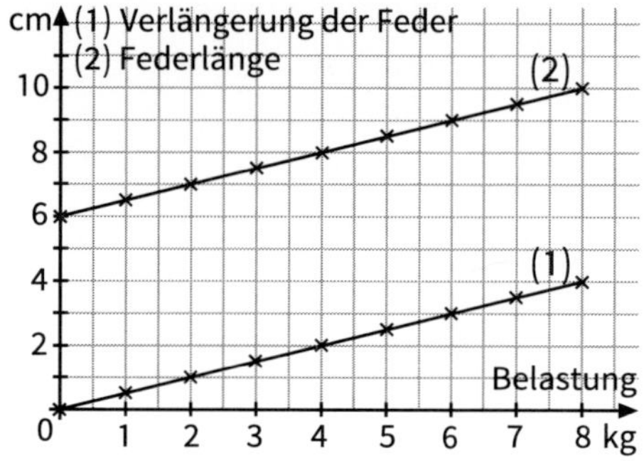

b) **(1)** $y = 0{,}5x$; x: Belastung (in kg) mit $x \geq 0$; y: Verlängerung der Feder (in cm)

(2) $y = 0{,}5x + 6$; x: Belastung (in kg) mit $x \geq 0$; y: Federlänge (in cm)

c) **(1)** Die Feder wird um 1,2 cm länger.

(2) Die Feder wird um 0,9 cm kürzer.

d) **(1)** 4 kg **(2)** 7 kg **(3)** 8,4 kg

e) 28 kg

186 2. a) $m = \frac{3}{4}$; $b = -2$; Gerade durch P(0|−2) und Q(4|1).

b) $m = -\frac{1}{3}$; $b = 1$; Gerade durch P(0|1) und Q(3|0).

c) $m = \frac{2}{3}$; $b = -1$; Gerade durch P(0|−1) und Q(3|1).

d) $m = -1{,}5$; $b = 2$; Gerade durch P(0|2) und Q(2|−1).

e) $m = -1$; $b = 4{,}5$; Gerade durch P(0|4,5) und Q(5|−0,5).

f) $m = 1$; $b = 0$; Gerade durch P(0|0) und Q(5|5).

g) $m = 0$; $b = -3$; Gerade parallel zur x-Achse durch P(0|−3).

h) $m = 0$; $b = 0$; Gerade identisch mit der x-Achse.

187 **3.** (1) Die Geraden schneiden sich im Punkt S (0 | 1).

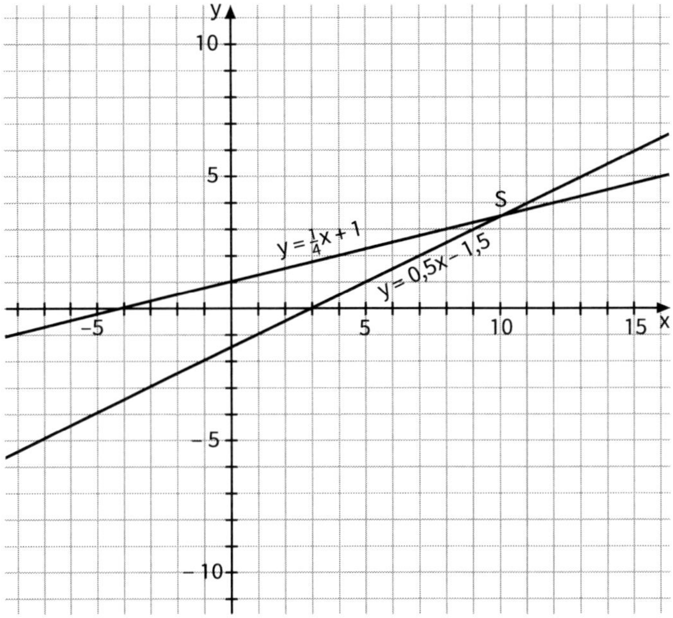

(2) Die Geraden verlaufen parallel zueinander.

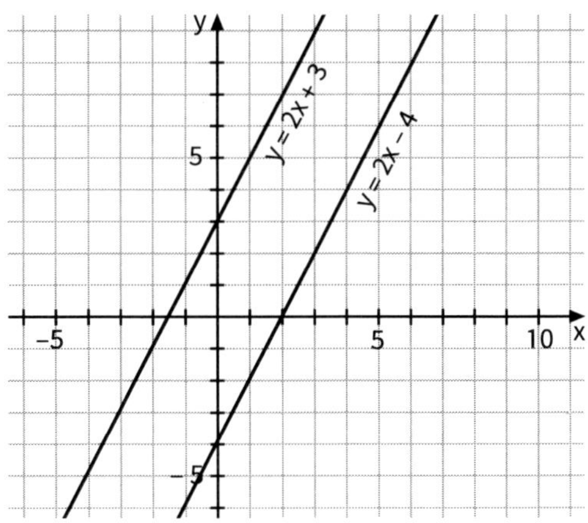

187 **3.** **(3)** Die Geraden fallen zusammen.

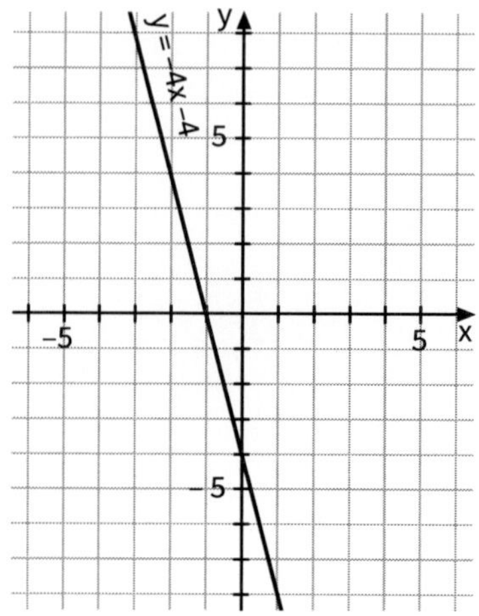

188 **4.** **a)** Der Graph wird bei positivem b in Richtung der y-Achse um b nach oben, bei negativem b in Richtung der y-Achse um $|b|$ nach unten verschoben.

b) –

5. **a)** Siehe Bild.

b) $y = -1{,}2x + 21$, x: Brenndauer (in h), y: Länge der Kerze (in cm),

c) Sie ist noch
(1) 15 cm; **(2)** 12 cm;
(3) 6 cm lang.

d) Nach $14\frac{1}{3}$ h, also nach 14 h 20 min ist die Kerze nur noch 3,8 cm lang.

e) Nach 17,5 h, also nach 17 h 30 min ist die Kerze abgebrannt.

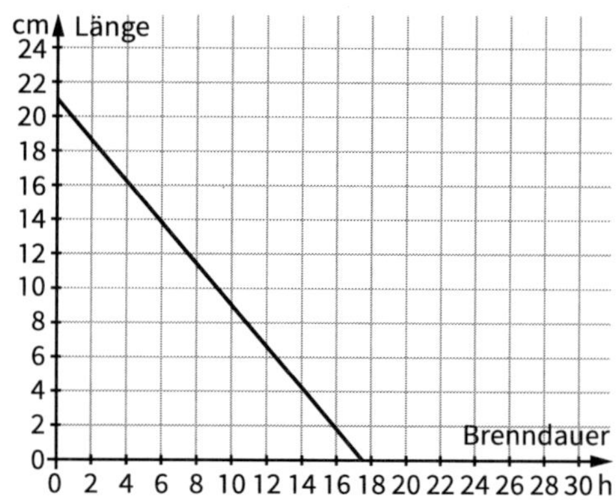

188

6. **a)** $y = -0{,}8x + 48$; x: Temperatur ϑ (in °C), y: Fugenbreite b (in mm)
Gerade durch P (0 | 48) und Q (25 | 28); Funktionswerte sind nur oberhalb der x-Achse sinnvoll, da die Fugenbreite nicht negativ werden darf.

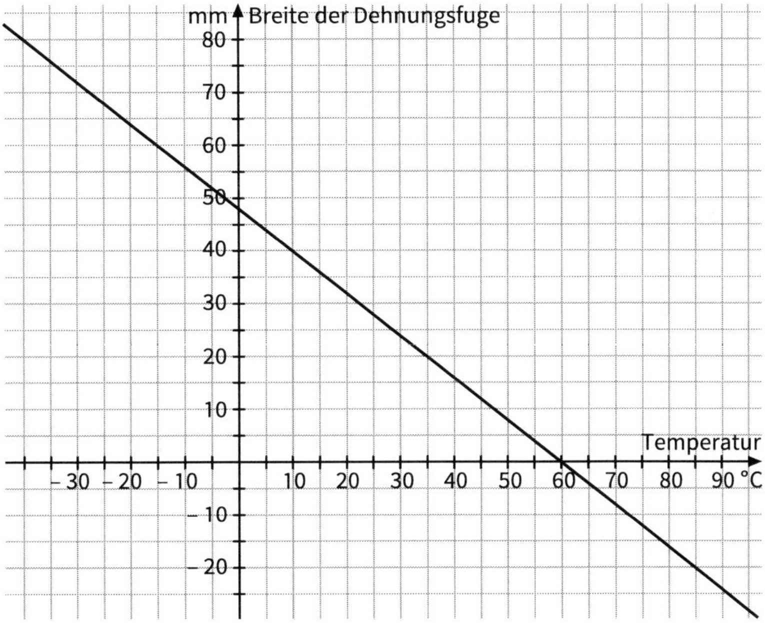

b)

Temperatur ϑ (in °C)	30	10	–10	–15
Fugenbreite b (in mm)	24	40	56	60

c) –7,5 °C
d) 60 °C

7. $y = 5x - 22$
Frage z. B.:
In welcher Tiefe befindet er sich nach 3 min Auftauchen?
Antwort:
In 7 m Tiefe.

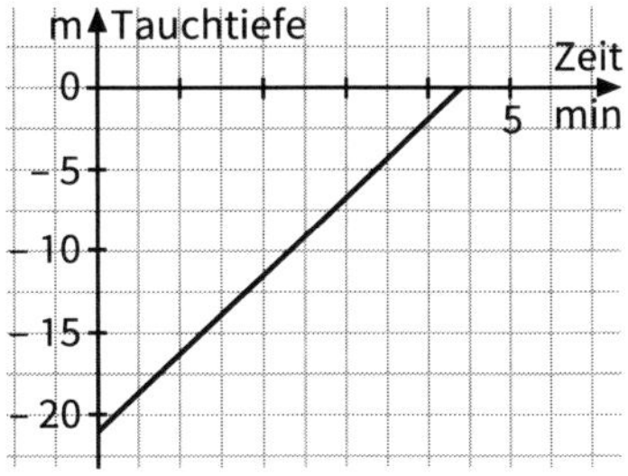

8. Die Graphen zu den angegebenen Funktionen sind Geraden durch O (0 | 0) und dem angegebenen Punkt P.

a) P (2 | 3);	**(1)** $y = 1{,}5x + 4$	**(2)** $y = 1{,}5x - 1$
b) P (1 | –4);	**(1)** $y = -4x + 4$	**(2)** $y = -4x - 1$
c) P (3 | –2);	**(1)** $y = -\frac{2}{3}x + 4$	**(2)** $y = -\frac{2}{3}x - 1$
d) P (4 | 5);	**(1)** $s = \frac{5}{4}r + 4$	**(2)** $s = \frac{5}{4}r - 1$
e) P (5 | –1);	**(1)** $v = -\frac{u}{5} + 4$	**(2)** $v = -\frac{u}{5} - 1$

188

9. Die Graphen der angegebenen Funktionen sind Geraden durch die Punkte P und Q und schneiden die y-Achse im Punkt P.
Der Graph der proportionalen Funktion ist dazu parallel und geht durch den Punkt $O(0|0)$.

a) $P(0|1)$; $Q(5|3)$; $b = 1$; $y = g(x) = 0{,}4x$

b) $P(0|3{,}5)$; $Q(2|2{,}5)$; $b = 3{,}5$; $y = g(x) = -\frac{1}{2}x$

c) $P\left(0\middle|-\frac{4}{5}\right)$; $Q\left(1\middle|\frac{1}{5}\right)$; $b = -\frac{4}{5}$; $y = g(x) = x$

d) $P(0|-2{,}5)$; $Q(4|-5{,}5)$; $b = -\frac{5}{2}$; $y = g(x) = -\frac{3}{4}x$

189

10. a) g(x) ist eine proportionale Funktion; Gerade durch $O(0|0)$ und $P(2|1)$. Die Graphen zu f und h sind dazu parallele Geraden, die in Richtung der y-Achse um 4 Einheiten nach oben bzw. um 2 Einheiten nach unten verschoben sind.

b) h(x) ist eine proportionale Funktion; Gerade durch $O(0|0)$ und $P(2|-3)$. Die Graphen zu f und g sind dazu parallele Geraden, die in Richtung der y-Achse um 5 Einheiten nach oben bzw. um 4 Einheiten nach unten verschoben wurden.

11. $y = 5$ ist falsch. Die Funktionsgleichung zur gezeichneten Geraden ist $y = 5x$.
Der Graph zu $y = 5$ wäre eine zur x-Achse parallele Gerade.

$y = 2x$ ist falsch. Die Funktionsgleichung zur gezeichneten Geraden ist $y = \frac{1}{2}x$.
Der Graph zu $y = 2x$ wäre eine Gerade durch die Punkte $O(0|0)$ und $P(1|2)$.

$y = -3 - \frac{3}{2}x$ ist falsch. Die Funktionsgleichung zur gezeichneten Geraden ist $y = -3x - \frac{3}{2}$.
Der Graph zu $y = -3 - \frac{3}{2}x$ wäre eine Gerade durch die Punkte $P(0|-3)$ und $Q(2|-6)$.

$y = -2x + 3$ ist falsch. Die Funktionsgleichung zur gezeichneten Geraden ist $y = 2x + 3$.
Der Graph zu $y = -2x + 3$ wäre eine Gerade durch die Punkte $P(0|3)$ und $Q(1|1)$.

$y = -\frac{1}{3}x + 2$ ist falsch. Die Funktionsgleichung zur gezeichneten Geraden ist $y = -\frac{1}{2}x + 2$.
Der Graph zu $y = -\frac{1}{3}x + 2$ wäre eine Gerade durch die Punkte $P(0|2)$ und $Q(3|1)$.

189

12. a)

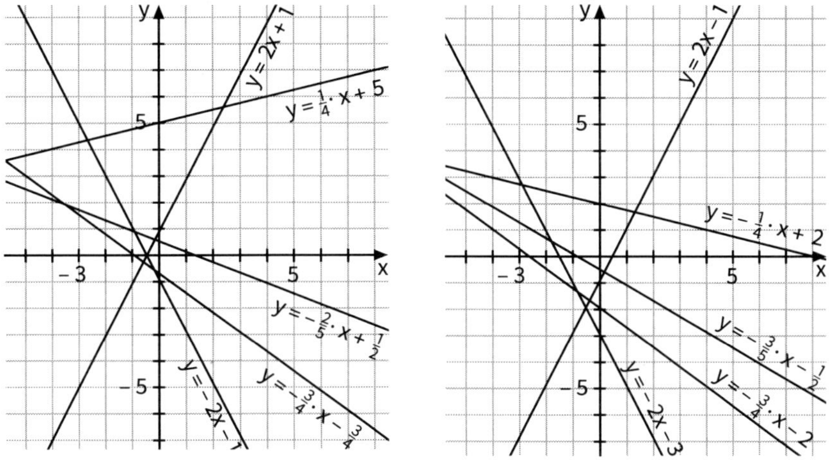

b)

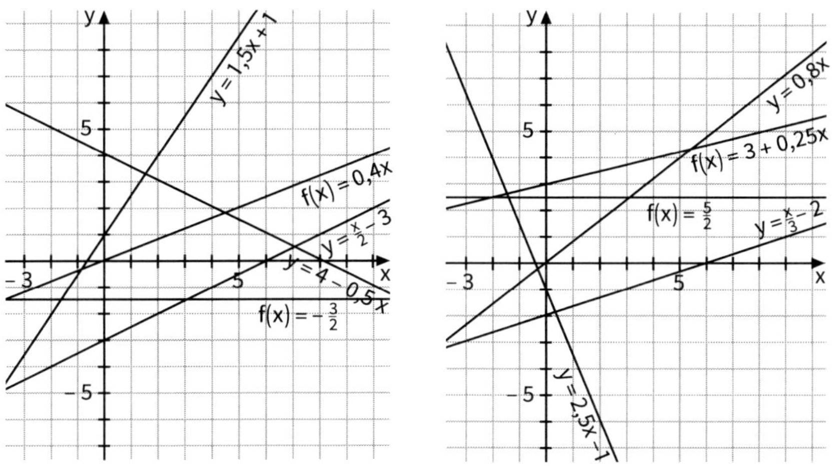

13. a) $g_1(x) = 2x - 1$

$g_2(x) = x - 1$

$g_3(x) = \frac{x}{2} - 1$

$g_4(x) = -1$

$g_5(x) = -x - 1$

y-Achsenabschnitt $b = -1$

b) $g_1(x) = -\frac{x}{2} - 2$

$g_2(x) = -\frac{x}{2} - 1{,}5$

$g_3(x) = -\frac{x}{2}$

$g_4(x) = -\frac{x}{2} + 1$

$g_5(x) = -\frac{x}{2} + 2$

Steigung $m = -\frac{1}{2}$

14. –

15. a) $g_1(x) = -x + 2$

$g_2(x) = -2x + 1$

$g_3(x) = -\frac{x}{4} - 0{,}5$

b) $g_1(x) = x - 1{,}5$

$g_2(x) = -\frac{1}{6}x + 2$

$g_3(x) = 3x + 1{,}5$

c) $g_1(x) = -x$

$g_2(x) = x$

$g_3(x) = 1{,}5$

190

16. a) Der Funktionswert ändert sich nicht, wenn man x um 1 erhöht.
Steigung $m = 0$; y-Achsenabschnitt $b = 4$
Funktionsgleichung: $y = 4$

b) Der Funktionswert ändert sich nicht, wenn man x um 1 erhöht.
Steigung $m = 0$; y-Achsenabschnitt $b = -1$
Funktionsgleichung: $y = -1$

c) Der Funktionswert ändert sich nicht, wenn man x um 1 erhöht.
Steigung $m = 0$; y-Achsenabschnitt $b = 3$
Funktionsgleichung: $y = 3$

d) Der Funktionswert ändert sich nicht, wenn man x um 1 erhöht.
Steigung $m = 0$; y-Achsenabschnitt $b = -3$
Funktionsgleichung: $y = -3$

e) Der Funktionswert ändert sich nicht, wenn man x um 1 erhöht.
Steigung $m = 0$; y-Achsenabschnitt $b = 0$
Funktionsgleichung: $y = 0$

f) Der Funktionswert wird um 1 erhöht, wenn x um 1 erhöht wird.
Steigung $m = 1$; y-Achsenabschnitt $b = 0$
Funktionsgleichung: $y = x$

17. a) P_1 liegt auf dem Graphen.
b) P_3 und P_4 liegen auf dem Graphen.
c) P_1, P_3 und P_4 liegen auf dem Graphen.
d) Keiner der Punkte liegt auf dem Graphen.

18. (1) $y = mx$, $m > 0$
(2) $y = mx + b$, $m > 0$, $b > 0$
(3) (a) durch 1. und 3. Quadranten: $y = mx$, $m > 0$
(b) durch 2. und 4. Quadranten: $y = mx$, $m < 0$
(c) durch 1. und 2. Quadranten: $y = b$, $b > 0$
(d) durch 3. und 4. Quadranten: $y = b$, $b < 0$
(e) durch 1. und 4. Quadranten: $x = c$, $c > 0$
(f) durch 2. und 3. Quadranten: $x = c$, $c < 0$

19. Die Gerade ist parallel zur x-Achse für $m = 0$.
Sie steigt (von links nach rechts) für $m > 0$ und fällt (von links nach rechts) für $m < 0$. Die Gerade schneidet die y-Achse im Punkt $S(0 \mid b)$.

20. a) Bei Ben und Tim ist die Einteilung der Achsen jeweils auf beiden Achsen gleich: von –10 bis 10 (bzw. von –20 bis 20). Die Geraden verlaufen vom Bild her identisch.
Mia hat auf der y-Achse eine größere Einteilung gewählt. Die Gerade verläuft daher vom Bild her flacher. Eva hat auf der x-Achse eine größere Einteilung gewählt. Die Gerade verläuft daher vom Bild her steiler.

190

20. b) (1)

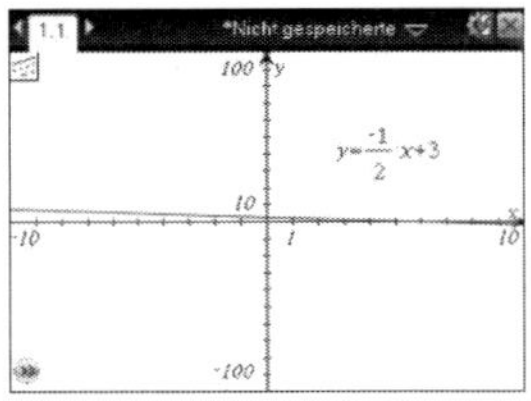

(3)

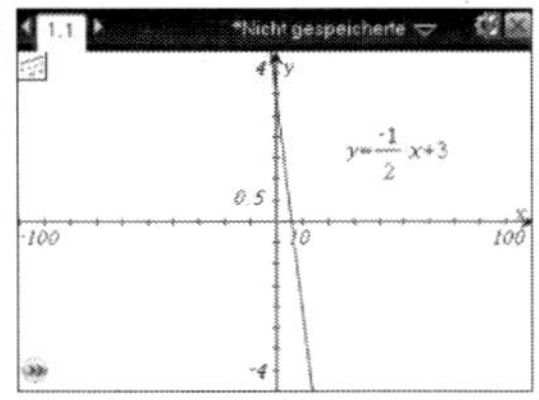

(2)

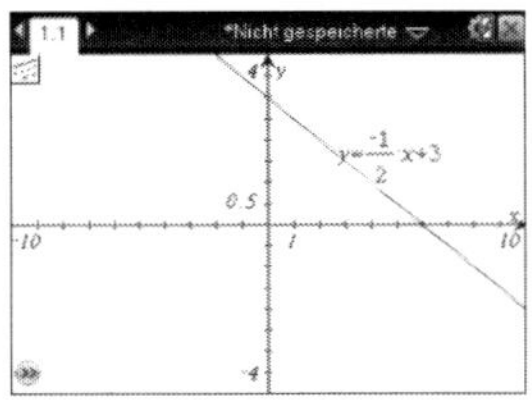

191

21. x: Zeit (in min);
y: Anzahl der Besucher im Stadion
$y = 45\,000 - 6 \cdot 200 \cdot x = -1\,200x + 45\,000$
Nach $45\,000 : 1\,200 = 37{,}5$ Minuten haben alle Besucher das Stadion verlassen.

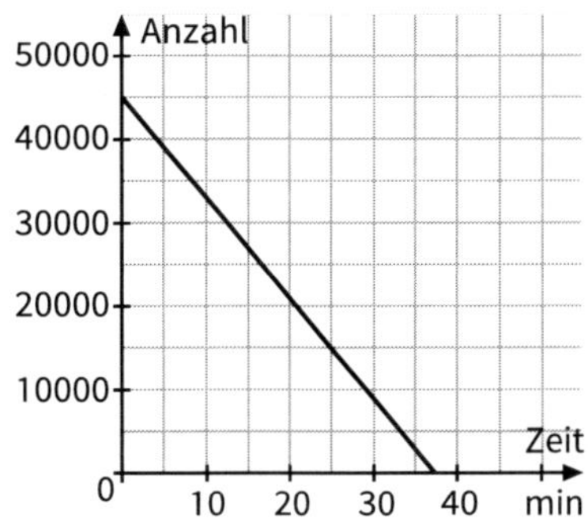

22. $\gamma = 180 - 2\alpha$ für $0 < \alpha < 90$; α und γ in °.
Die Schnittpunkte mit den Achsen gehören nicht zum Graphen.

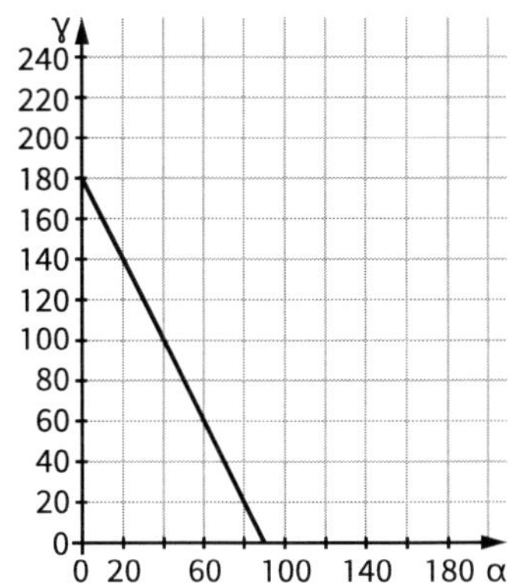

23. $\alpha = 90 - \beta$ für $0 < \beta < 90$; α und β in °.
Die Schnittpunkte mit den Achsen gehören nicht zum Graphen.

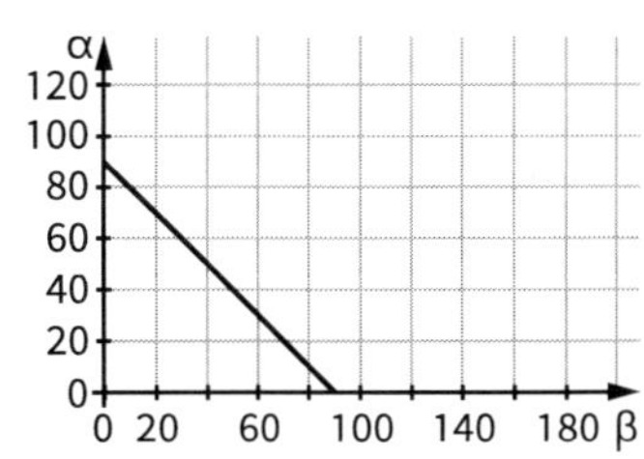

191 **24. a)** x: Zeit (in h); y: Wasserhöhe (in m)
$y = 2{,}5 - 0{,}4\,x$ mit $x \geq 0$
Der Graph geht von $(0\,|\,2{,}5)$ bis $\left(6\frac{1}{4}\,\middle|\,0\right)$

b) Nach $6\frac{1}{4}$ h, also nach 6 h 15 min ist das Becken leer.

c) Insgesamt fasst das Becken $6\,m^3 \cdot 6\frac{1}{4} = 37{,}5\,m^3$ Wasser.
Die Grundfläche ist also $15\,m^2$ groß.

25. a) $m_1 \neq m_2$. Die Geraden schneiden sich im Punkt $P(-2\,|\,-5)$.

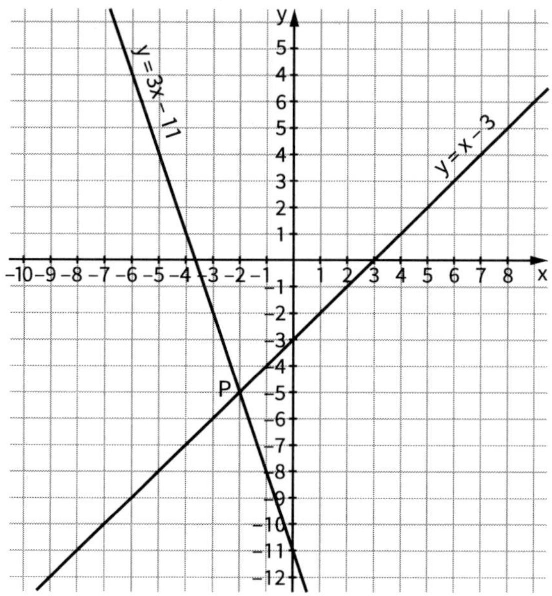

b) $y = -x + 1$ und $y = -x - 1$, also $m_1 = m_2$.
Die Geraden sind parallel zueinander.

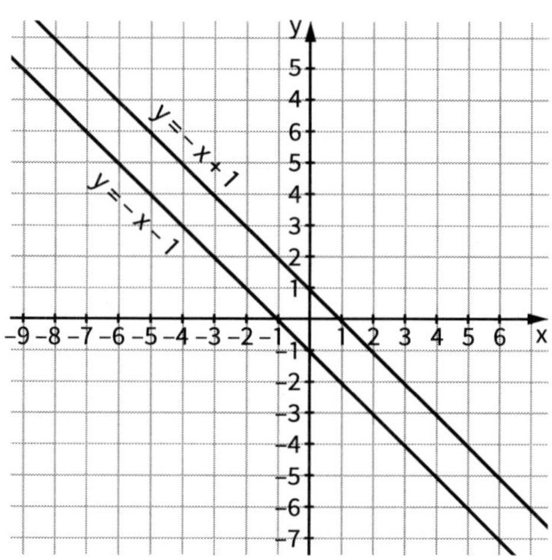

191 **25. c)** $y = -\frac{x}{3} + 2$ und
$y = -\frac{x}{3} + 2$, also
$m_1 = m_2$.
Die Geraden sind parallel zueinander; sie sind sogar identisch, da auch $b_1 = b_2$.

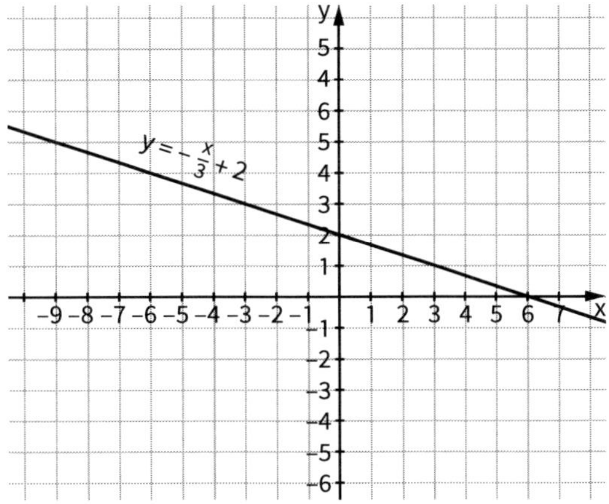

d) $y = \frac{2}{3}x - 2$ und
$y = \frac{3}{2}x - 3$, also
$m_1 \neq m_2$.
Die Geraden schneiden sich im Punkt P(1,2 | −1,2).

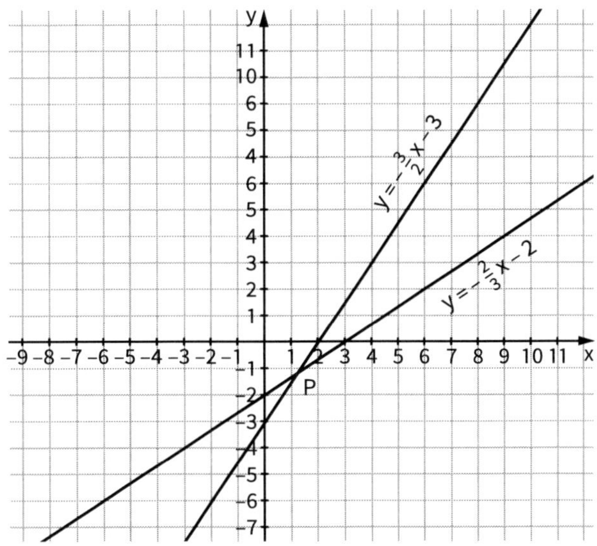

26. a) Die Geraden schneiden sich, da $m_1 \neq m_2$.

b) $y = -1{,}5x - 2$ und $y = -1{,}5x + 7$;
Die Geraden sind parallel zueinander, da $m_1 = m_2$.

c) $y = x - 19$ und $y = \frac{1}{3}x + 15$; Die Geraden schneiden sich, da $m_1 \neq m_2$.

d) $y = -\frac{2}{3}x + \frac{1}{3}$ und $y = -\frac{2}{3}x + \frac{1}{3}$;
Die Geraden sind parallel zueinander, da $m_1 = m_2$.
Sie sind sogar identisch, da auch $b_1 = b_2$.

27. *Beispiele:*

a) $y = 3x + 2$ **b)** $y = -3x - 6$ **c)** $y = -x + 2$, Schnittpunkt S(2 | 0)

4.4 Nullstellen linearer Funktionen – Lösen linearer Gleichungen

194 1. a) $y = -6x + 80$

b) $0 = -6x + 80$

$x = 13\frac{1}{3}\,s \approx 13{,}3\,s$

Es dauert etwa 13,3 s bis zum Erdgeschoss.

c) $-9 = -6x + 80$

$x = 14\frac{5}{6}\,s \approx 14{,}8\,s$

Es dauert etwa 14,8 s bis zum 3. Untergeschoss.

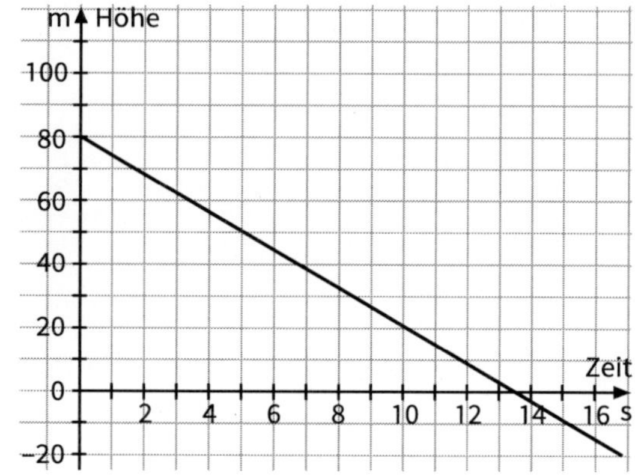

195 2. a) $x_0 = 2{,}5$

b) $x_0 = \frac{7}{4} = 1\frac{3}{4} = 1{,}75$

c) $x_0 = -6$

d) $x_0 = -\frac{8}{3} = -2\frac{2}{3}$
$\approx -2{,}7$

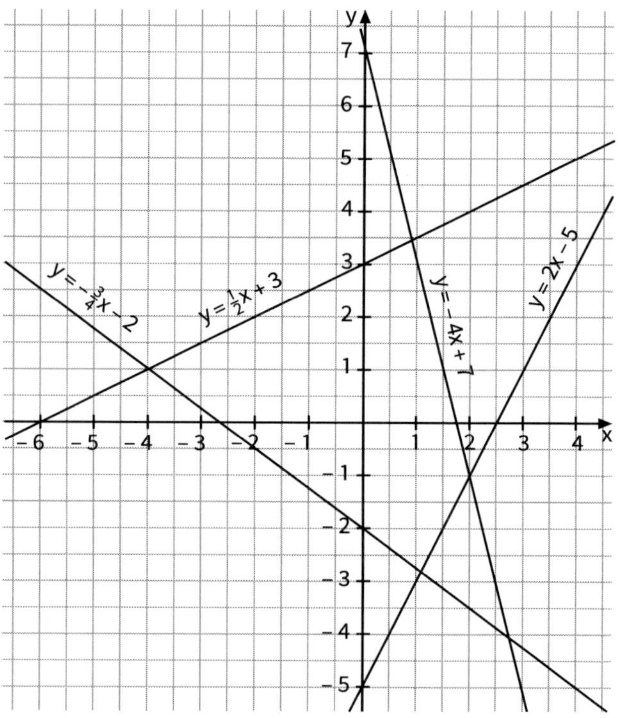

3. a) $x_0 = \frac{7}{3} = 2\frac{1}{3} \approx 2{,}3$

b) $x_0 = \frac{9}{2} = 4\frac{1}{2} = 4{,}5$

c) $x_0 = -50$

d) $x_0 = -7{,}5$

e) $x_0 = \frac{35}{3} = 11\frac{2}{3} \approx 11{,}7$

f) $x_0 = \frac{15}{4} = 3\frac{3}{4} = 3{,}75$

g) $x_0 = 0$

h) keine Nullstelle

195 **4.** **a)** Funktionsgleichung: $y = -1{,}5x + 200$

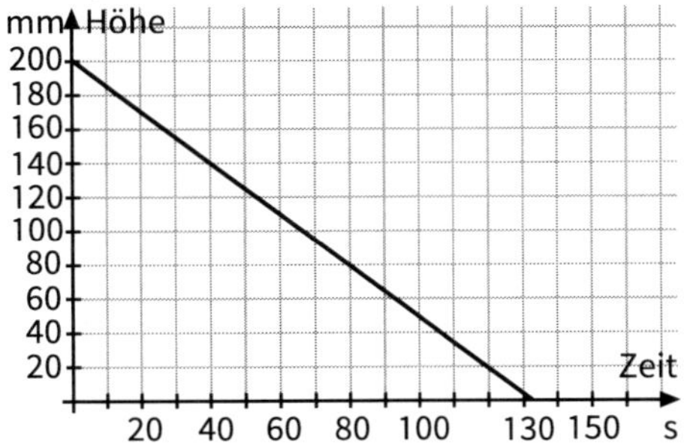

b) $133\frac{1}{3}$ s nach Beginn des Sinkfluges.

c) Nach $126\frac{2}{3}$ s nach Beginn des Sinkfluges.

d) Funktionsgleichung: $y = -2x + 200$; Nullstelle: $x_0 = 100$

Der Ballon landet dann $33\frac{1}{2}$ s früher.

5. **a)** $x = -\frac{5}{2} = -2\frac{1}{2} = -2{,}5$

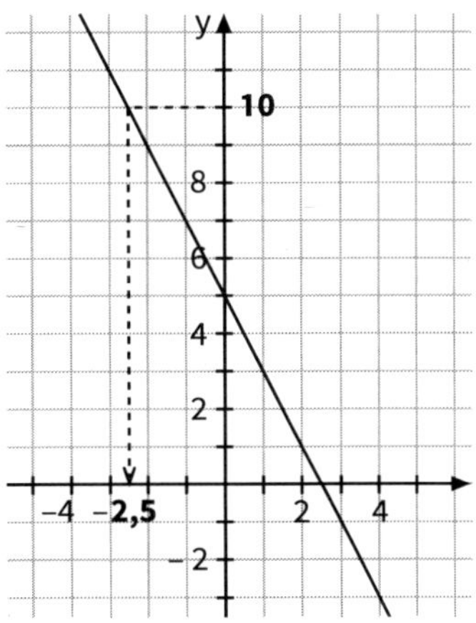

b) $x = \frac{1}{3} \approx 0{,}3$

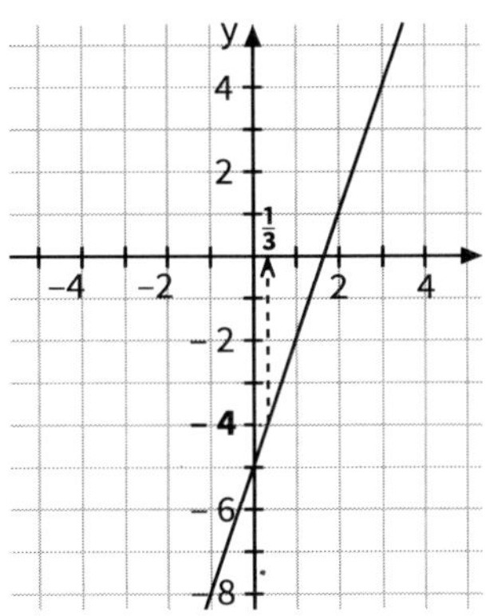

195 **5. c)** x = 8

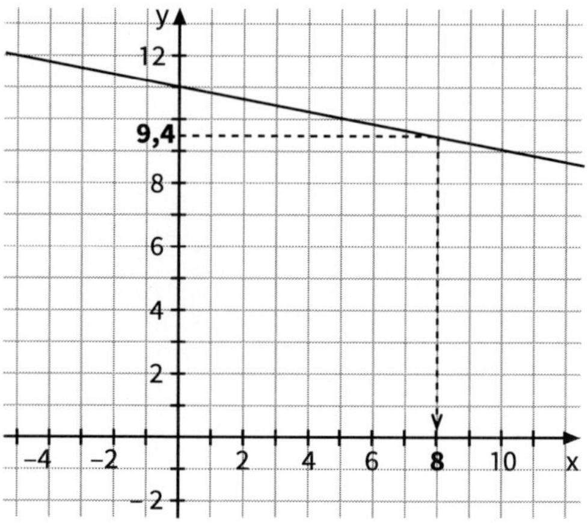

d) $x = 6\frac{2}{3} \approx 6{,}7$

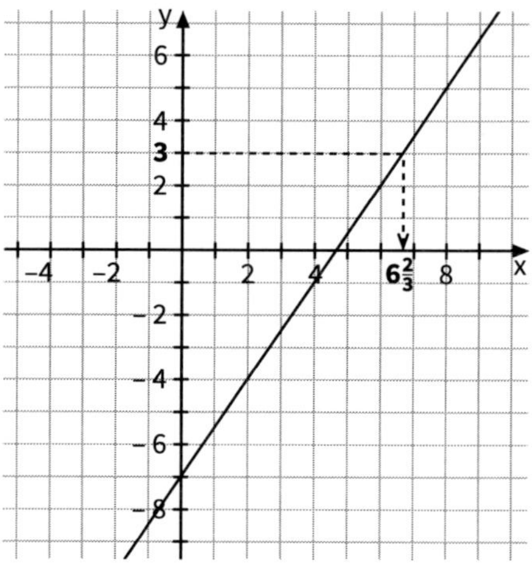

e) x = 5

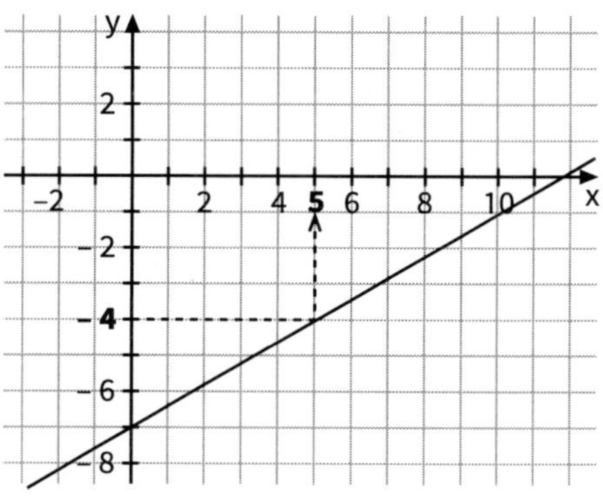

195 **5. f)** $x = \frac{9}{2} = 4\frac{1}{2} = 4{,}5$

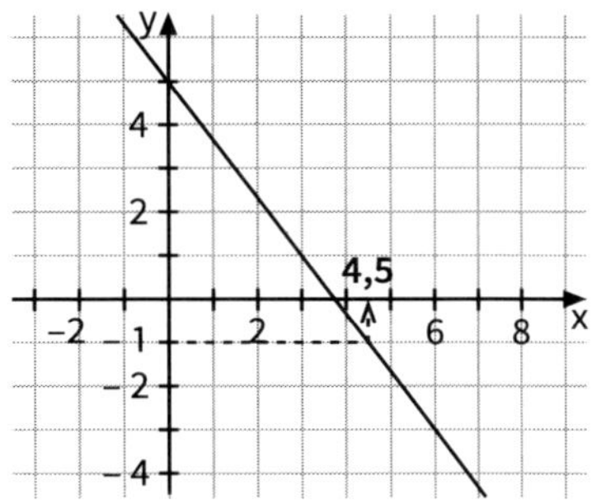

6. a)

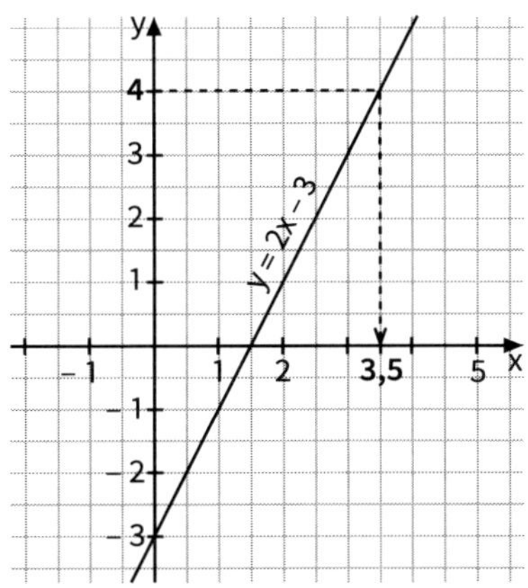

b)

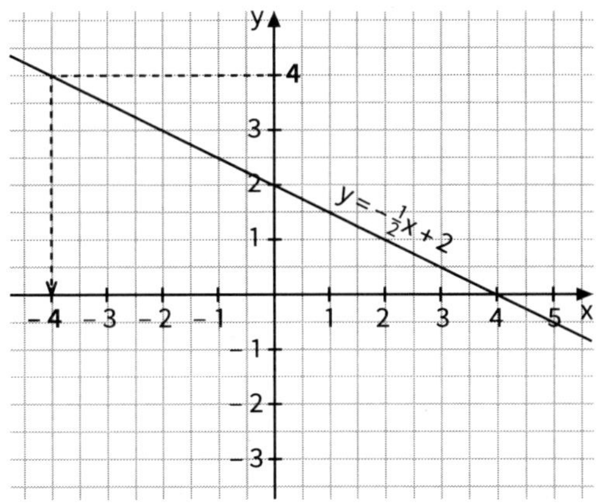

195 **6.** **c)**

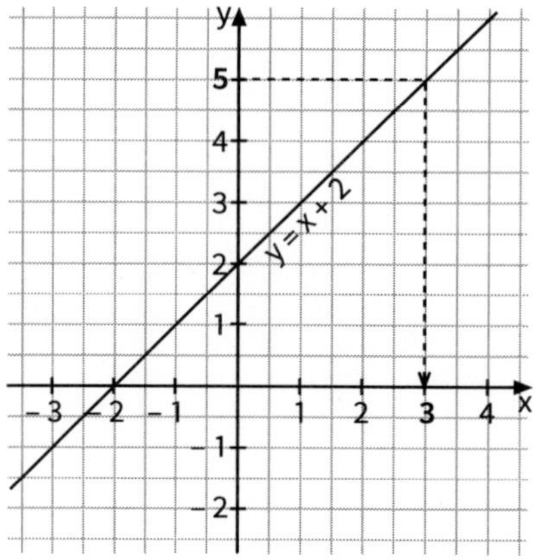

d)

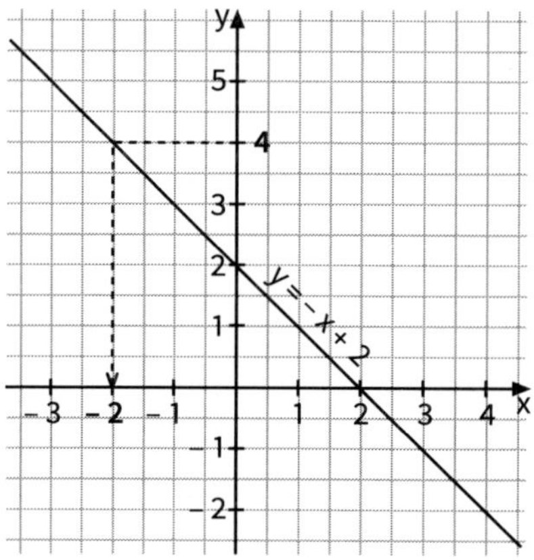

7. Niklas hat den Schnittpunkt mit der y-Achse berechnet.
Lara hat die Nullstelle richtig berechnet.

8. **a)** $x = 15$ **b)** $x = -19{,}375$ **c)** $x = 100$ **d)** $x = -67{,}5$

9. **a)** Der Tank ist leer.
b) Die Kerze ist vollständig abgebrannt.
c) Ankunft bei der Anlegestelle.
d) Prepaid-Karte weist kein Guthaben mehr auf. Die Karte ist leer.

10. Z. B. $f(x) = x - 4$ $g(x) = -\frac{1}{2}x + 2$ $h(x) = 5x - 20$

195 11. Achsenabschnitt: $y_0 = 5{,}5$
Nullstelle: $x_0 = 11$
Funktionsgleichung: $y = -0{,}5\,x + 5{,}5$

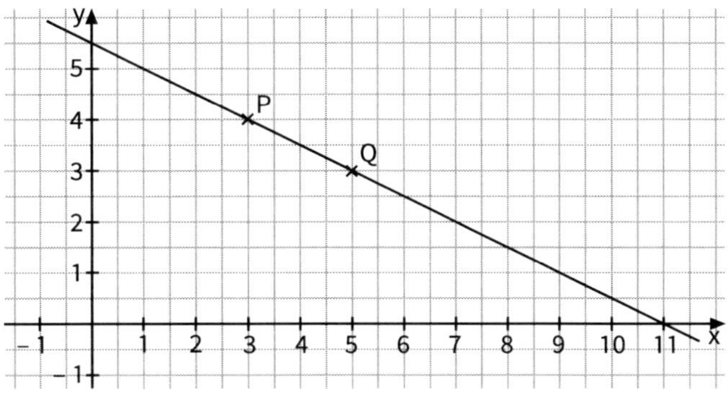

Auf den Punkt gebracht: Dokumentieren von Rechenergebnissen

196 1. Sarah hat ihre Lösung ausführlich aufgeschrieben. Die Lösung ist ohne weitere Erklärungen gut lesbar und verständlich.
Mia hat nur einige der wichtigsten Punkte ihrer Lösung aufgeschrieben. Man kann nicht erkennen, wie sie auf die Gleichung bzw. zu dem Ergebnis gekommen ist. Auch die Aufgabenstellung mit den für die Lösung wichtigen Angaben fehlt.

197 2. a) Druckfehler in der 1. Auflage im Bild: Man kann 158 Gummitierchen für 1,55 € kaufen.
Aus der Angabe „100 g Gummitierchen kosten 0,98 €" kann man berechnen, dass 1 g Gummitierchen $\frac{0{,}98}{100}$ € = 0,0098 € kosten.
Da die Zuordnung *Menge der gekauften Gummitierchen → Preis (in €)* proportional ist, erhält man die Funktionsgleichung $y = \frac{0{,}98}{100}\,x = 0{,}0098\,x$.
Am Graphen kann man mithilfe der Trace-Funktion ablesen, dass Sabine 158 Gummitierchen für 1,55 € kaufen kann.

b) Marius hat die Anzahl der Gummitierchen mit zwei Stellen nach dem Komma angegeben. Da es nur ganze Gummitierchen gibt, ist das nicht sinnvoll.
Den Preis hat er auf vier Stellen nach dem Komma angegeben. Für weitere Rechnungen kann das sinnvoll sein, aber nicht, wenn man den Preis (in €) ablesen möchte. Dazu benötigt man nur zwei Stellen nach dem Komma.
Bei dem Graphen fehlt an der x-Achse die Angabe.
Pascal hat im Text zum Graphen zwar angegeben, wie er mit dem Rechner vorgegangen ist, es fehlen aber die Pfeilspitzen an den Achsen und die Bezeichnungen an den Achsen.

4.5 Geraden durch Punkte

4.5.1 Geraden durch zwei Punkte

198 **Einstieg:**

Wir zeichnen für die Zuordnung
Höhe über den Nordpol (in km) →
Lufttemperatur in der Troposphäre (in °C)
die Punkte $P_1(11\,|-65)$ und $P_2(8\,|-50)$ sowie die Gerade durch P_1 und P_2.
Die Gerade hat die Steigung $m = \frac{-15}{3} = -5$.
Wir erkennen, dass die Gerade die y-Achse im Punkt $S(0\,|-10)$ schneidet.
Der y-Achsenabschnitt ist also -10.
Wir erhalten so die Funktionsgleichung $y = -5x - 10$. Die Punktprobe zeigt, dass die Punkte P_1 und P_2 auf dieser Geraden liegen, und bestätigt unsere gefundene Funktionsgleichung.

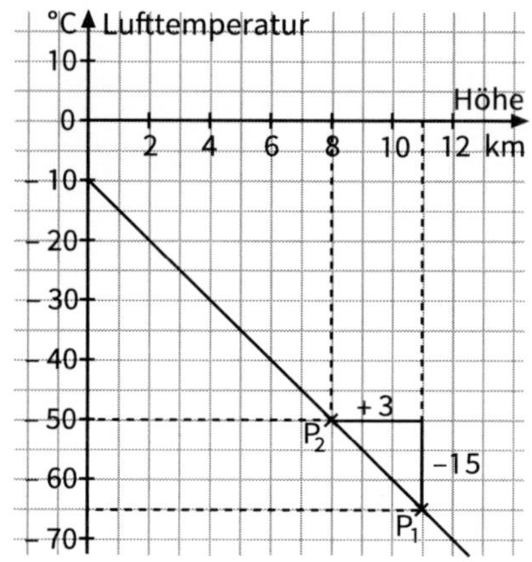

200 **2.** a) $y = -2 \cdot x - 7$ b) $y = \frac{2}{5} \cdot x + \frac{4}{5}$ c) $y = -\frac{2}{3} \cdot x - \frac{5}{3}$ d) $y = 3 \cdot x + 5$

3. a) $y = \frac{7}{8} \cdot x - \frac{13}{4}$ b) $0 \cdot x + 3$, also $y = 3$ c) $y = 1{,}5 \cdot x + 1$ d) $y = -\frac{1}{2}x + 1$

4. a) Der zweite Wert ist falsch.
b) Funktionsgleichung:
$y = 2{,}5 \cdot x + 18{,}6$
Zweiter Wert:
$f(102{,}4) = 274{,}6$

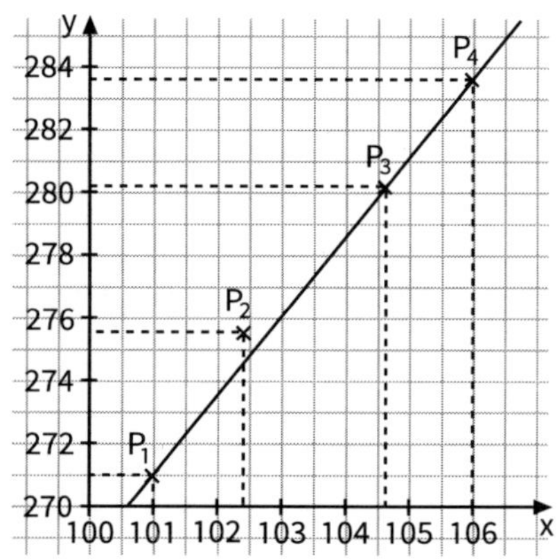

200

5. a)

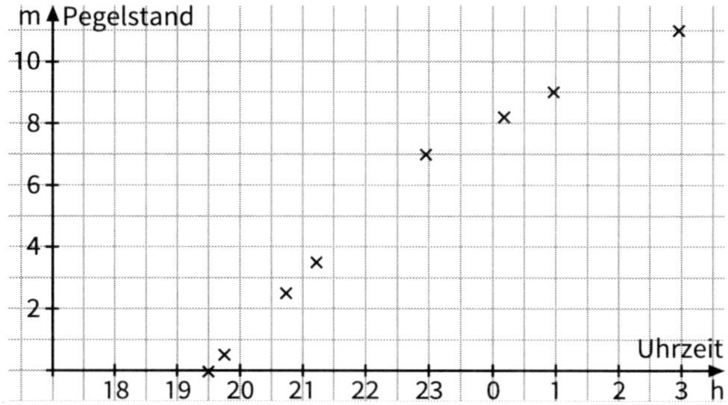

b) Die Form des Wasserbeckens legt nahe, dass das Wasser von 0 m bis 7 m Höhe gleichmäßig steigt. Dieser Wasserstand ist um 23.00 Uhr erreicht. Nach 23.00 Uhr steigt das Wasser auch wieder gleichmäßig, nun aber langsamer, da das Becken im oberen Teil eine wesentlich größere Grundfläche besitzt. Im unteren Teil steigt das Wasser pro Stunde um 2 m an. Um 22.00 Uhr beträgt der Pegelstand also 5 m.
Im oberen Teil steigt das Wasser pro Stunde um 1 m an. Um 2.00 Uhr beträgt der Pegelstand also 10 m.

c) Die Pegelstände von 19.30 Uhr bis 23.00 Uhr liegen auf einer Geraden und die Pegelstände von 23.00 Uhr bis 3.00 Uhr liegen auf einer Geraden.
Bei den Werten ab 0.00 Uhr muss man immer 24 addieren, also 24.00 Uhr statt 0 Uhr, 25.00 Uhr statt 1.00 Uhr, usw.
Für die Uhrzeit x und die Pegelstände y (in m) erhält man:
Funktionsgleichung für die Zeit von 19.30 Uhr bis 23.00 Uhr: $y = 2x - 39$
Funktionsgleichung für die Zeit von 23.00 Uhr bis 3.00 Uhr: $y = x - 16$

4.5.2 Geraden durch Punktwolken

Einstieg:

Man zeichnet nach Augenmaß eine Gerade ein und bestimmt dann die Funktionsgleichung. Mit dem Rechner erhält man: $y = 7{,}91\,x - 35{,}35$

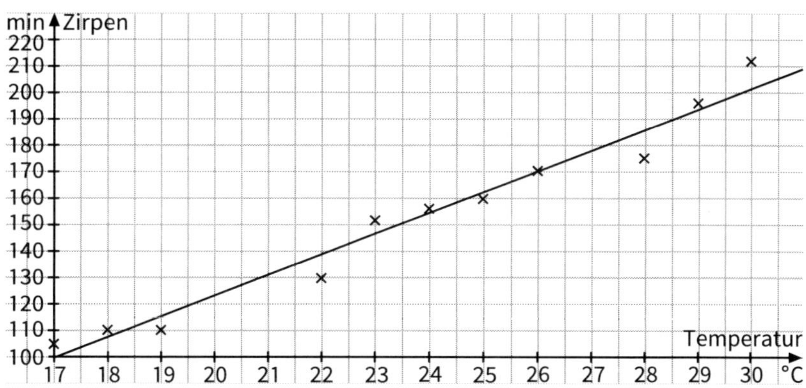

202

2. a) Die Punkte liegen etwa auf einer Geraden. Mit dem Rechner erhält man für die Ausgleichsgerade folgende Funktionsgleichung: $y = 0{,}174\,x + 44{,}6$

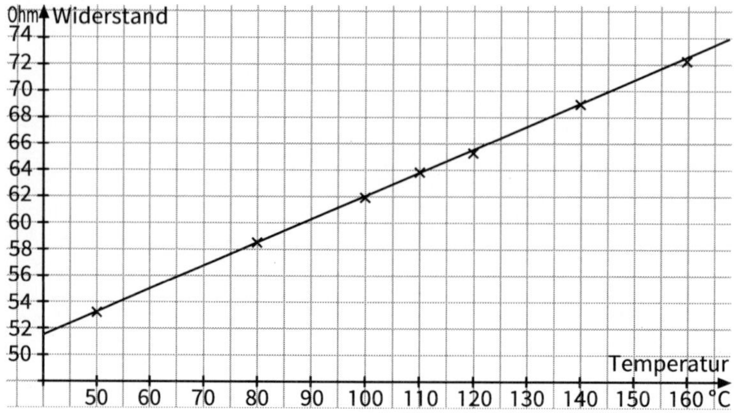

b) Widerstand bei 25 °C: 49 Ohm

3. a) Männer: $y \approx -0{,}0096978\,x + 29{,}2384615$
Frauen: $y \approx -0{,}0178462\,x + 46{,}3325934$

b) Wenn man den Schnittpunkt der beiden Geraden berechnet, kann man daraus folgern, dass Männer und Frauen etwa im Jahr 2100 gleich schnell sind. Man setzt dabei voraus, dass sich die Laufzeiten weiter so verändern.

4. Für die Zuordnung *Anzahl der Stunden → Punkte* erhält man für die Ausgleichsgerade ungefähr die Funktionsgleichung $y = 4\,x + 61$.

5. a) Man erhält für die Ausgleichsgerade ungefähr die Funktionsgleichung $y = 0{,}36\,x$.

b) –

6. Für die Zuordnung *Alter der Frauen → Alter der Männer* erhält man die Ausgleichsgerade mit (ungefähr) der Funktionsgleichung $y = x + 2{,}4$.
Die Männer sind gut zwei Jahre älter als die Frauen.

Das kann ich noch!

A) **1)** 20 % von 400 € sind 80 €.
2) 15 % von 80 kg sind 12 kg.
3) 18 m sind 75 % von 24 m.
4) 150 l sind 30 % von 500 l.
5) 40 g von 160 g sind 25 %.
6) 25 € von 500 € sind 5 %.

Im Blickpunkt: Regressionsgeraden durch Punktwolken

203 1. a) –

b) Die gezeichnete Gerade ist ein Beispiel, bei dem man davon ausgeht, dass der Sohn eines 1,50 m großen Vaters 1,55 m groß ist und der Sohn eines 2,00 m großen Vaters 1,95 m groß ist. Die Funktionsgleichung ist $y = 0{,}8\,x + 35$.

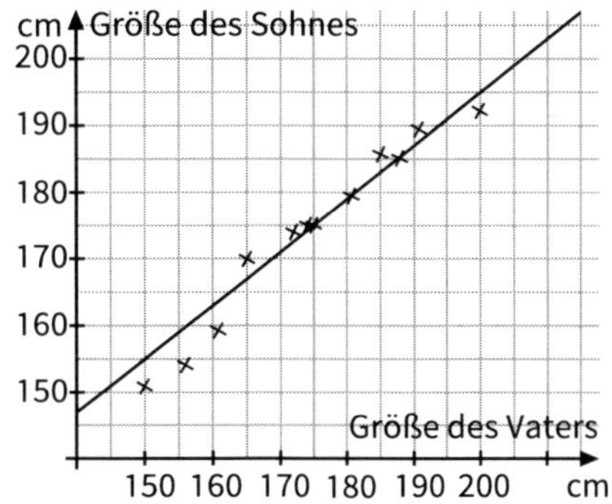

c) Der Sohn wird etwa so groß wie sein Vater sein, nämlich 1,71 m.

d) Die berechnete lineare Funktion, hat eine etwas größere Steigung und einen kleineren y-Achsenabschnitt als die als Beispiel in Teilaufgabe b) gewählte lineare Funktion.

204 2. a) Funktionsgleichung:
$y = -2{,}7\overline{3}\,x + 1{,}0\overline{4}$

b) $-26\,°C$

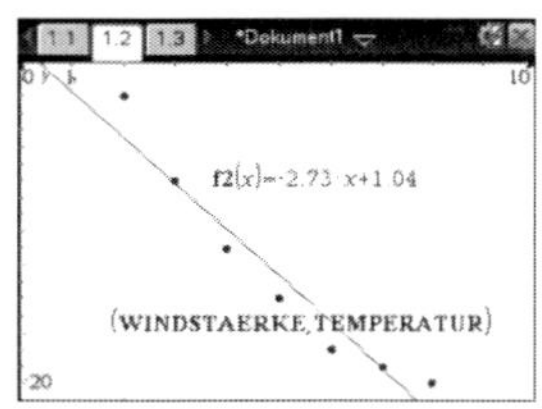

3. Die Werte liegen ungefähr auf einer Geraden mit der Funktionsgleichung $y = 77\,x + 10{,}2$.

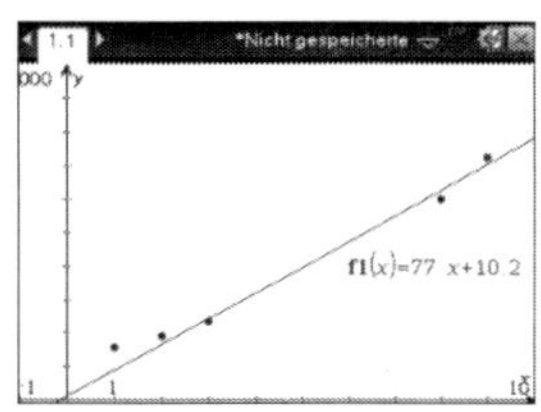

4.6 Vermischte Übungen

205 1. a)

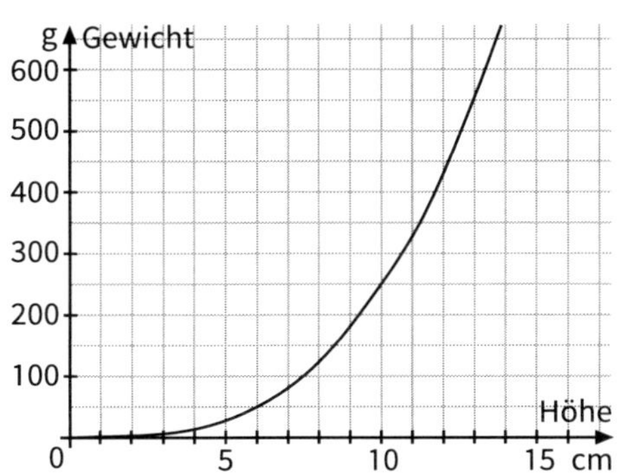

205

1. b)

Gewicht (in g)	50	100	200	500
Höhe (in cm)	5,8	7,4	9,3	12,6

c) $y = \frac{1}{4}x^3$ passt am besten.

d) $843{,}75\,g \approx 840\,g$

2. a) $f(10) = 60$; $f(-10) = -60$; $f(0) = 0$; $f(1) = 6$; $f(-0{,}5) = -3$; $f\left(\frac{1}{3}\right) = 2$;
$f\left(-\frac{2}{5}\right) = -\frac{12}{5} = -2\frac{2}{5} = -2{,}4$

b) $f(10) = -\frac{19}{2} = -9\frac{1}{2} = -9{,}5$; $f(-10) = \frac{21}{2} = 10\frac{1}{2} = 10{,}5$; $f(0) = \frac{1}{2} = 0{,}5$;
$f(1) = -\frac{1}{2} = -0{,}5$; $f(-0{,}5) = 1$; $f\left(\frac{1}{3}\right) = \frac{1}{6}$; $f\left(-\frac{2}{5}\right) = \frac{9}{10} = 0{,}9$

c) $f(10) = \frac{37}{5} = 7\frac{2}{5} = 7{,}4$; $f(-10) = -\frac{38}{5} = -7\frac{3}{5} = -7{,}6$; $f(0) = -\frac{1}{10} = -0{,}1$;
$f(1) = \frac{13}{20} = 0{,}65$; $f(-0{,}5) = -0{,}475$; $f\left(\frac{1}{3}\right) = \frac{3}{20} = 0{,}15$; $f\left(-\frac{2}{5}\right) = -\frac{2}{5} = -0{,}4$

d) $s(10) = -1$; $s(-10) = 3$; $s(0) = 1$; $s(1) = \frac{4}{5} = 0{,}8$; $s(-0{,}5) = 1{,}1$; $s\left(\frac{1}{3}\right) = \frac{14}{15} = 0{,}9\overline{3}$;
$s\left(-\frac{2}{5}\right) = \frac{27}{25} = 1\frac{2}{25} = 1{,}08$

e) Alle Funktionswerte haben den Wert 4,5.

3. a) (1) 3 — (2) $\frac{17}{8} = 2\frac{1}{8} = 2{,}1257$

b) (1) 2 — (2) $\frac{23}{8} = 2\frac{7}{8} = 2{,}875$

c) (1) $-\frac{1}{40} = -0{,}025$ — (2) $-\frac{39}{160} = -0{,}24375$

d) (1) $\frac{12}{5} = 2\frac{2}{5} = 2{,}4$ — (2) $\frac{3}{10} = 0{,}3$

e) (1) 1 — (2) $-\frac{19}{16} = -1\frac{3}{16} = -1{,}1875$

4. a) (1) $m = 1$ — (2) $b = \frac{13}{3} = 4\frac{1}{3} = 4{,}\overline{3}$

b) (1) $m = 3$ — (2) $b = \frac{2}{3} = 0{,}\overline{6}$

c) (1) $m = -6$ — (2) $b = \frac{17}{9} = 1\frac{8}{9} = 1{,}\overline{8}$

d) (1) $m = 0$ — (2) $b = \frac{5}{3} = 1\frac{2}{3} = 1{,}\overline{6}$

5. Eine Parallele zur y-Achse ist kein Funktionsgraph, da zu der Stelle x, an der die Gerade die x-Achse schneidet, unendlich viele Funktionswerte gehören. Zu dieser Geraden gehört also keine lineare Funktion.

205 6. a)

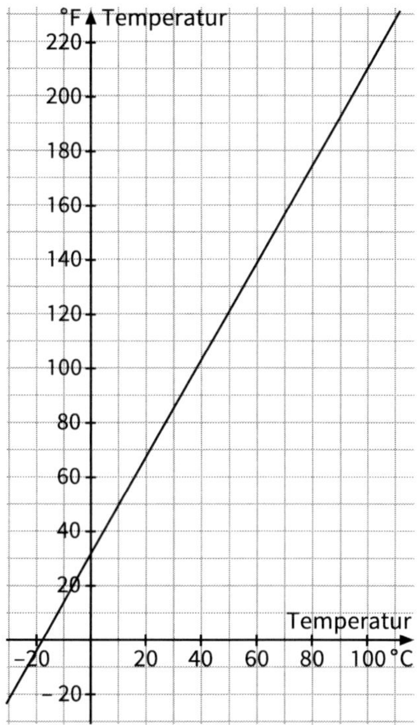

Temperatur (in °C) → Temperatur (in °F): $y = \frac{9}{5}x + 32 = 1{,}8\,x + 32$

Temperatur (in °F) → Temperatur (in °C): $y = \frac{5}{9}x - \frac{160}{9} = \frac{5}{9}x - 17\frac{7}{9}$

b) $-40\,°C = -40\,°F$

c) Man erhält folgende Wertetabelle:

Temperatur (in °F)	Umrechnung mit Formel (in °C)	Umrechnung mit Faustformel (in °C)
−20	−29	−26
−10	−23	−21
0	−18	−16
+10	−12	−11
+20	−7	−6
+30	−1	−1
+40	+4	+4
+50	+10	+9
+60	+16	+14
+70	+21	+19
+80	+27	+24
+90	+32	+29
+100	+38	+34

Für normale Temperaturen ist die Faustformel ganz gut.

206

7. a) Die Punkte liegen nicht auf einer Geraden, also nicht auf dem Graphen einer linearen Funktion.
   b) Die Punkte liegen nicht auf einer Geraden, also nicht auf dem Graphen einer linearen Funktion.
   c) Die Punkte liegen auf dem Graphen der linearen Funktion mit $y = -\frac{2}{3}x + 5$.
   d) Die Punkte liegen auf dem Graphen der linearen Funktion mit $y = \frac{1}{2}x$.

8. Funktionsgleichungen:
   RentaCar:
   $y = 0{,}4\,x$
   Car4you:
   $y = 69$
   EuroCar:
   $y = 0{,}13\,x + 40$
   Germancar:
   $y = 0{,}1\,x + 50$
   Welche Firma am günstigsten ist, hängt von der Länge der Fahrstrecke ab. Bis 148 km ist RentaCar am günstigsten, ab 149 km bis 223 km EuroCar und ab 224 km Car4you. Germancar ist nie der günstigste Anbieter.

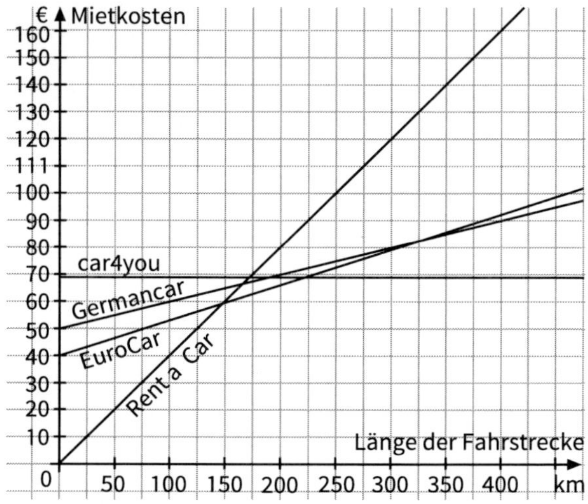

9. *1. Beispiel*
   Sachverhalt: Eine Anfangs 8 cm hohe Kerze wird beim Brennen stündlich 1,5 cm kürzer.
   Zuordnung: Brenndauer (in h) → Länge der Kerze (in cm)
   Wertetabelle:

x	0	1	2	3	4	5
y	8,0	6,5	5	3,5	2	0,5

   Funktionsgleichung: $y = -1{,}5\,x + 8$ mit $0 \le x \le 8$
   Graph: Strecke von $P(0|8)$ bis $Q\left(5\frac{1}{3}\middle|0\right)$
   2. Beispiel
   Sachverhalt: Das Ergebnis ist das Doppelte der Zahl vermindert um 1.
   Zuordnung: Zahl → Doppelte der Zahl vermindert um 1
   Wertetabelle:

x	0	1	2	3	4	5
y	−1	1	3	5	7	9

   Funktionsgleichung: $y = 2\,x - 1$
   Graph: Gerade durch $P(0|-1)$ und $Q(5|9)$.

206 **9.** *3. Beispiel*

Sachverhalt: Ein Taxiunternehmen verlangt einen Grundpreis von 4,00 € und zusätzlich 0,50 € für jeden gefahrenen Kilometer.

Zuordnung: Gefahrende Strecke (in km) → Kosten (in €)

Wertetabelle:

x	0	2	4	6	8
y	4	5	6	7	8

Funktionsgleichung: $y = 0{,}5x + 4$ mit $x > 0$

Graph: Halbgerade von P(0|4) durch Q(8|8)

4. Beispiel

Sachverhalt: Eine Leiste kostet 0,50 € pro m.

Zuordnung: Länge der Leiste (in m) → Preis (in €)

Wertetabelle:

x	1	2	3	4	5
y	0,5	1	1,5	2	2,5

Funktionsgleichung: $y = 0{,}5x$ mit $x > 0$

Graph: Halbgerade von O(0|0) durch P(4|2).

10. a) (1) *Zum Beispiel:* $y = 2$, $y = 4$, $y = 6$ … und $y = 3x + 5$, $y = 3x$, $y = 3x - 5$, $y = 3x - 10$, …

(2) *Zum Beispiel:* $y = 1{,}5x + 5$, $y = 1{,}5x$, $y = 1{,}5x - 5$, $y = 1{,}5x - 10$, … und $y = -\frac{1}{3}x + 10$, $y = -\frac{1}{3}x + 8$, $y = -\frac{1}{3}x + 6$ …

(3) *Zum Beispiel:* $y = \frac{1}{2}x$, $y = x$, $y = 2x$, $y = 3x$, $y = -3x$, $y = -2x$, $y = -x$, $y = -\frac{1}{2}x$

b) –

11. –

4.7 Antiproportionale Funktionen

207 **Einstieg:**

a) Funktionsgleichung: $y = \frac{18}{x}$

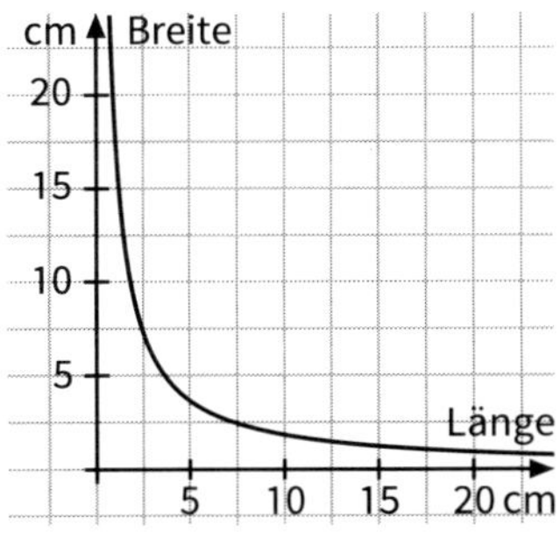

207 **Einstieg:** Fortsetzung

b) Man erhält den zweiten Ast der Parabel, der punktsymmetrisch zum ersten Ast ist. Symmetriepunkt ist der Ursprung O (0 | 0).

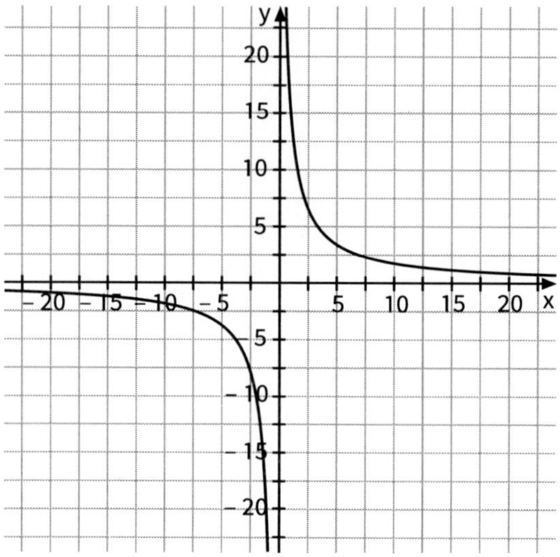

208 2. a)

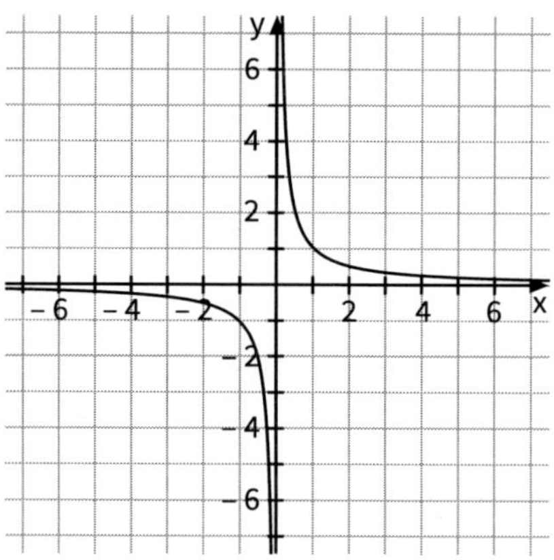

208 2. b)

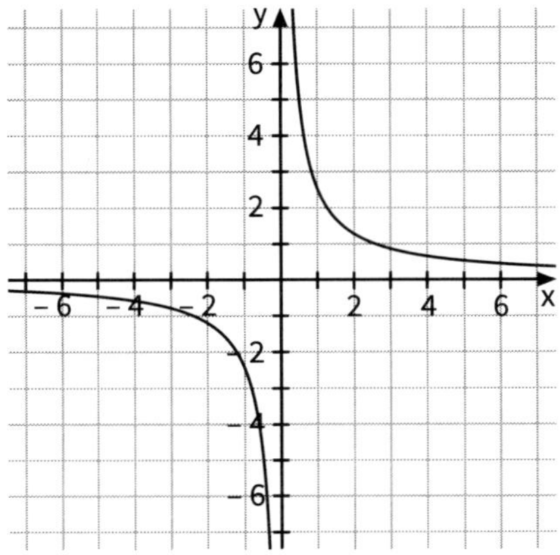

c)

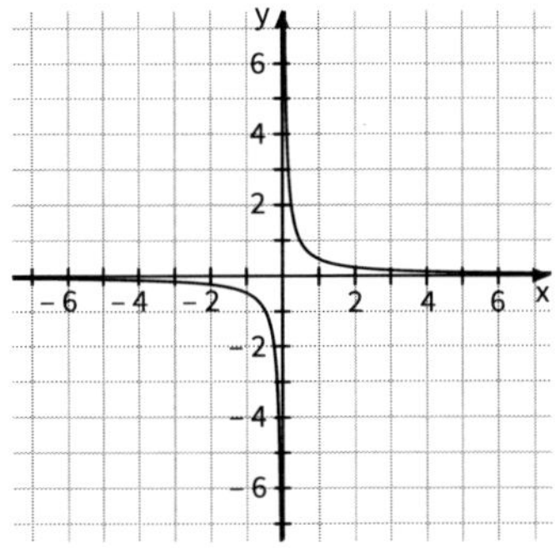

d)

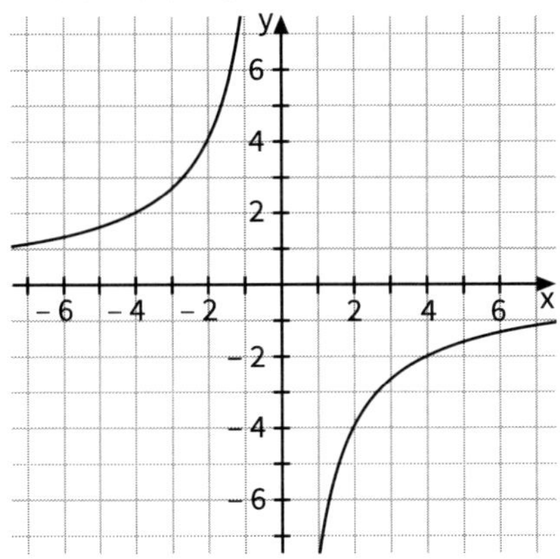

208

2. e)

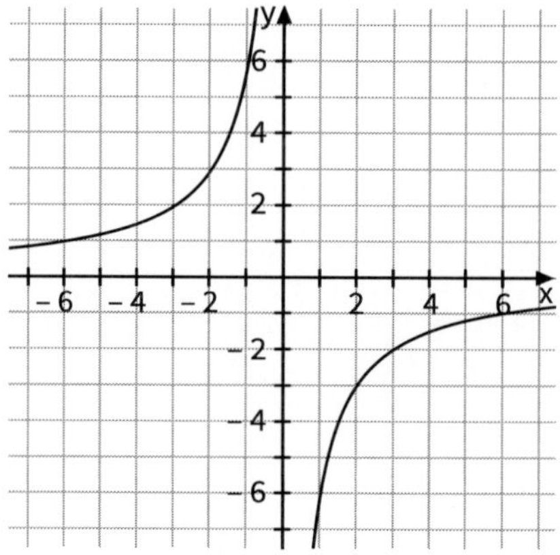

3. a) Wir setzen voraus, dass die Zuordnung *Anzahl der Programmierer → Anzahl der Arbeitstage* antiproportional ist.
Mit dem Dreisatz erhalten wir: 30 Tage; 20 Tage; 18 Tage.

b) Funktionsgleichung: $y = \frac{180}{x}$

$x \cdot y = x \cdot \frac{180}{x} = 180$

Das Produkt hat immer den Wert 180 (Manntage).
Die Funktion ist also antiproportional.

c) 9 Programmierer [15 Programmierer; 18 Programmierer; 45 Programmierer]

4. a) $k = 12$; Funktionswerte: $f(1) = 12$; $f(-1{,}4) = -8\frac{4}{7}$; $f\left(-\frac{1}{2}\right) = -24$

b) $k = 4$; Funktionswerte: $f(1) = 4$, $f(-1{,}4) = -2\frac{6}{7}$; $f\left(-\frac{1}{2}\right) = -8$

c) $k = 5$; Funktionswerte: $f(1) = 5$; $f(-1{,}4) = -3\frac{4}{7}$; $f\left(-\frac{1}{2}\right) = -10$

d) $k = -9$; Funktionswerte: $f(1) = -9$; $f(-1{,}4) = 6\frac{3}{7}$; $f\left(-\frac{1}{2}\right) = 18$

5. $y = \frac{2{,}4}{x}$; $P_2(2{,}5\,|\,0{,}96)$; $P_3(-4\,|\,-0{,}6)$; $P_4(-1\,|\,-2{,}4)$; $P_5\left(-\frac{5}{12}\,\middle|\,-5{,}76\right)$

Im Blickpunkt: Energie sparen

209 **1.** a) *LED-Leuchte*

1 000 Stunden: $12{,}50\,€ + \frac{4}{1\,000} \cdot 1\,000 \cdot 0{,}27\,€ = 13{,}58\,€$

8 000 Stunden: $12{,}50\,€ + \frac{4}{1\,000} \cdot 8\,000 \cdot 0{,}27\,€ = 21{,}14\,€$

16 000 Stunden: $12{,}50\,€ + \frac{4}{1\,000} \cdot 16\,000 \cdot 0{,}27\,€ = 29{,}78\,€$

8-W-Energiesparlampe

1 000 Stunden: $4{,}30\,€ + \frac{8}{1\,000} \cdot 1\,000 \cdot 0{,}27\,€ = 6{,}46\,€$

8 000 Stunden: $4{,}30\,€ + \frac{8}{1\,000} \cdot 8\,000 \cdot 0{,}27\,€ = 21{,}58\,€$

16 000 Stunden: $2 \cdot \left(4{,}30\,€ + \frac{8}{1\,000} \cdot 8\,000 \cdot 0{,}27\,€\right) = 43{,}16\,€$

b)

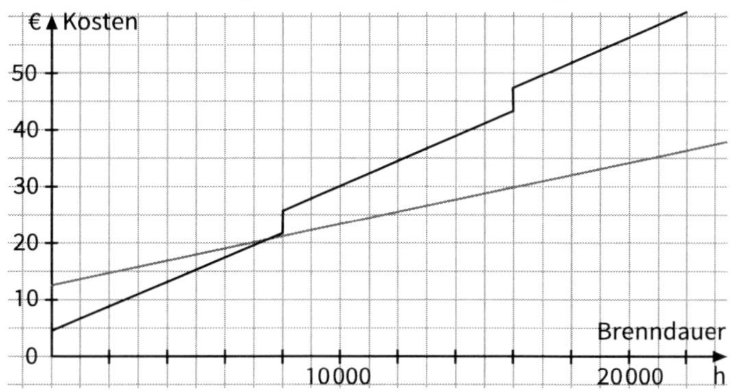

209 **2.** 4 Batterien kosten 3,60 €. Sie liefern in den 18 Stunden 7,2 Wh elektrische Energie. Der Akku und das Ladegerät kosten 13 €. In 18 Stunden müssen sie 7,2 Wh : 0,9 Wh = 8, also achtmal aufgeladen werden. Die Aufladung kostet $8 \cdot \frac{0{,}9}{1\,000} \cdot 0{,}27\,€ = 0{,}001944\,€$.

Man erhält folgende Tabelle:

Spieldauer (in h)	18	36	72	90
Batteriekosten (in €)	3,60	7,20	10,80	18,00
Batterie: gelieferte Energie (in Wh)	7,2	14,4	21,6	28,8
Akku: Anzahl der Ladungen	8	16	24	32
Kosten der Akkuladungen (in €)	0,001944	0,003888	0,005832	0,007776
Kosten Akku und Ladegerät (in €)	13,00	13,00	13,00	13,00

Bei 72 Stunden Nutzungsdauer ist der Einsatz der Batterien kostengünstiger, bei 90 Stunden aber der Einsatz von Akkus.

3. –

4.8 Aufgaben zur Vertiefung

210

1.

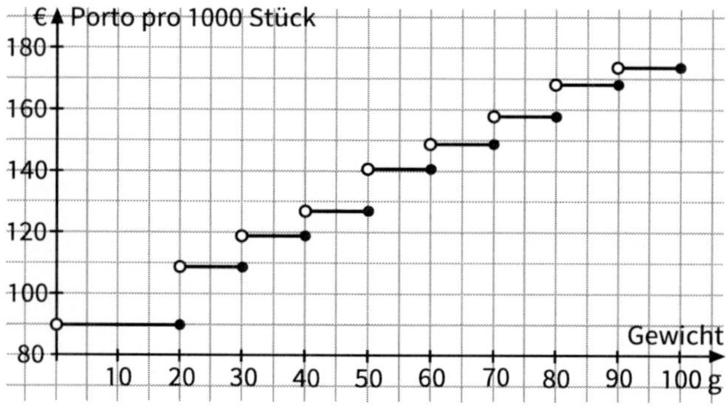

2. a) $29 + (s - 50) \cdot 0{,}2 = 0{,}2\,s + 19$

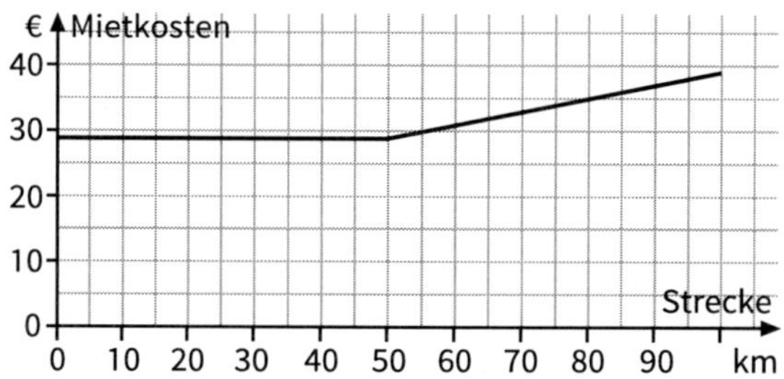

b) Pauschale 29 € am Tag. 50 km frei. Darüber 20 Cent pro km.

210

3. a) $y = 0{,}87\,x;\quad 0 \le x \le 1\,000$
$y = 0{,}81\,x;\quad 1\,000 < x \le 3\,000$
$y = 0{,}79\,x;\quad 3\,000 < x \le 5\,000$
$y = 0{,}77\,x;\quad 5\,000 < x$

b) 3 000 l kosten 2 430 €;
3 001 l kosten 2 370,79 €

c) An den Übergangsstellen ist der Graph „ausgeglichen“, sodass keine „Sprünge“ im Graphen vorkommen.

d) Er könnte z. B. im Bereich um 3 000 l eine Preis von 0,80 € pro l nehmen, also 2 400 €.
Die Funktionsgleichung wäre dort dann $y = 0{,}8\,x$.

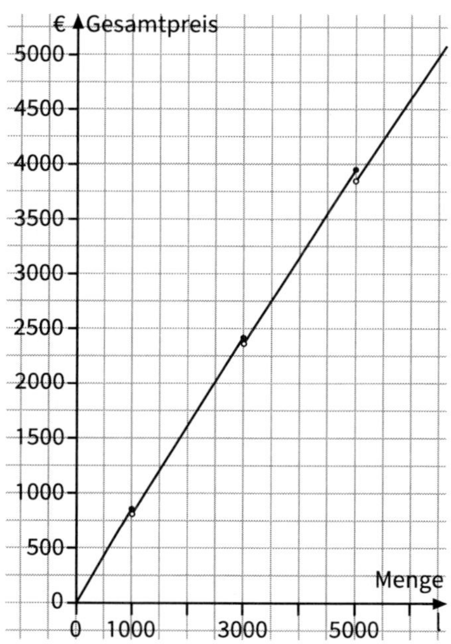

5. Berechnungen an Kreisen und Zylindern

213 **Einstiegsseite:**

→ 5 000 Stadien entsprechen einer Strecke von 900 000 m, also 900 km.
7,2° sind der 50. Teil 360°, also sind 900 km auch der 50. Teil des Erdumfangs.
Für den Erdumfang erhält man $50 \cdot 900\,km = 45\,000\,km$.
Die genaue Entfernung von Assuan nach Alexandria beträgt 835 km.
Damit erhält man einen Erdumfang von $50 \cdot 835\,km = 41\,750\,km$

→ Nach heutigen Erkenntnissen gibt man den Erdumfang mit 40 074 km an.

Lernfeld: Mit Körpern und Figuren experimentieren

214 **1. Auftrag: Kreise wiegen**

Intension des Arbeitsauftrages ist die experimentelle Bestimmung des Flächeninhalts eines Kreises in Abhängigkeit vom Radius oder Durchmesser. Die Angabe der Papierqualität erlaubt eine recht genaue Flächenbestimmung. Vernetzungen zur Proportionalität werden hergestellt.

→ Die Durchführung in Gruppen beschleunigt das Herstellen der Kreise und verlangt gemeinsame Planung des experimentellen Vorgehens.

→ Die Genauigkeit kann erhöht werden, indem nicht einzelne Kreise gewogen werden, sondern eine Vielzahl (Gruppenarbeit) mit gleichem Radius.

→ Hier entdecken die Schülerinnen und Schüler, dass mit einer Verdopplung des Radius eine Vervierfachung des Flächeninhalts verbunden ist. Die Verwendung mehrerer Datensätze (Zusammenarbeit mehrerer Gruppen) ermöglicht eine Bestätigung dieser Vermutung. Die Bestimmung der Kreiszahl kann mit einem Kreis mit Einheitsradius (z. B. 1 dm) vorgenommen werden oder aus unterschiedlichen Datensätzen als konstanter Faktor ermittelt werden.

2. Auftrag: Tuben untersuchen

Intension des Arbeitsauftrags ist die experimentelle Bestimmung des Umfangs eines Kreises in Abhängigkeit vom Radius oder Durchmesser.
Das Experimentieren mit Gegenständen des Alltags soll dabei die Motivation steigern und die Aufgaben in die Lebenswelt der Schülerinnen und Schüler einbetten.

→ Die Beschreibung des Herstellungsverfahrens soll die Messidee herausstellen und die Falzbreite als halben Umfang erkennen lassen.

→ Dieser Auftrag erwartet beispielsweise eine Tabelle mit Falzbreiten und Durchmesser oder eine entsprechende grafische Darstellung.

→ Anknüpfend an Punkt 1 ist zunächst der Zusammenhang zwischen Falzbreite und Durchmesser zu formulieren und die Tabelle (Graph) aus Punkt 2 entsprechend abzuändern oder zu interpretieren.
Die Proportionalität zwischen Durchmesser und Umfang wird entdeckt, die Kreiszahl näherungsweise als Proportonalitätsfaktor bestimmt.

214 **3. Auftrag: Dosen herstellen**

→ Keine Lösung

→ Der Materialbedarf der Dosen ist abhängig von der Größe (Umfang, Breite, Höhe, Volumen).
Der Umfang ist offensichtlich etwas mehr als das Dreifache des Durchmessers.
Der Mantel der Dosen ist ein Rechteck.

5.1 Umfang eines Kreises

215 **Einstieg:**

Man kann z. B. mit einem Faden den Umfang messen. So stellt man fest, dass der Umfang etwa sechsmal so groß ist wie der Radius bzw. dreimal so groß wie der Durchmesser.

216 **2.** 120 cm : 19,2 cm = 6,25 250 cm : 39,6 cm ≈ 6,31
140 cm : 22,6 cm ≈ 6,19 270 cm : 43 cm ≈ 6,28
Die Fahrstrecke ist etwas länger als das Sechsfache des Kurvenradius.

3. **a)** u ≈ 12,57 m **c)** u ≈ 4,08 m **e)** u ≈ 37,7 mm
b) u ≈ 106,8 cm **d)** u ≈ 15,71 m **f)** u ≈ 5,341 km

4. **a)** u ≈ 37,7 cm **b)** u ≈ 141,4 cm **c)** u ≈ 185,4 cm **d)** u ≈ 226,2 mm

217 **5.** **a)** d ≈ 54,1 cm
b) Man muss für jeden Jahresring 4 mm rechnen, 2 mm auf beiden Seiten. Die Buche ist ungefähr 135 Jahre alt.

6. **a)** d ≈ 8,6 cm; r ≈ 4,3 cm **c)** d ≈ 257,8 mm; r ≈ 128,9 mm **e)** d ≈ 3,18 m; r ≈ 1,59 m
b) d ≈ 0,38 m; r ≈ 0,19 m **d)** d ≈ 3,92 m; r ≈ 1,96 m

7. **a)** Das Mountainbike ist ungefähr 102 m weit gerollt.
b) Die Räder des Citybikes drehen sich auf der gleichen Strecke ungefähr 46-mal.

8. $u = 2\,\pi \cdot 2{,}80\,m \approx 17{,}59\,m$; $500\,m : 2\,\pi \cdot 2{,}80\,m \approx 28{,}42$
Das Rad muss sich ungefähr $28\frac{1}{2}$-mal drehen.

9. *Zum Beispiel:* Wie lange dauert es, bis das Riesenrad sich einmal gedreht hat?
Rechnung: $u = \pi \cdot 135\,m \approx 424{,}12\,m$; $u : 0{,}26 \approx 1\,631{,}23$
Antwort: Das Rad benötigt gut 1 631 Sekunden für eine Umdrehung, also etwa $27\frac{1}{5}$ Minuten.

217

10. Länge der Umlaufbahn: 42 240 km
Radius der Umlaufbahn: 6 723 km
Der Satellit fliegt in einer Höhe von ungefähr 345 km über der Erde.

11. 41 330 km; 27 554 pro Stunde

12. a) 942 477 796 km ≈ 942 500 000 km
[2 582 131 km ≈ 2 582 000 km; 29,886 km ≈ 30 km]
b) $29{,}886\,\frac{\text{km}}{\text{s}} \approx 107{,}6\,\frac{\text{km}}{\text{h}} \approx 108\,\frac{\text{km}}{\text{h}}$

13. a) Radius Taille: $80\,\text{cm} : 2 : \pi \approx 12{,}7\,\text{cm}$
Radius Gürtel: $180\,\text{cm} : 2 : \pi \approx 28{,}6\,\text{cm}$
Differenz: $28{,}6\,\text{cm} - 12{,}7\,\text{cm} \approx 15{,}9\,\text{cm}$
Da der Gürtel auch zugemacht werden muss, steht er 5 cm bis 10 cm über, d. h. der Radius ist dann gut 27 cm. Der Gürtel steht immer noch etwa 15 cm ab.
b) Radius der Erde: $40\,000\,\text{km} : \pi : 2 \approx 6\,366{,}197724\,\text{km} = 6\,366\,197{,}724\,\text{m}$
Radius des Seil-Kreises: $40\,000\,001\,\text{m} : \pi : 2 \approx 6\,366\,197{,}883\,\text{m}$
Differenz: $6\,366\,197{,}883\,\text{m} - 6\,366\,197{,}724\,\text{m} = 0{,}159\,\text{m}$
Zwischen Erde und Seil ist etwa 16 cm „Luft“.
c) Der Abstand ist gleich der Differenz der Umfänge geteilt durch 2 π, ist also proportional zur Differenz der Abstände. Der Proportionalitätsfaktor ist $\frac{1}{2\pi}$.

5.2 Flächeninhalt eines Kreises

218

Einstieg:
Man erhält den Zusammenhang $A \approx 3\,r^2$.

219

2. a) $A = \left(\frac{2\,\text{cm}}{2}\right)^2 \cdot \pi = \pi\,\text{cm}^2 \approx 3{,}14\,\text{cm}^2$
b) Da der Radius gleich dem halben Durchmesser ist, gilt:
$A = \pi r^2 = \pi \cdot \left(\frac{d}{2}\right)^2 = \pi \cdot \frac{d^2}{4} = \frac{\pi}{4} d^2$

3. a) $A = \pi \cdot (5{,}3\,\text{cm})^2 - \pi \cdot (2{,}8\,\text{cm})^2 \approx 63{,}6\,\text{cm}^2$
b) $A = \pi r_2^2 - \pi r_1^2 = \pi\left(r_2^2 - r_1^2\right)$

220

4. a) $78{,}54\,\text{cm}^2$ **b)** $5{,}31\,\text{m}^2$ **c)** $63{,}62\,\text{cm}^2$ **d)** $1{,}65\,\text{m}^2$ **e)** $10{,}75\,\text{km}^2$

5. $15\,393{,}80\,\text{km}^2 \approx 15\,400\,\text{km}^2$

6. $A \approx 1{,}54\,\text{m}^2$

220

7. a) $A \approx 1{,}13\,m^2$ b) $r = 0{,}8\,m$; $A \approx 2{,}01\,m^2$

8. Die beiden kleinen Pizzen sind zusammen ungefähr $454\,cm^2$ groß, die große Pizza ist ungefähr $491\,cm^2$ groß.

9. a) $A \approx 25{,}78\,m^2$ c) $A \approx 91{,}99\,km^2$ e) $A \approx 0{,}08\,km^2$
b) $A \approx 19{,}37\,cm^2$ d) $A \approx 0{,}08\,cm^2$

10. $A \approx 804{,}25\,m^2$, 10 kg Rasenkalk reichen für $100\,m^2$, 12 kg also für $120\,m^2$.
$804{,}25\,m^2 : 120\,m^2 = 6{,}7$
7 Packungen reichen. Sie kosten 17,92 €.

11. a) Auf das Vierfache. b) Auf das Neunfache. c) Auf das 25-fache.

12. $A_{Blech} = 256\,cm^2$
$A_{Kreise} \approx 4 \cdot 45{,}36\,cm^2 \approx 181{,}46\,cm^2$
$A_{Abfall} \approx 74{,}54\,cm^2$

13. Es entsteht 21,46 % Verschnitt.

14. a) (1) $1{,}13\,mm^2$ (2) $10{,}18\,mm^2$ (3) $0{,}28\,mm^2$
b) Der Widerstand beträgt den 9ten Teil bzw. das Vierfache.
c) (1) $1{,}54\,mm^2$ (2) $11{,}34\,mm^2$ (3) $0{,}50\,mm^2$

15.

Pizza	Junior	Classic	Maxi	Family
Flächeninhalt	$314\,cm^2$ $3{,}14\,dm^2$	$616\,cm^2$ $6{,}16\,dm^2$	$1134\,cm^2$ $11{,}34\,dm^2$	$2000\,cm^2$ $20\,dm^2$
Preis	4,30 €	5,90 €	10,50 €	16,90 €
Preis pro dm^2	1,37 €	0,96 €	0,93 €	0,85 €

Die rechteckige Family-Pizza ist am günstigsten.

221

16. a) $A \approx 58{,}90\,cm^2$ b) $A \approx 5{,}69\,cm^2$ c) $A \approx 235{,}62\,cm^2$

17. $1\,591\,m^2$

18. a) $r_{Teich} = 22\,m : 2 : \pi - 0{,}5\,m \approx 3{,}0\,m$; $A \approx 28{,}27\,m^2$
b) $r_1 \approx 3{,}5\,m$; $r_2 \approx 5{,}5\,m$; $A \approx 56{,}55\,m^2$

19. a) $d = 62{,}2\,cm + 2 \cdot 3{,}7\,cm = 69{,}6\,cm$; $u \approx 218{,}65\,cm$
b) $d = 62{,}2\,cm + 2 \cdot 4{,}7\,cm = 71{,}6\,cm$; $u \approx 224{,}93\,cm$; $224{,}93\,cm : 218{,}65\,cm \approx 1{,}0287$
Der Umfang ist um etwa 2,9 % größer.

221

20. a) In den beiden Kurven läuft der Läufer auf Bahn 1 auf zwei halbkreisförmigen Kreislinien mit dem Radius $r_1 = 36{,}80\,m + 30\,cm = 37{,}10\,m$.
Die beiden Halbkreislinien sind $u_1 = 2 \cdot \pi \cdot r_1 \approx 233{,}11\,m$ lang.
Die beiden geraden Teilstücke der Bahn sind zusammen ungefähr 166,89 m lang. Die Zielgerade ist also ungefähr 83,45 m lang.

b) $u = 2 \cdot \pi \cdot 36{,}80\,m + 166{,}89\,m \approx 398{,}11\,m$

c) Der Radius der beiden Halbkreislinien für den Läufer auf Bahn 2 beträgt:
$r_2 = r_1 + 1{,}22\,m = 38{,}32\,m$
Die Länge der beiden Halbkreislinien auf Bahn 2 beträgt:
$u_2 = 2 \cdot \pi \cdot r_2 \approx 240{,}77\,m$
Dazu kommt die Länge der beiden geraden Laufbahnen;
$240{,}77\,m + 166{,}89\,m = 407{,}66\,m$.
Der Läufer auf Bahn 2 muss einen Vorsprung von 7,66 m haben.

21. Der Teig ist ungefähr $707\,cm^2$ groß, ein Plätzchen ungefähr $15{,}9\,cm^2$.
Rebecca erhält ungefähr 44 Plätzchen.
Falls der Teig unterschiedlich dick gewalzt wird, kann die Anzahl der Plätzchen stark abweichen.

222

22. a) $u \approx 15{,}4\,m$; Kosten für 77 Pflanzen: 219,45 €

b) $A \approx 18{,}86\,m^2$; Kosten für 151 Pflanzen: 1 094,75 €

c) $A \approx 23\,m^2$; Preis ohne MwSt. 598 €; Preis einschließlich MwSt. 711,62 €

23. a) $2 \cdot 0{,}65 \cdot 175\,mm + 14 \cdot 25{,}4\,mm = 583{,}1\,mm \approx 583\,mm$

b) $u_1 = \pi \cdot 583{,}1\,mm \approx 1\,831{,}9\,mm \approx 1{,}83\,m$

c) Ungefähr 546 Umdrehungen

d) 81 900 Umdrehungen pro Stunde; 1 365 Umdrehungen pro Minute; knapp 23 Umdrehungen pro Sekunde

e) $u_2 = \pi \cdot 571{,}1\,mm \approx 1\,794{,}2\,mm \approx 1{,}79\,m$; $1\,794{,}2\,mm : 1\,831{,}9\,mm \approx 0{,}9794$
Der Reifenumfang ist um etwa 2 % geringer, also ist auch die Geschwindigkeit etwa um 2 % geringer als angezeigt.

24. a) Die grüne Fläche des Halbkreises um M ist genauso groß wie die weiße Fläche des Halbkreises um N. Verschiebt man den Halbkreis um M auf den Halbkreis um N, so ist das Rechteck mit den Seitenlängen 6 cm und 12 cm gefärbt, das ist genau die Hälfte der gesamten Quadratfläche, also:

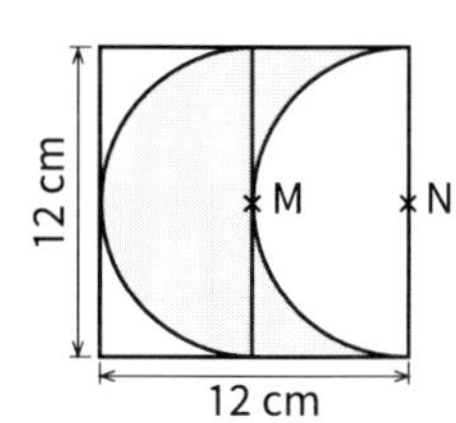

$A = \frac{1}{2} \cdot 12\,cm \cdot 12\,cm = 6\,cm \cdot 12\,cm = 72\,m^2$
$u = 2 \cdot \pi \cdot 6\,cm + 2 \cdot 6\,cm \approx 49{,}7\,cm$

222

24. b) Die grüne Fläche des Halbkreises um M ist genauso groß wie die weiße Fläche des Halbkreises um N. Dreht man den Halbkreis um M auf den Halbkreis um N, so ist der Halbkreis mit dem Durchmesser 12 cm (Radius 6 cm) gefärbt.

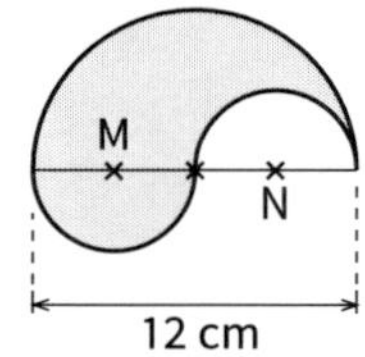

$A = \frac{1}{2}\pi \cdot (6\,\text{cm})^2 \approx 56{,}55\,\text{cm}^2$

$u = \pi \cdot 6\,\text{cm} + 2 \cdot \pi \cdot 6\,\text{cm} \approx 37{,}7\,\text{cm}$

c) Die beiden grün gefärbten Teile sind genauso groß wie die beiden weißen Flächen bei C und D im Rechteck ABCD.

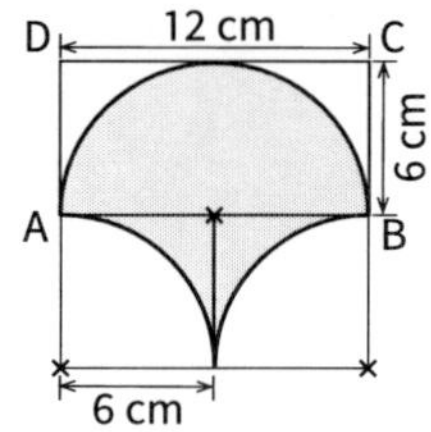

$A = 6\,\text{cm} \cdot 12\,\text{cm} = 72\,\text{cm}^2$

$u = \frac{1}{2} \cdot 2 \cdot \pi \cdot 6\,\text{cm} + 2 \cdot \frac{1}{4} \cdot 2 \cdot \pi \cdot 6\,\text{cm} \approx 37{,}7\,\text{cm}$

d) Man erhält den Flächeninhalt der grünen Fläche, wenn man von dem Flächeninhalt der beiden Halbkreise mit dem Radius 4 cm um M bzw. um N den Flächeninhalt der kleineren Halbkreise mit dem Radius 2 cm um O bzw. um P subtrahiert.

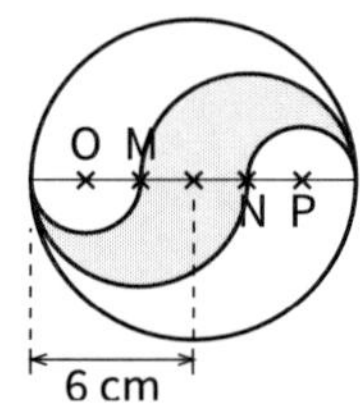

$A = 2 \cdot \frac{1}{2} \cdot \pi \cdot (4\,\text{cm})^2 - 2 \cdot \frac{1}{2} \cdot \pi \cdot (2\,\text{cm})^2 \approx 37{,}70\,\text{cm}^2$

$u = 2 \cdot \frac{1}{2} \cdot 2 \cdot \pi \cdot 4\,\text{cm} + 2 \cdot \frac{1}{2} \cdot 2 \cdot \pi \cdot 2\,\text{cm} \approx 37{,}7\,\text{cm}$

25. a) (1) Von dem Flächeninhalt des Halbkreises mit dem Radius 24 cm wird der Flächeninhalt der beiden kleinen Halbkreise mit dem Radius 12 cm subtrahiert.

$A = \frac{1}{2} \cdot \pi \cdot (24\,\text{cm})^2 - 2 \cdot \frac{1}{2} \cdot \pi \cdot (12\,\text{cm})^2 = \frac{1}{2} \cdot \pi \cdot (24\,\text{cm})^2 - \pi \cdot (12\,\text{cm})^2$
$\approx 452{,}39\,\text{cm}^2$

$u = \frac{1}{2} \cdot 2 \cdot \pi \cdot 24\,\text{cm} + 2 \cdot \frac{1}{2} \cdot 2 \cdot \pi \cdot 12\,\text{cm} = \pi \cdot 24\,\text{cm} + 2 \cdot \pi \cdot 12\,\text{cm} \approx 150{,}8\,\text{cm}$

(2) Von dem Flächeninhalt des Halbkreises mit dem Radius 24 cm wird der Flächeninhalt der vier kleinen Halbkreise mit dem Radius 6 cm subtrahiert.

$A = \frac{1}{2} \cdot \pi \cdot (24\,\text{cm})^2 - 4 \cdot \frac{1}{2} \cdot \pi \cdot (6\,\text{cm})^2 = \frac{1}{2} \cdot \pi \cdot (24\,\text{cm})^2 - 2 \cdot \pi \cdot (6\,\text{cm})^2$
$\approx 678{,}58\,\text{cm}^2$

$u = \frac{1}{2} \cdot 2 \cdot \pi \cdot 24\,\text{cm} + 4 \cdot \frac{1}{2} \cdot 2 \cdot \pi \cdot 6\,\text{cm} = \pi \cdot 24\,\text{cm} + 4 \cdot \pi \cdot 6\,\text{cm} \approx 150{,}8\,\text{cm}$

(3) Von dem Flächeninhalt des Halbkreises mit dem Radius 24 cm wird der Flächeninhalt der acht kleinen Halbkreise mit dem Radius 3 cm subtrahiert.

$A = \frac{1}{2} \cdot \pi \cdot (24\,\text{cm})^2 - 8 \cdot \frac{1}{2} \cdot \pi \cdot (3\,\text{cm})^2 = \frac{1}{2} \cdot \pi \cdot (24\,\text{cm})^2 - 4 \cdot \pi \cdot (3\,\text{cm})^2$
$\approx 791{,}68\,\text{cm}^2$

$u = \frac{1}{2} \cdot 2 \cdot \pi \cdot 24\,\text{cm} + 8 \cdot \frac{1}{2} \cdot 2 \cdot \pi \cdot 3\,\text{cm} = \pi \cdot 24\,\text{cm} + 8 \cdot \pi \cdot 3\,\text{cm} \approx 150{,}8\,\text{cm}$

222

25. b) Bei jedem Schritt werden vom Flächeninhalt des großen Halbkreises immer doppelt so viele Halbkreise mit einem halb so großen Radius abgezogen. Der Flächeninhalt eines kleinen Halbkreises ist aber nur ein Viertel des Flächeninhalts eines kleinen Halbkreises im Schritt davor. Der Flächeninhalt der kleinen Halbkreise wird also von Schritt zu Schritt halbiert, wird also immer kleiner.
Vom Flächeninhalt des großen Halbkreises wird also immer weniger subtrahiert. Der Flächeninhalt nähert sich also immer mehr dem Flächeninhalt des Halbkreises:
$A = \frac{1}{2} \cdot \pi \cdot (24\,\text{cm})^2 \approx 904{,}78\,\text{cm}^2$
Der Umfang ändert sich nicht: $u = 2 \cdot \pi \cdot 24\,\text{cm} \approx 150{,}8\,\text{cm}$

5.3 Kreisausschnitt und Kreisbogen

223

Einstieg:

a) Oberes Ende: $2 \cdot \pi \cdot 60\,\text{cm} \cdot \frac{170°}{360°} \approx 178{,}0\,\text{cm}$
Unteres Ende: $2 \cdot \pi \cdot 10\,\text{cm} \cdot \frac{170°}{360°} \approx 29{,}7\,\text{cm}$

b) $A = \pi \cdot (60\,\text{cm})^2 \cdot \frac{170°}{360°} - \pi \cdot (10\,\text{cm})^2 \cdot \frac{170°}{360°}$
$\approx 5\,340{,}71\,\text{cm}^2 - 148{,}35\,\text{cm}^2 = 5\,192{,}36\,\text{cm}^2 \approx 52\,\text{dm}^2$

225

2. a) $A = 8{,}1\,\text{cm}^2$
b) Der Flächeninhalt des Kreisausschnitts ist genauso groß wie der Flächeninhalt eines Dreiecks mit der Grundseite k und der Höhe h.

3. a) $A_\alpha \approx 6{,}70\,\text{cm}^2$; $b \approx 1{,}68\,\text{m}$
b) $A_\alpha \approx 61{,}81\,\text{m}^2$; $b \approx 25{,}2\,\text{m}$
c) $A_\alpha \approx 12{,}15\,\text{dm}^2$; $b \approx 7{,}6\,\text{dm}$

4. –

5.

	a)	b)	c)	d)	e)	f)	g)
r	5 cm	86 mm	6 cm	9 m	6 cm	12 cm	20 cm
α	35°	249°	203,7°	79,6°	143,2°	119,4°	149°
A_α	7,64 cm²	16 071,03 mm²	64 cm²	56,25 m²	45 cm²	150 cm²	520 cm²
b_α	3,1 cm	374 mm	21,3 m	12,5 m	15 cm	25 cm	52 cm

Anmerkung: Unterschiedliches Runden und Reihenfolge der Berechnungen können leicht abweichende Ergebnisse ergeben.

6. Ja, denn $u = 2r\pi > r$ und für b gilt: $0 < b \leq u$
Durch Probieren findet man $\alpha \approx 57°$; genauer $\alpha \approx 57{,}3°$.

225 7. a) Mittelpunktswinkel → Kreisradius: $r = \frac{180 \cdot 10}{\pi} \cdot \frac{1}{\alpha}$

$r = 572{,}96 \cdot \frac{1}{\alpha}$; $0 < \alpha \leq 360°$

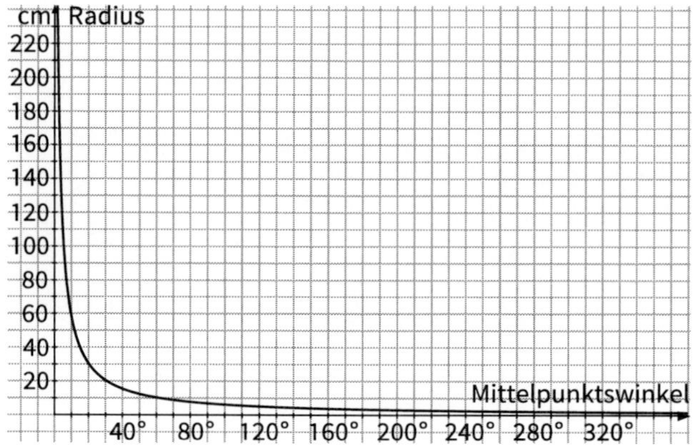

b) Es liegt eine antiproportionale Zuordnung vor.
Die Gesamtgröße ist $\frac{3\,600}{2\pi} = \frac{1\,800}{\pi} \approx 573$.

Im Blickpunkt: Die Zahl π in der Geschichte der Menschheit

226 1. Durchmesser: 10 Ellen
Umfang: 30 Ellen
Näherungswert für π: $\frac{u}{d} = 3$

2. $600\,000 \cdot 7\,500$ km $= 4\,500\,000\,000$ km $= 4\,500\,000\,000\,000\,000$ mm
Wir wissen, dass der berechnete Wert von Al-Kasi für 2π für alle angegebenen Stellen richtig ist: 6,2831853071795865
Der Fehler (an der nächsten Nachkommastelle) zu dem richtigen Wert von π kann höchstens 0,00000000000000005 betragen. Für den Umfang des Universums, wie Al-Kasi ihn berechnete, erhält man also höchstens folgende Fehler:
$4\,500\,000\,000\,000\,000$ mm $\cdot$ 0,00000000000000005
Durch Kommaverschiebung um 15 Stellen nach links beim 1. Faktor und nach rechts beim 2. Faktor erhält man:
4,5 mm · 0,05 = 0,225 mm
Das ist nur etwa die Hälfte der Dicke eines Pferdehaares.

226 **3.** Die Berechnungen können gut mit einer Tabellenkalkulation durchgeführt werden.

1. Schritt:	$\frac{\pi}{4} = \frac{1}{1} = 1{,}000$;	also $\pi \approx 4{,}000$
2. Schritt:	$\frac{\pi}{4} = \frac{1}{1} - \frac{1}{3} \approx 0{,}333$;	also $\pi \approx 2{,}667$
3. Schritt:	$\frac{\pi}{4} = \frac{1}{1} - \frac{1}{3} + \frac{1}{5} \approx 0{,}200$;	also $\pi \approx 3{,}467$
4. Schritt:	$\frac{\pi}{4} = \frac{1}{1} - \ldots - \frac{1}{7} \approx 0{,}143$;	also $\pi \approx 2{,}895$
5. Schritt:	$\frac{\pi}{4} = \frac{1}{1} - \ldots + \frac{1}{9} \approx 0{,}111$;	also $\pi \approx 3{,}340$
6. Schritt:	$\frac{\pi}{4} = \frac{1}{1} - \ldots - \frac{1}{11} \approx 0{,}091$;	also $\pi \approx 2{,}976$
7. Schritt:	$\frac{\pi}{4} = \frac{1}{1} - \ldots + \frac{1}{13} \approx 0{,}077$;	also $\pi \approx 3{,}284$
8. Schritt:	$\frac{\pi}{4} = \frac{1}{1} - \ldots - \frac{1}{15} \approx 0{,}067$;	also $\pi \approx 3{,}017$
9. Schritt:	$\frac{\pi}{4} = \frac{1}{1} - \ldots + \frac{1}{17} \approx 0{,}059$;	also $\pi \approx 3{,}252$
10. Schritt:	$\frac{\pi}{4} = \frac{1}{1} - \ldots - \frac{1}{19} \approx 0{,}053$;	also $\pi \approx 3{,}042$
11. Schritt:	$\frac{\pi}{4} = \frac{1}{1} - \ldots + \frac{1}{21} \approx 0{,}048$;	also $\pi \approx 3{,}232$
12. Schritt:	$\frac{\pi}{4} = \frac{1}{1} - \ldots - \frac{1}{23} \approx 0{,}043$;	also $\pi \approx 3{,}058$
13. Schritt:	$\frac{\pi}{4} = \frac{1}{1} - \ldots + \frac{1}{25} \approx 0{,}040$;	also $\pi \approx 3{,}218$
14. Schritt:	$\frac{\pi}{4} = \frac{1}{1} - \ldots - \frac{1}{27} \approx 0{,}037$;	also $\pi \approx 3{,}070$
15. Schritt:	$\frac{\pi}{4} = \frac{1}{1} - \ldots + \frac{1}{29} \approx 0{,}034$;	also $\pi \approx 3{,}208$
16. Schritt:	$\frac{\pi}{4} = \frac{1}{1} - \ldots - \frac{1}{31} \approx 0{,}032$;	also $\pi \approx 3{,}079$
17. Schritt:	$\frac{\pi}{4} = \frac{1}{1} - \ldots + \frac{1}{33} \approx 0{,}030$;	also $\pi \approx 3{,}200$
18. Schritt:	$\frac{\pi}{4} = \frac{1}{1} - \ldots - \frac{1}{35} \approx 0{,}029$;	also $\pi \approx 3{,}086$
19. Schritt:	$\frac{\pi}{4} = \frac{1}{1} - \ldots + \frac{1}{37} \approx 0{,}027$;	also $\pi \approx 3{,}194$
20. Schritt:	$\frac{\pi}{4} = \frac{1}{1} - \ldots - \frac{1}{39} \approx 0{,}026$;	also $\pi \approx 3{,}092$
21. Schritt:	$\frac{\pi}{4} = \frac{1}{1} - \ldots + \frac{1}{41} \approx 0{,}024$;	also $\pi \approx 3{,}189$
22. Schritt:	$\frac{\pi}{4} = \frac{1}{1} - \ldots - \frac{1}{43} \approx 0{,}023$;	also $\pi \approx 3{,}096$
23. Schritt:	$\frac{\pi}{4} = \frac{1}{1} - \ldots + \frac{1}{45} \approx 0{,}022$;	also $\pi \approx 3{,}185$
24. Schritt:	$\frac{\pi}{4} = \frac{1}{1} - \ldots - \frac{1}{47} \approx 0{,}021$;	also $\pi \approx 3{,}100$
25. Schritt:	$\frac{\pi}{4} = \frac{1}{1} - \ldots + \frac{1}{49} \approx 0{,}020$;	also $\pi \approx 3{,}182$
26. Schritt:	$\frac{\pi}{4} = \frac{1}{1} - \ldots - \frac{1}{51} \approx 0{,}020$;	also $\pi \approx 3{,}103$
27. Schritt:	$\frac{\pi}{4} = \frac{1}{1} - \ldots + \frac{1}{53} \approx 0{,}019$;	also $\pi \approx 3{,}179$
28. Schritt:	$\frac{\pi}{4} = \frac{1}{1} - \ldots - \frac{1}{55} \approx 0{,}018$;	also $\pi \approx 3{,}106$
29. Schritt:	$\frac{\pi}{4} = \frac{1}{1} - \ldots + \frac{1}{57} \approx 0{,}018$;	also $\pi \approx 3{,}176$
30. Schritt:	$\frac{\pi}{4} = \frac{1}{1} - \ldots - \frac{1}{59} \approx 0{,}017$;	also $\pi \approx 3{,}108$

Nach dem 23. Schritt ändert sich die erste Ziffer nach dem Komma nicht mehr.

5.4 Zylinder – Netz und Oberflächeninhalt

227 **Einstieg:**

Die beiden kreisförmigen Deckel sind gewöhnlich aus Plastik. Die beiden Kreisflächen sind zusammen ungefähr $42{,}5\,cm^2$ groß. Der Mantel ist aus Pappe und ist eine rechteckige Fläche, 52,0 cm lang und ungefähr 16,3 cm breit. Der Mantel hat also ungefähr den Flächeninhalt:

$M \approx 52{,}0\,cm \cdot 16{,}3\,cm = 847{,}6\,cm^2 \approx 850\,cm^2$

228

2. a) $M = 2101{,}16\,cm^2 \approx 21{,}01\,dm^2$ $\quad O = 4951{,}78\,cm^2 \approx 49{,}52\,dm^2$

b) $M = 193{,}96\,cm^2 \approx 1{,}94\,dm^2$ $\quad O = 443{,}34\,cm^2 \approx 4{,}43\,dm^2$

c) $M = 1110{,}36\,cm^2 \approx 11{,}10\,dm^2$ $\quad O = 1665{,}55\,cm^2 \approx 16{,}66\,dm^2$

3. Chips-Verpackungen, Säulen, Regentonnen, Dosen (Kekse, Cola, Bier, usw.), Spaghetti, Litfaßsäulen, Kosmetikartikel (z. B. Cremedosen, Parfüm), Rohre.

4. $O \approx 31\,887\,mm^2 \approx 318{,}9\,cm^2$

5. Oberflächeninhalt:

$O_{\text{offener Behälter}} = \pi \cdot r_2 + 2 \cdot \pi \cdot r \cdot h = \pi \cdot (0{,}7\,m)^2 + 2\pi \cdot 0{,}7\,m \cdot 2{,}50\,m \approx 12{,}53\,m^2$

Gewicht: $m \approx 12{,}53\,m^2 \cdot 36{,}5\,\frac{kg}{m^2} = 457{,}53\,kg$

6. Begründung erfolgt über den Hinweis auf die ausgeklammerten $2 \cdot \pi \cdot r$ bzw. $\pi \cdot \frac{d}{2}$ und die Ersetzung von $r = \frac{d}{2}$:

$O = 2 \cdot G + M = 2\pi r^2 + 2\pi r \cdot h = 2\pi r\,(r + h)$

$O = 2\pi r \cdot (r + h) = 2\pi \cdot \frac{d}{2} \cdot \left(\frac{d}{2} + h\right) = \pi \cdot d \cdot \left(\frac{d}{2} + h\right) = \frac{\pi}{2} d \cdot (d + 2h)$

7. $O = 2\pi \cdot r^2 + 2 \cdot \pi \cdot r \cdot h$; umgeformt: $h = \frac{O - 2\pi r^2}{2\pi r}$, also:

$h = \frac{551{,}35\,cm^2 - 2\pi\,(6{,}5\,cm)^2}{2\pi\,6{,}5\,cm} \approx 7{,}00\,cm$

Der Zylinder ist etwa 7 cm hoch.

8. a) $G \approx 1\,256{,}64\,cm^2$ $\quad O \approx 5\,026{,}55\,cm^2$ $\quad \frac{G}{O} = \frac{1}{4} = 25\,\%$

b) Beweis: Da $h = r$ gilt:

$\frac{G}{O} = \frac{\pi r^2}{2\pi r^2 + 2\pi r h} = \frac{\pi r^2}{2\pi r^2 + 2\pi r^2} = \frac{\pi r^2}{4\pi r^2} = \frac{1}{4}$

Bei allen Zylindern, deren Höhe und Radius gleich lang sind, ist der Oberflächeninhalt viermal so groß wie der Grundflächeninhalt.

9. a) $r \approx 3{,}75\,cm$ $\quad$ **b)** $h \approx 63{,}41\,cm \approx 63{,}4\,cm$

228

10. a) $M_1 = M_2 \approx 50{,}27\,cm^2$

b) $O_1 \approx 75{,}4\,cm^2$ $O_2 \approx 150{,}8\,cm^2$
Der Materialverbrauch für die Fischdose ist doppelt so groß wie der Materialverbrauch für die Erbsendose.

c) Wenn Erbsendose eine Höhe von 10 cm hat, gilt: $O_1 = O_2 \approx 150{,}8\,cm^2$
Wenn Fischdose einen Radius von etwa 2,606 cm hat, gilt
$O_1 \approx O_2 \approx 75{,}40\,cm^2$

5.5 Schrägbild des Zylinders

229

1.

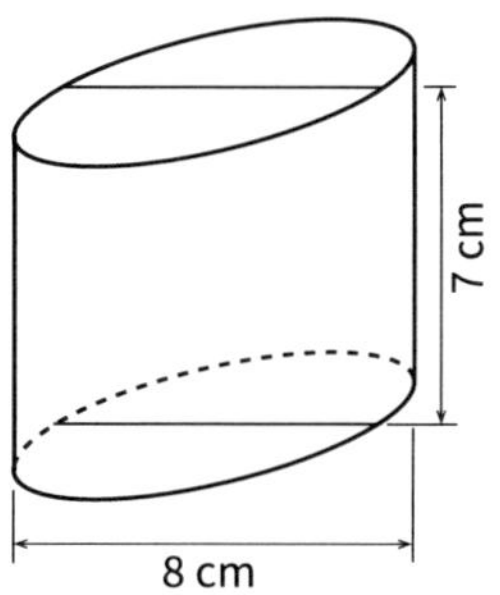

2.

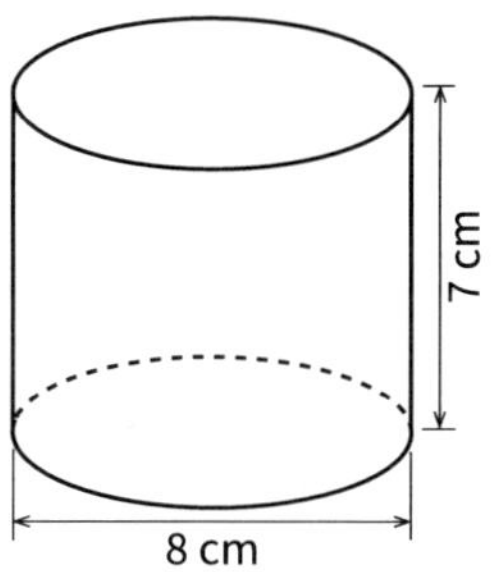

3.

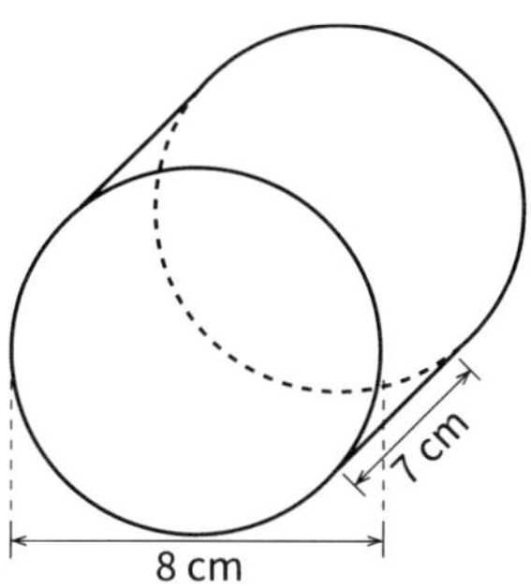

229 4. a)

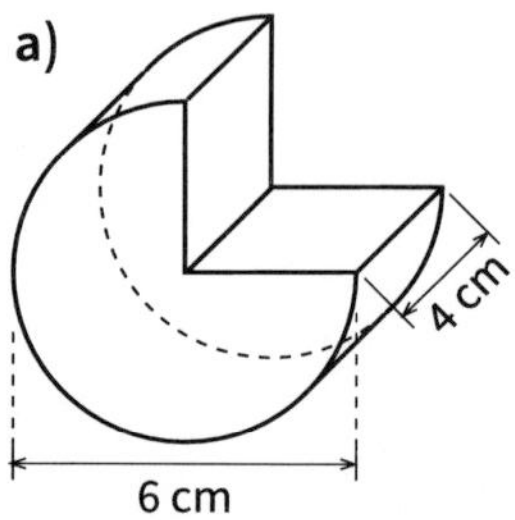

b)

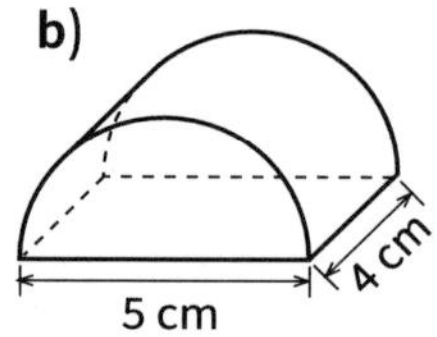

c)

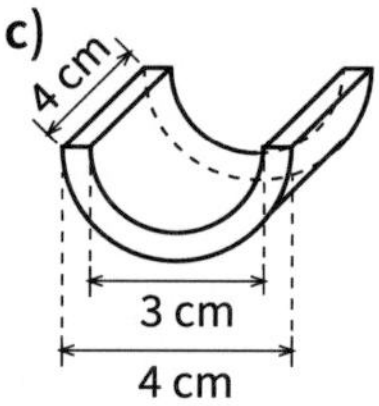

5.6 Volumen des Zylinders

230 **Einstieg:**

Bei der ersten Anordnung berühren sich die Spitzen der Ecken, bei der zweiten berühren sich die Seiten. Je kleiner die Ecken bzw. je größer die Anzahl der Kreissegmente, desto „gerader“ sieht die zweite Abbildung aus. Die Formel für den Flächeninhalt könnte angenähert für eine sehr hohe Anzahl von Schmelzkäse-Ecken in einem Kreis also lauten:

$A_{Kreis} = \pi \cdot r^2$ und $A_{Parallelogramm} = g \cdot h = 4 \cdot \frac{1}{8} u \cdot h = 4 \cdot \frac{1}{4} \pi \cdot r \cdot h = \pi \cdot r \cdot h \approx \pi \cdot r^2$

231 2. a) $V \approx 4\,222{,}3\,\text{cm}^3$

b) *Begründung:* Der Volumen des Zylinders mit dem inneren Kreis als Grundfläche (nur mit Luft gefüllter Raum) wird vom Volumen des Zylinders mit dem äußeren Kreis als Grundfläche subtrahiert. Dann verbleibt genau das Volumen des Eisenrings. Durch das Ausklammern von h und von π gelangt man dann zu der angegebenen Formel aus der Formelsammlung.

$V = \pi \cdot r_2^2 h - \pi r_1^2 h = \pi \cdot h\,(r_2^2 - r_1^2)$

3. a) $V \approx 22\,120\,\text{cm}^3$ b) $V \approx 591\,\text{cm}^3$ c) $V \approx 1\,212{,}3\,\text{dm}^3$

4. Das Volumen beträgt $V \approx 254{,}5\,\text{cm}^3$.
In das Trinkglas passen etwa 254,5 ml, also ungefähr 0,25 l.

5. Volumen: $V \approx 78{,}54\,\text{cm}^3$ Gewicht: $m \approx 8{,}9 \frac{\text{g}}{\text{cm}^3} \cdot 78{,}54\,\text{cm}^3 \approx 699\,\text{g}$

6. Volumen des Fasses: $V \approx 890\,641\,\text{cm}^3$;
Volumen des halben Fasses: $\frac{1}{2} V \approx 445\,321\,\text{cm}^3$
Gewicht: $m = 26\,\text{kg} + 445\,321\,\text{cm}^3 \cdot 0{,}94 \frac{\text{g}}{\text{cm}^3} \approx 26\,\text{kg} + 418{,}6\,\text{kg} = 444{,}6\,\text{kg}$
Das halb gefüllte Dieselölfass wiegt etwa 444,6 kg.

7. a) Für die beiden Radien gilt: $r_2 = 17{,}5\,\text{cm}$ und $r_1 = 16{,}0\,\text{cm}$.
Volumen: $V \approx 10\,103\,\text{cm}^3$
Gewicht: $m = 10103\,\text{cm}^3 \cdot 7{,}3 \frac{\text{g}}{\text{cm}^3} \approx 73\,754\,\text{g} \approx 73{,}8\,\text{kg}$
Das Rohr aus Gusseisen wiegt fast 74 kg.

231 **7. b)** $V_{innen} = 51\,472\ cm^3$; Dichte von Wasser: $1\,\frac{g}{cm^3}$

Gewicht des Wassers: $m_W = 51\,472\ cm^3 \cdot 1\,\frac{g}{cm^3} \approx 51{,}5\ kg$

Gewicht des mit Wasser gefüllten Rohres: $m = 73{,}8\ kg + 51{,}5\ kg = 125{,}3\ kg$

Das mit Wasser gefüllte Rohr wiegt gut 125 kg.

8.

Hautcreme:	$V \approx 118{,}79\ cm^3$	$O \approx 133{,}91\ cm^2$
Deoroller:	$V \approx 96{,}21\ cm^3$	$O \approx 129{,}20\ cm^2$
Mascara:	$V \approx 18{,}47\ cm^3$	$O \approx 55{,}86\ cm^2$
Parfüm:	$V \approx 28{,}67\ cm^3$	$O \approx 54{,}73\ cm^2$

Das Parfüm ist am aufwändigsten verpackt, weil es im Verhältnis zum Inhalt den größten Verpackungsmaterialverbrauch hat.

232 **9.** $h = \frac{V_Z}{\pi r^2} = \frac{150\ cm^3}{\pi r^2}$

(1) $h \approx 21{,}2\ cm$ **(2)** $h \approx 11{,}9\ cm$ **(3)** $h \approx 7{,}6\ cm$

10. Volumen der 50 Steine: $50 \cdot V_{Granit\text{-}Palisade} \approx 339\,292\ cm^3$

Gewicht: $m \approx 339\,292\ cm^3 \cdot 2{,}7\,\frac{g}{cm^3} \approx 916{,}09\ kg$

Nein, Herr Weigel muss sogar dreimal mit dem Auto zum Baustoffhandel fahren.

11. a) Richtig ist

(1) $V = \frac{\pi d^2 h}{4}$, denn $r^2 = \left(\frac{d}{2}\right)^2$

(2) $r = \sqrt{\frac{V}{\pi h}}$, denn $\sqrt{V} = r\sqrt{\pi h}$

(3) $O = 2\pi r^2 + 2\pi r \cdot h = 2\pi r(r + h)$

b) –

12. a) **(1)** Das Volumen vervierfacht sich.

(2) Das Volumen verneunfacht sich.

b) Das Volumen verdoppelt sich.

c) –

13. Es können rund 5,7 Liter Flüssigkeit gleichzeitig im Flachkollektor erwärmt werden.

14. a) $O \approx 2{,}1677\ m^2 \approx 216{,}77\ dm^2$

b) $V \approx 282{,}74\ dm^3$; 17,7 %

c) Er wird um 30 kg schwerer.

d) $V \approx 226{,}19$ Liter; 22 Kannen

Das kann ich noch!

A) **1)** $6a^2 + 10ab - 4b^2$ **2)** $4u^2 + 4uv + v^2$ **3)** $9q^2 - 6pq + q^2$ **4)** $4p^2 - 9q^2$ **5)** $9p^2 - 6pq + q^2$ **6)** $4p^2 - 9p^2$

233 **15.** $V \approx 0{,}00000000000264\,mm^3$; $O \approx 0{,}0000001261\,mm^2$

16. Eine Frage, die man hier stellen könnte, lautet z. B. Wie teuer ist es, die gesamte Litfaßsäule mit Werbung zu bekleben?
Mantelfläche: $M \approx 12{,}25\,m^2$

Preis ohne Mehrwertsteuer:	1212,75 €
Preis mit 19 % Mehrwertsteuer:	1443,17 €

17.

Volumen des Ringes:	$V \approx 298{,}451\,mm^3$
Goldanteil:	$208{,}916\,mm^3$
Silberanteil:	$89{,}535\,mm^3$
Gewicht des Goldanteils:	$m_{Gold} \approx 3{,}99\,g$
Gewicht des Silberanteils:	$m_{Silber} \approx 0{,}94\,g$
Gewicht des Ringes:	$m_{Ring} \approx 4{,}93\,g$

Der Ring wiegt knapp 5 g.

18. Radius des Stammes: $r \approx 0{,}7162\,m$
Volumen des Stammes: $V \approx 40{,}29\,m^3 = 40\,290\,000\,cm^3$
Gewicht des Stammes: $m \approx 0{,}7\,\frac{g}{cm^3} \cdot 40\,290\,000\,cm^3 = 28\,203\,000\,g = 28{,}203\,t$
$28{,}203\,t : 6\,\frac{t}{Fahrt} = 4{,}7$ Fahrten
Es sind fünf Lkw-Fahrten nötig, wenn die Tragfähigkeit 6 Tonnen beträgt.

19. Beispiele:
Frage: Ist das Aquarium komplett mit Wasser gefüllt?
$V = 32{,}889\,m^3 = 32\,889\,dm^3 = 32\,889$ Liter > 32 000 Liter
Das Aquarium ist nicht vollständig mit Wasser gefüllt.
Frage: Wie viel Prozent Luft ist im Aquarium?
Es verbleibt ein Luftanteil von $\frac{889\,l}{32000\,l} \approx 2{,}78\,\%$.
Frage: Wie groß ist die zu reinigende Fläche?
$M \approx 52{,}6\,m^2$
Es müssen $52{,}6\,m^2$ Glaswand gereinigt werden.

20 **a)** Volumen einer Röhre: $V \approx 561\,387\,m^3$
Volumen beider Röhren: $1\,122\,774\,m^3$
Es mussten etwa $1\,122\,774\,m^3$ Gestein herausgebohrt werden. Durch Probieren findet man, dass ein Würfel mit 104 m Kantenlänge ein Volumen von $1\,124\,864\,m^3$ besitzt, das ist etwa das Volumen der beiden Tunnelröhren.

b) Innenwände eine Röhre: $M \approx 236\,373\,m^3$
Innenwände beider Röhren: $472\,746\,m^2$

233

21. Beispielsweise kann man jeweils die Radien $r = 0{,}4\,\text{dm}$ und $r = 0{,}6\,\text{dm}$ wählen, dann bei gleichbleibendem Volumen die nötige Höhe berechnen und schließlich die sich ergebenden Oberflächeninhalte vergleichen.
Die jeweils fett gedruckte Variante ist zu bevorzugen, da sie den geringeren Materialverbrauch verursacht.

V (in l)	Variante	r (in dm)	h (in dm)	O (in dm²)
0,850	1	0,4	1,69	5,25
	2	**0,6**	**0,75**	**5,10**
0,425	**1**	**0,4**	**0,85**	**3,14**
	2	0,6	0,38	3,69
0,314	**1**	**0,4**	**0,62**	**2,56**
	2	0,6	0,28	3,32

5.7 Berechnungen an zusammengesetzten Körpern

236

1. a) (1) $V = 10\,\text{cm} \cdot 20\,\text{cm} \cdot 45\,\text{cm} + \frac{1}{2} \cdot \pi \cdot (5\,\text{cm})^2 \cdot 20\,\text{cm} \approx 9785{,}398\,\text{cm}^3$

(2) $O = 2 \cdot \left(10\,\text{cm} \cdot 45\,\text{cm} + \frac{1}{2} \cdot \pi \cdot (5\,\text{cm})^2\right)$
$+ (45\,\text{cm} + 10\,\text{cm} + 45\,\text{cm} + \pi \cdot 5\,\text{cm}) \cdot 20\,\text{cm}$
$\approx 3292{,}70\,\text{cm}^2$

b) (1) $V = 2 \cdot (10\,\text{cm} \cdot 10\,\text{cm} \cdot 3\,\text{cm}) + \pi \cdot (5\,\text{cm})^2 \cdot 3\,\text{cm} \approx 835{,}619\,\text{cm}^3$

(2) $O = 2 \cdot 2 \cdot (10\,\text{cm} \cdot 10\,\text{cm} + 10\,\text{cm} \cdot 3\,\text{cm} + 10\,\text{cm} \cdot 3\,\text{cm})$
$- 2 \cdot \pi \cdot (5\,\text{cm})^2 + 2 \cdot \pi \cdot 5\,\text{cm} \cdot 3\,\text{cm}$
$\approx 577{,}17\,\text{cm}^2$

2. $V = \left(22\,\text{cm} \cdot 14\,\text{cm} - 4 \cdot 2\,\text{cm} \cdot 2\,\text{cm} + 4 \cdot \frac{1}{4} \cdot \pi \cdot (2\,\text{cm})^2\right) \cdot 1\,\text{cm} \approx 304{,}566\,\text{cm}^3$
$m \approx 304{,}566\,\text{cm}^3 \cdot 0{,}95\,\frac{\text{g}}{\text{cm}^3} \approx 289{,}3\,\text{g}$
Ein solches Frühstücksbrett wiegt ungefähr 290 g.

3. Druckfehler in der ersten Auflage: Dichte von Holz: $0{,}7\,\frac{\text{g}}{\text{cm}^3}$

a) $V = 30\,\text{cm} \cdot 30\,\text{cm} \cdot 20\,\text{cm} + \pi \cdot (15\,\text{cm})^2 \cdot 20\,\text{cm} \approx 32137{,}167\,\text{cm}^3$
$m = 32\,137{,}167\,\text{cm}^3 \cdot 0{,}7\,\frac{\text{g}}{\text{cm}^3} \approx 22496\,\text{g} \approx 22{,}5\,\text{kg}$

b) $V = 120\,\text{cm} \cdot 120\,\text{cm} \cdot 30\,\text{cm} - \pi \cdot (50\,\text{cm})^2 \cdot 20\,\text{cm} \approx 274920{,}367\,\text{cm}^3$
$m = 274\,920{,}367\,\text{cm}^3 \cdot 0{,}7\,\frac{\text{g}}{\text{cm}^3} \approx 192\,444\,\text{g} \approx 192{,}4\,\text{kg}$

c) $V = \pi \cdot (50\,\text{cm})^2 \cdot 150\,\text{cm} + \pi \cdot (30\,\text{cm})^2 \cdot 40\,\text{cm} \approx 1291194{,}581\,\text{cm}^3$
$m = 1\,291\,194{,}581\,\text{cm}^3 \cdot 0{,}7\,\frac{\text{g}}{\text{cm}^3} \approx 903\,836\,\text{g} \approx 903{,}8\,\text{kg}$

236 **4.** a) $V = 4{,}7\,cm \cdot 3{,}9\,cm \cdot 3{,}6\,cm - \pi \cdot (0{,}6\,cm)^2 \cdot 3{,}6\,cm \approx 61{,}916\,cm^3$

$m = 61{,}916\,cm^3 \cdot 7{,}9\,\frac{g}{cm^2} = 489{,}14\,g$

b) $V = 3{,}5\,cm \cdot 4{,}7\,cm \cdot 1{,}4\,cm + \frac{1}{2} \cdot 3{,}5\,cm \cdot 4{,}7\,cm \cdot 1{,}2\,cm = 32{,}9\,cm^3$

$m = 32{,}9\,cm^3 \cdot 7{,}9\,\frac{g}{cm^2} = 259{,}91\,g$

c) Das Sechseck besteht aus 6 gleichseitigen Dreiecken mit der Seitenlänge 10 mm. Die Höhe des Dreiecks kann man zeichnerisch bestimmen:

$h_s \approx 9\,mm$

$V \approx 6 \cdot \frac{1}{2} \cdot 1\,cm \cdot 0{,}9\,cm \cdot 0{,}5\,cm + \pi \cdot (0{,}25\,cm)^2 \cdot 4{,}5\,cm \approx 2{,}233\,cm^3$

$m \approx 2{,}233\,cm^3 \cdot 7{,}9\,\frac{g}{cm^2} = 17{,}64\,g$

d) Die Grundfläche besitzt ein gleichschenkliges Dreieck mit der Grundseitenlänge 20 mm und den Schenkellängen 15 mm.

Die Höhe des Dreiecks kann man zeichnerisch bestimmen: $h_g \approx 11\,mm$

$V = \left(\frac{1}{2} \cdot \pi \cdot (1\,cm)^2 + 1{,}2\,cm \cdot 2\,cm + \frac{1}{2} \cdot 2\,cm \cdot 1{,}1\,cm\right) \cdot 1{,}5\,cm \approx 7{,}606\,cm^3$

$m = 7{,}606\,cm^3 \cdot 7{,}9\,\frac{g}{cm^3} = 60{,}087\,g$

5. (1) Wie viel m^3 Erdmaterial wurde dabei aus dem Bohrloch gefördert?

Lösung: V_n sei das Volumen der n-ten Bohrung

$V_1 = 122{,}145\,m^3$; $V_2 = 410{,}543\,m^3$; $V_3 = 331{,}340\,m^3$; $V_4 = 233{,}978\,m^3$

$V = V_1 + V_2 + V_3 + V_4 = 1098{,}006\,m^3$

Es wurden ungefähr 1 098 m^3 Erdreich gefördert.

(2) Wie viel wiegt das geförderte Erdreich?

$m = 1098{,}006\,m^3 \cdot 1{,}5\,\frac{t}{m^3} \approx 1647\,t$

Das Erdreich wiegt etwa 1647 Tonnen.

6. $h = 2{,}17\,m$

Auf den Punkt gebracht: Modellieren

237 **1.** a) Die überstehenden Ränder, die Rillen sowie doppelt liegende Bleche werden vernachlässigt.

b) $V = \pi \cdot (5\,cm)^2 \cdot 11{,}2\,cm \approx 879\,cm^3 \approx 880\,cm^3$

Die Dose ist nicht bis zum Rand gefüllt. Falzränder sind nicht berücksichtigt.

c) $V = \pi \cdot (5\,cm)^2 \cdot 10{,}6\,cm = 832{,}52\,cm^3 \approx 830\,cm^3$

d) $O = 2 \cdot \pi \cdot (5\,cm)^2 + (10 \cdot \pi)\,cm \cdot 11{,}2\,cm \approx 508{,}94\,cm^2 \approx 510\,cm^2$

237 **2.** **a)** Bei der Schweißnaht liegt jedes der beiden Bleche genau doppelt.

b) Hier müsste man gemäß der Abbildung mit dem 2,5-fachen Materialverbrauch rechnen.

c) Für den Verbrauch O_W an Weißblech erhält man:

$$O_W = 2\pi \cdot (5\,\text{cm})^2 + 10\,\text{cm} \cdot \pi \cdot 10{,}6\,\text{cm} + 0{,}6\,\text{cm} \cdot 10\,\text{cm} \cdot 2{,}5 \cdot \pi + 0{,}3\,\text{cm} \cdot 11{,}2\,\text{cm} \approx 540{,}57\,\text{cm}^2 \approx 540\,\text{cm}^2$$

d) Dies sind im Vergleich zu dem einfacheren Modell rund 6,2 % mehr.

238 **3.** **a)** Man kann z. B. folgende Annahmen machen:
Breite einer Rille 4 mm; für drei Rillen wird ein Kreisring der Breite 1,2 cm betrachtet;
Entfernung der Rille vom Mittelpunkt des Kreises beträgt durchschnittlich 3 cm.
Dann gilt für den Boden bzw. Deckel:

$$A = \pi \cdot (5\,\text{cm})^2 + \pi \cdot \left((4{,}2\,\text{cm})^2 - (3{,}0\,\text{cm})^2\right) \cdot 0{,}2 \approx 83{,}97\,\text{cm}^2$$

Ohne Rillen benötigte man (erster Summand der Rechnung): $78{,}54\,\text{cm}^2$.
Durch die Rillen kann man damit rechnen, dass etwa $5{,}4\,\text{cm}^2$ mehr Material für Deckel bzw. Boden benötigt wird. Dies sind etwa 6,9 %.

b) Für den Dosenmantel gilt dann $(4\,\text{mm} \cdot 15\text{ Rillen} = 6\,\text{cm})$:

$$M = 10{,}0\,\text{cm} \cdot \pi \cdot 11{,}2\,\text{cm} + 6 \cdot 10\,\text{cm} \cdot \pi \cdot 0{,}2 \approx 389{,}56\,\text{cm}^2 \approx 390\,\text{cm}^2$$

Ohne Rillen (erster Summand der Rechnung) benötigte man: $351{,}86\,\text{cm}^2$.
Durch die 15 Rillen kann man damit rechnen, dass etwa $37{,}7\,\text{cm}^2$ mehr Material für den Dosenmantel benötigt wird. Dies sind etwa 10,7 %.

c) $$O \approx 540{,}57\,\text{cm}^2 + 6 \cdot 10\,\text{cm} \cdot \pi \cdot 0{,}2\,\text{cm} + \pi \cdot \left((4{,}2\,\text{cm})^2 - (3{,}0\,\text{cm})^2\right) \cdot 0{,}2 \approx 583{,}70\,\text{cm}^2$$

Für eine Blechdicke von 0,03 cm erhält man:

$$m \approx 0{,}03 \cdot 583{,}70\,\text{cm}^2 \cdot 7{,}3\,\frac{\text{g}}{\text{cm}^3} \approx 127{,}83\,\text{g} \approx 130\,\text{g}$$

d) –

4. Allgemein ist es für die Beschreibung aller abgebildeten Verpackungen sinnvoll, sich das Netz der Verpackung anzuschauen. Anhand des Netzes erkennt man, ob einige Seitenflächen doppelt vorkommen oder nicht.
Exemplarisch wird hier die Streichholzschachtel modelliert.
Maße: 5,3 cm lang, 3,5 cm breit, 1,0 cm hoch.
Die Schachtel besteht aus einem Quader ohne Deckel und einem Quader ohne Seitenflächen auf den kleinsten Seiten des Quaders. An den Enden ist die offene Schachtel doppelt.
Für den Materialverbrauch gilt:

$$M = 3 \cdot 5{,}3\,\text{cm} \cdot 3{,}5\,\text{cm} + 4 \cdot 5{,}3\,\text{cm} \cdot 1{,}0\,\text{cm} + 6 \cdot 3{,}5\,\text{cm} \cdot 1{,}0\,\text{cm} \approx 97{,}85\,\text{cm}^2 \approx 100\,\text{cm}^2$$

5.8 Aufgaben zur Vertiefung

239

1. a) $V_a \approx 4{,}84\,m^3$ b) $O_a \approx 17{,}04\,m^2$ c) $V_i \approx 3{,}87\,m^3$; $O_i \approx 14{,}96\,m^2$

2. Blätter im Hochformat:

Zylinder aus:	Durchmesser	Höhe	Volumen
DIN A3	29,7 cm	42,0 cm	29 097,26 cm^3
DIN A4	21,0 cm	29,7 cm	10 286,91 cm^3
DIN A5	14,8 cm	21,0 cm	3 612,71 cm^3

Blätter im Querformat:

Zylinder aus:	Durchmesser	Höhe	Volumen
DIN A3	42,0 cm	29,7 cm	41 147,63 cm^3
DIN A4	29,7 cm	21,0 cm	14 548,63 cm^3
DIN A5	21,0 cm	14,8 cm	5 126,14 cm^3

Das Volumen eines Zylinders aus einem in der Norm um 1 größeren DIN-A-Blattes wird um den Faktor $2 \cdot \sqrt{2}$ größer. Das Volumen des Zylinders eines Blattes im Querformat ist um den Faktor $\sqrt{2}$ größer als das Volumen des Zylinders aus dem Blatt im Hochformat.

3. a) Bei einer Höhe von 1,50 m erhält man zum Beispiel ungefähr folgende Durchmesser:
(1) 53 cm (2) 65 cm (3) 92 cm (4) 130 cm

b)

Tonnen	Fassungsvermögen	Durchmesser
T_1	330 l	65 cm
T_2	500 l	80 cm
T_3	1 000 l	113 cm
T_4	2 000 l	160 cm

T_2 und T_1: Durchmesser: $\frac{80}{65} \approx 1{,}23$
Fassungsvermögen: $500 : 330 \approx 1{,}51$

T_3 und T_2: Durchmesser: $\frac{113}{80} \approx 1{,}4125 \approx \sqrt{2}$
Fassungsvermögen: $1000 : 500 = 2$

T_4 und T_3: Durchmesser: $\frac{160}{113} \approx 1{,}4159 \approx \sqrt{2}$
Fassungsvermögen: $2000 : 1000 = 2$

c) Wenn sich das Fassungsvermögen vervierfacht, verdoppelt sich der Durchmesser, also:
Wenn sich das Fassungsvermögen verdoppelt, vervielfacht sich der Durchmesser mit dem Faktor $\sqrt{2}$.

239 **4.** Berechnungen können hier zum Umfang, zur Oberfläche (für einen Schutzanstrich) und zur Kreisfläche mit Volumenabschätzung durchgeführt werden. Das Volumen erlaubt mit der Angabe „Sandstein“ auch die Berechnung des Gewichts einer Säule, wobei hier nur ein Mindestgewicht bestimmt werden kann, da die Höhe nur nach unten abgeschätzt werden kann. Ergänzend wären noch Fragen zum Transport (zulässiges Ladegewicht eines Lkw) oder im Vergleich zu Gegenständen des Alltags möglich (wie viele Pkw wiegen so viel wie eine Säule). Für die Berechnungen sind die Maße eines Mädchens abzuschätzen, die bei dem angegebenen Alter bei einer Größe von etwa 1,50 m und einer Armspannweite bei etwa 1,60 m liegen.
Damit berechnet man:
Umfang: Ungefähr 6,40 m, wenn die Spannweite ein Viertel der Säule ausmacht, und ungefähr 8,00 m, wenn die Spannweite ein Fünftel der Säule ausmacht. Die anderen Berechnungen schließen sich mit den normalen Beziehungen, je nach verwendeten Ausgangsmaßen, an.Die Dichte von Sandstein beträgt etwa 2 t pro m^3 (Erkundungsauftrag).
Eine Säule ist mindestens dreimal so groß wie das Mädchen, also mindestens 4,50 m mit den Berechnungen, die wieder vom Größenansatz der Schülerinnen und Schüler abhängig sind.